"十四五"职业教育国家规划教材

名校名师精品
系列教材

Database Management
and Development

数据库管理与开发

项目教程

MySQL | 微课版 | 第 4 版

杨云 温凤娇 余建浙 张志强 ◉ 编著

人民邮电出版社

北京

图书在版编目（CIP）数据

数据库管理与开发项目教程：MySQL：微课版 / 杨云等编著. -- 4版. -- 北京：人民邮电出版社，2023.8
名校名师精品系列教材
ISBN 978-7-115-60540-5

Ⅰ．①数… Ⅱ．①杨… Ⅲ．①关系数据库系统－教材
Ⅳ．①TP311.132.3

中国国家版本馆CIP数据核字（2023）第082280号

内 容 提 要

本书以 MySQL 为平台，从数据库管理和开发的角度出发，介绍开发数据库应用系统所需的基础知识和技术。本书将一个贯穿全书的数据库应用系统开发实例"学生信息管理系统"融入各项目，将每个项目分解成若干任务，使读者逐步学会创建、管理、开发数据库，并掌握使用 SQL 进行程序设计的编程思想和技术。

本书内容由浅入深，由实践到理论，再从理论到实践，通过任务驱动的方式将理论与实践密切结合，体现了高职高专和应用型本科教育的特点，也符合初学者认识和掌握计算机技术的规律。

本书可作为高职高专院校、应用型本科院校数据库技术与应用课程的教材，也可作为自学者的参考用书。

◆ 编　著　杨　云　温凤娇　余建浙　张志强
责任编辑　马小霞
责任印制　王　郁　焦志炜

◆ 人民邮电出版社出版发行　　北京市丰台区成寿寺路 11 号
邮编　100164　　电子邮件　315@ptpress.com.cn
网址　https://www.ptpress.com.cn
大厂回族自治县聚鑫印刷有限责任公司印刷

◆ 开本：787×1092　1/16
印张：15.5　　　　　　　　　　2023 年 8 月第 4 版
字数：389 千字　　　　　　　　2024 年 12 月河北第 5 次印刷

定价：59.80 元

读者服务热线：**(010)81055256** 　印装质量热线：**(010)81055316**
反盗版热线：**(010)81055315**
广告经营许可证：京东市监广登字 20170147 号

前言 PREFACE

党的二十大报告指出"科技是第一生产力、人才是第一资源、创新是第一动力"。大国工匠和高技能人才作为人才强国战略的重要组成部分，在现代化国家建设中起着重要的作用。高等职业教育肩负着培养大国工匠和高技能人才的使命，近几年得到了迅速发展和普及。数据库技能型人才的培养显得尤为重要。

MySQL 是一个免费且开源的关系数据库管理系统，也是一个典型的网络数据库管理系统。它支持多种操作系统，易于使用，是在电子商务等领域应用得较好的数据库产品。目前，许多行业使用 MySQL 数据库管理系统。掌握这门技术后可成为 MySQL 系统管理员或者数据库管理员，或从事基于 C/S、B/S 结构的数据库应用系统的开发工作。本书以 MySQL 为平台，介绍 MySQL 数据库应用开发技术。

一、教材组成

本书主要包括 4 个单元、2 个附录。

第 1 单元为走进 MySQL 数据库。该部分由项目 1～项目 6 组成，主要介绍安装配置 MySQL 数据库、设计数据库、创建与管理数据库、创建与管理数据表、使用 SQL 查询维护表中的数据、维护表数据等知识。

第 2 单元为管理数据库及数据库对象。该部分由项目 7～项目 10 组成，主要介绍创建视图和索引、实现数据完整性、使用 SQL 编程，以及创建、使用存储过程和触发器等知识。

第 3 单元为安全管理与日常维护。该部分由项目 11 和项目 12 组成，主要介绍数据库安全性管理、维护与管理数据库等知识。

第 4 单元为数据库应用系统开发训练。该部分由项目 13 组成，主要介绍 MySQL 开发与编程。

附录部分包括学生数据库（xs）表结构及数据样本、连接查询用例表结构及数据样本，以供读者需要时查阅。

二、教学方法

在教学过程中，始终以学生信息管理系统为驱动，各教学单元采用"项目教学，任务驱动"的教学方法。本书首先提出项目，让学生明确自己需要完成的项目目标，再通过一个个任务完成项目，完成任务的过程就是学习数据库应用系统开发技术的过程。

三、实验教学环境

Windows 操作系统、MySQL、ASP.NET、Visual Studio 2019。

四、本书特点

本书贯彻"项目引领，任务驱动"的理念，将数据库应用系统开发实例"学生信息管理系统"融入各项目，共有 4 个教学单元（37 个任务），职教特色非常鲜明，是高等院校"数据库管理"项目化教学的理想教材。

（1）落实"立德树人"的根本任务。

本书精心设计，在电子教案中融入科学精神和爱国情怀，通过讲解我国计算机领域的重要事件和人物，弘扬精益求精的专业精神、职业精神和工匠精神，培养学生的创新意识，激发爱国热情。

（2）符合"三教"改革精神，采用"纸质教材+电子活页"的形式编写教材。

本书将教材、课堂、教学资源、LEEPEE 教学法四者融合，实现线上线下有机结合，为"翻转课堂"和"混合课堂"改革奠定了基础。本书采用知识点微课的形式辅助教学，提供了丰富的数字资源。

本书按照技术应用从易到难，教学内容从简单到复杂、从局部到整体的原则编写而成。纸质教材以项目和任务为载体，以工作过程为导向，以职业素养和职业能力培养为重点。电子活页以电子资源为主，包含视频、音频、作业、试卷、拓展资源、扩展的项目实录视频等，实现了纸质教材三年一修订，电子活页随时增减和修订的目标。

（3）项目引领，任务驱动，校企"双元"合作开发"理实一体"教材。

本书以完成贯穿全书的数据库应用系统开发实例为目标，以真实企业项目为载体，以任务驱动完成项目，配以销售数据库实训项目，巩固训练数据库应用系统开发技术。本书第 4 单元"数据库应用系统开发训练"可引导学生在实际工作场景中综合运用数据库的各项知识和技能。本书所有项目均来自企业，体现了产教深度融合和校企"双元"合作开发的精神。

五、其他

本书的编写以理论必需、够用及强化实用、应用为原则，总结了一线骨干教师的教学、工程实践经验，以能够开发完整数据库应用系统为目标，按照数据库系统开发过程，把数据库开发的相关知识由浅入深地设置成项目，以项目为载体，帮助读者掌握数据库开发的技术和相关知识。书中所有例题的代码都已调试通过，每个项目的习题和实训都经过精心编排，实用性强，可以帮助读者更好地掌握相应的数据库技术和知识。

本书由杨云、温凤娇、余建浙、张志强编著。由于编者水平有限，书中难免存在疏漏之处，敬请广大读者批评指正。

订购教材后可向编者索要全套教学资源。编者 E-mail：yangyun90@163.com。编者 QQ：68433059。网络、Windows & Linux 教师交流群：414901724。

编　者
2023 年 1 月

目录 CONTENTS

项目 3

创建与管理数据库…………… **46**

项目 4

创建与管理数据表 …………… **55**

项目 10

创建、使用存储过程和触发器 ·················· 169

第 3 单元
安全管理与日常维护

项目 11

数据库安全性管理 ············ 186

第1单元
走进MySQL数据库

项目1
安装配置MySQL数据库

【能力目标】

- 会安装配置 MySQL 数据库。
- 能熟练使用 MySQL 的常用命令。
- 掌握常用的 MySQL 数据库图形化工具。

【素养目标】

- 了解国产数据库系统，理解"自主、可控"对于我国的重大意义，激发爱国情怀和学习动力。
- 明确操作系统在新一代信息技术中的重要地位，激发科技报国的家国情怀和使命担当。
- "天行健，君子以自强不息""明德至善，格物致知"，青年学生要有"感时思报国，拔剑起蒿莱"的报国之志和家国情怀。

【项目描述】

安装 MySQL、配置 MySQL 数据库，以及使用 MySQL 数据库图形化工具。

【项目分析】

帮助读者了解 MySQL 的基础知识，指导读者安装 MySQL、使用管理工具、配置服务器，为使用 MySQL 实现数据库的管理打下基础。

【职业素养小贴士】

只有学会安装 MySQL，才能更好地使用它。技术的更新使不同版本的 MySQL 在安装上有差异，我们应该具备随机应变和不断学习的能力，做一个会学习、与时俱进的人。

【项目定位】

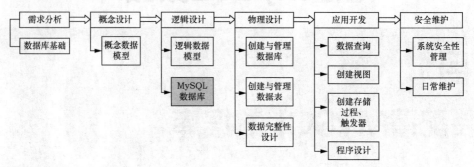

任务 1　认识数据库

【任务目标】

- 了解数据库。
- 理解数据库存储结构。
- 认识 SQL 及其组成。
- 认识常见的数据库产品。

【任务描述】

熟悉数据库结构，认识 SQL 及其组成，了解其体系结构。

【任务分析】

初步了解数据库的基础知识，熟悉数据库的存储结构，认识 SQL 及其组成，为配置和使用数据库打下基础。

任务 1-1　了解数据库

数据库技术是计算机领域最重要的技术之一。银行、政府部门、企事业单位、科研机构等都存在大量的数据，使用数据库技术可以对数据进行有效管理，包括组织和存储数据，在数据库系统中减少冗余数据，实现数据共享，保障数据安全，以及高效地检索和处理数据。

任何一种技术都不是凭空产生的，都会经历长期的发展过程。了解数据库技术的发展历史，可以理解现在的数据库技术是基于什么样的需求诞生的。

数据库技术是基于数据管理任务的需求诞生的。在此需求的驱动下，在计算机硬件和软件发展的基础上，数据库技术经历了人工管理、文件系统和数据库系统 3 个阶段。

1. 人工管理阶段

在 20 世纪 50 年代中期以前，计算机主要用于科学计算。当时计算机的外存储器只有纸带、卡片、磁带等，没有磁盘等可直接存取的存储设备。当时的计算机没有操作系统，也没有专门管理数据的软件。数据的处理方式主要是批处理。

人工管理阶段的特点如下。

（1）数据不保存

当时的计算机主要用于科学计算，一般不需要对数据进行长期保存。

（2）由程序管理数据

数据需要由程序自己设计、说明和管理，没有相应的软件系统负责数据的管理工作。程序中不仅要规定数据的逻辑结构，还要设计物理结构，包括存储结构、存取方法、输入方式等。

（3）数据不共享

数据是面向程序的，一组数据只对应一个程序。当多个程序涉及某些相同的数据时，必须各自定义，无法共享，因此程序与程序之间有大量的冗余数据。

（4）数据不具有独立性

数据的逻辑结构或者物理结构发生变化后，必须对程序做相应的修改。数据完全依赖于程序，缺乏独立性。

2. 文件系统阶段

20 世纪 50 年代后期到 20 世纪 60 年代中期，计算机在硬件方面有所发展，有了磁盘、磁鼓等可直接存取的存储设备；在软件方面，操作系统中已经有了专门的数据管理软件，一般称为文件系统。此外，数据的处理方式不仅有了批处理，还有了联机实时处理。

 说明 磁鼓是利用铝鼓筒表面涂覆的磁性材料来存储数据的。鼓筒旋转速度很快，因此存取速度快。

（1）文件系统阶段的特点

文件系统阶段的特点如下。

① 数据可以长期保存。

使用计算机进行大量的数据处理时，数据可以长期保存在外存储器中，以便反复进行查询、修改、插入和删除等操作。

② 由文件系统管理数据。

由专门的软件（即文件系统）进行数据管理，文件系统把数据组织成相互独立的数据文件，利用"按文件名访问，按记录进行存取"的管理技术，提供对文件进行打开与关闭、对记录进行读取和写入等管理方式。

（2）文件系统的缺点

使用文件系统管理数据的缺点如下。

① 数据共享性差，冗余度大。

在文件系统中，一个（或一组）文件基本上对应一个程序，即文件仍然是面向程序的。当不同的程序具有部分相同的数据时，也必须建立各自的数据文件，而不能共享相同的数据，因此数据冗余度大，浪费存储空间。同时，相同的数据重复存储、各自管理，容易造成数据不一致，给数据修改和维护带来困难。

② 数据独立性差。

文件系统中的文件是为某一特定的程序服务的，文件的逻辑结构是针对具体的程序来设计和优化的，因此想要基于文件中的数据再开发一些新的程序会很困难。

3. 数据库系统阶段

20世纪60年代后期以来，计算机管理的对象规模越来越大，应用范围越来越广泛，数据量急剧增加，同时多种应用与多种语言共享数据的要求越来越强烈。

在这种背景下，以文件系统作为数据管理手段已经不能满足需求。为了满足多用户、多程序共享数据的要求，统一管理数据的专用软件系统——数据库管理系统诞生了。

数据库系统阶段具有以下4个特点。

（1）数据结构化

数据库系统实现了整体数据的结构化，在文件系统中，文件中的记录内部具有结构，但是记录的结构和记录之间的联系被固化在程序中。数据"整体"结构化是指数据库中的数据不再针对某一个程序，而是面向整个组织或企业。

（2）数据的共享性高、冗余度低且易扩充

此阶段的数据面向整个系统且是有结构的，因此不仅可以被多个程序共享，还易于扩充新的程序，这使数据库系统弹性大、易于扩充。

（3）数据独立性高

独立性包括物理独立性（指用户的程序与数据库中数据的物理存储是相互独立的）和逻辑独立性（指用户的程序与数据库的逻辑结构是相互独立的）。数据与数据的结构是存储在数据库中的（在外存中），由数据库管理系统管理，因此数据独立性高。

（4）数据由数据库管理系统统一管理和控制

其中，具体管理和控制如下。

- 数据的安全性（Security）保护。
- 数据的完整性（Integrity）检查。
- 并发（Concurrency）控制。
- 数据库恢复（Recovery）。

数据库（Database，DB）是按照数据结构来组织、存储和管理数据的仓库，其本身可被看作电子化的文件柜，用户可以对文件中的数据进行增加、删除、修改、查找等操作。需要注意的是，这里所说的数据（Data）不仅包括数字，还包括文字、图像、声音等。也就是说，在计算机中用来描述事物的信息都可被称为数据。

任务1-2 理解数据库存储结构

数据库是存储和管理数据的"仓库"，但数据库并不能直接存储数据，数据是存储在表中的，在存储数据的过程中会用到数据库服务器。数据库服务器是提供给程序或计算机连接到数据库的一种"客户端/服务器（Client/Server，C/S）"模型的计算机程序，如MySQL数据库。

一般情况下，用户不需要知道数据在数据库中是如何存放的。然而，对于数据库管理员来说，需要在安装、配置数据库时，决定数据的存放方式和位置；需要在系统运行过程中，调整数据存放方式以提高系统性能。如果数据库管理员能够在最初安装、配置数据库时，根据程序的特性合理安排数据的存放，就能够极大地减少系统运行过程中对磁盘的输入/输出（Input/Output，I/O）操作，这有利于系统性能的优化。

数据库服务器、数据库和表之间的关系如图 1-1 所示。

从图 1-1 中可知，一个数据库服务器可以管理多个数据库。通常情况下，开发人员会针对每个程序创建一个数据库，为了保存程序中实体的数据，还要在数据库中创建多个表（用于存储和描述数据的逻辑结构），每个表都记录着实体的相关信息。

对于初学者来说，或许很难理解程序中的实体数据是如何存储在表中的，接下来通过一个图例来描述，如图 1-2 所示。

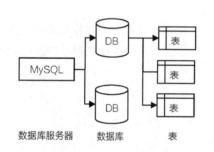

图 1-1　数据库服务器、数据库和表之间的关系

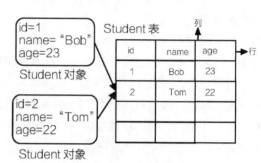

图 1-2　数据表中的数据

图 1-2 描述了 Student 表的结构及数据的存储方式，表的横向称为行（Row），纵向称为列（Column），每一行的内容称为一条记录，每一列的名称称为字段，如 id、name 等。观察该表可以发现，Student 表中的每一条记录，如 1 Bob 23，实际上就是一个 Student 对象。

任务 1-3　认识 SQL 及其组成

结构化查询语言（Structured Query Language，SQL）是一种用于实现特定目的的编程语言，主要用来管理数据库中的数据，如存取数据、查询数据、更新数据等。

SQL 是高级的非过程化编程语言，它允许用户在高层数据结构上工作。它不要求用户指定对数据的存放方法，也不需要用户了解其具体的数据存放方式。它的界面能使具有完全不同底层结构的数据库系统使用相同的 SQL 作为数据的输入与管理方式。

IBM 公司于 1975—1979 年将 SQL 开发出来，在 20 世纪 80 年代，SQL 被美国国家标准学会（American National Standards Institute，ANSI）和国际标准化组织（International Organization for Standardization，ISO）定义为关系数据库语言的标准，它由 4 部分组成，具体如下。

（1）数据定义语言

数据定义语言（Data Definition Language，DDL）主要用来创建或者删除用于存储数据的数据库及数据库中的表等对象。DDL 包含以下几种指令。

- CREATE：创建数据库和表等对象。
- ALTER：修改数据库和表等对象的结构。

- DROP：删除数据库和表等对象。

（2）数据操作语言

数据操作语言（Data Manipulation Language，DML）主要用来查询或者变更数据表中的记录。DML 包含以下几种指令。

- INSERT：向数据表中插入数据。
- UPDATE：修改数据表中的数据。
- DELETE：删除数据表中的数据。

（3）数据查询语言

数据查询语言（Data Query Language，DQL）语句也称为数据检索语句，用于从表中获取数据。保留字 SELECT 是 DQL（也是所有 SQL）用得最多的动词，DQL 其他常用的保留字有 WHERE、ORDER BY、GROUP BY 和 HAVING 等。

（4）数据控制语言

数据控制语言（Data Control Language，DCL）主要用来确认或者取消对数据库中的数据进行的变更。除此之外，它还可以对关系数据库管理系统的用户是否有权限操作数据库中的对象（数据表等）进行设定。DCL 包含以下几种指令。

- COMMIT：确认对数据库中的数据进行的变更。
- ROLLBACK：取消对数据库中的数据进行的变更。
- GRANT：赋予用户操作权限。
- REVOKE：取消用户的操作权限。

初学者在写 SQL 语句时，只要遵守以下几个书写规则，就可以避免很多错误。

① SQL 语句要以分号（;）结尾。

② SQL 语句的关键字不区分字母大小写，插入表中的数据区分字母大小写。

③ 常数的书写方式是固定的，字符串和日期常数需要使用单引号（'）引起来，数字常数无须加注单引号，直接书写即可。

④ 单词间需要用半角空格或者通过换行来分隔，不能使用全角空格作为单词的分隔符。

注意 标准 SQL 可以在任何数据库中使用，而数据库厂商的 SQL 只适用于与其对应的数据库，如 T-SQL 只适用于 Microsoft SQL Server。本书讲解的 SQL 是专门针对 MySQL 的，虽然多数语法也适用于其他数据库管理系统，但不是所有 SQL 语法都是可移植的。

任务 1-4　认识常见的数据库产品

在当今的互联网企业中，常用的数据库模型主要分为两种：关系数据库和非关系数据库（NoSQL）。关系数据库是指采用了关系模型来组织数据的数据库。简单来说，其关系模式就是二维表格模型，这类数据库的代表有 Oracle、SQL Server、MySQL、Sybase、DB2 等。非关系数据库主要是指非关系的、分布式的，且一般不保证 ACID 的数据存储系统，主要有 MongoDB、Redis、CouchDB 等。关系数据库是目前比较受欢迎的数据库管理系统，应用广泛，技术比较成熟。下面对几种主流关系数据库进行简要介绍。

提示 ACID 是指数据库管理系统在写入或更新资料的过程中，为保证事务（transaction）是正确可靠的，所必须具备的 4 个特性：原子性（atomicity，或称不可分割性）、一致性（consistency）、隔离性（isolation，又称独立性）、持久性（durability）。

（1）Oracle

Oracle 是甲骨文公司开发的一个关系数据库管理系统，在数据库领域一直处于领先地位。Oracle 的可移植性好、使用方便、功能强，适用于各类大、中、小、微机环境。它是一种效率高、可靠性好且适应高吞吐量的数据库解决方案。但是 Oracle 对硬件要求很高，且价格比较昂贵，操作比较复杂，技术含量较高。Oracle 的图标如图 1-3 所示。

（2）SQL Server

SQL Server 是由微软公司开发的数据库管理系统，它已广泛应用于电子商务、银行、保险、电力等与数据库有关的行业。早期的 SQL Server 只能在 Windows 平台上运行，而 SQL Server 2019 已经支持 Windows 和 Linux 平台。但是 SQL Server 的并行实施和共存模型并不成熟，很难处理日益增多的用户数和数据卷，伸缩性有限。SQL Server 的图标如图 1-4 所示。

（3）MySQL

MySQL 被广泛应用于各大中小型网站中，它具有体积小、速度快、成本低，且开放源代码等特点。MySQL 的应用范围主要包括大中小型网站、游戏公司、电商平台等，因用户广泛，故其产生了很多高并发的成熟解决方案。MySQL 最大的缺点是其安全系统复杂，且没有标准，只有在调用 mysqladmin 来重读用户权限时才会发现安全系统的改变。此外，MySQL 没有存储过程（Stored Procedure）语言，这是对习惯于企业级数据库的程序员的最大限制。MySQL 的图标如图 1-5 所示。

图 1-3　Oracle 的图标　　　　图 1-4　SQL Server 的图标　　　　图 1-5　MySQL 的图标

任务 2　安装使用 MySQL 数据库

【任务目标】

- 学会安装 MySQL。
- 学会登录 MySQL 与设置密码。
- 掌握 MySQL 客户端常用命令的使用方法。

1-1　MySQL
的安装与使用-1

【任务描述】

安装 MySQL 并掌握其常用命令的使用方法。

【任务分析】

建议在 Windows 平台上安装 MySQL，并在安装 MySQL 时设置密码。

任务 2-1　获取 MySQL 数据库

MySQL 支持多个平台，不同平台下的安装与配置过程存在差异。考虑到初学者习惯使用 Windows 平台，本任务讲解如何在 Windows 平台上获取 MySQL 数据库。打开 MySQL 的官方网站，在网站导航栏中选择【DOWNLOADS】（下载）选项卡，可以看到 MySQL 各种版本的下载选项，如图 1-6 所示。

MySQL 主要有企业版（Enterprise）和社区版（Community）两个版本，其中社区版是通过通用公共许可（General Public License，GPL）协议授权的开源软件，可以免费使用，而企业版是需要付费使用的商业软件。本书选择使用 MySQL 社区版进行讲解。单击【MySQL Community(GPL) Downloads】超链接，进入社区版下载页面，如图 1-7 所示。

图 1-6　MySQL 的下载

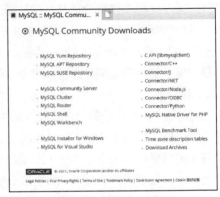

图 1-7　社区版下载页面

基于 Windows 平台的 MySQL 安装文件有两种版本：一种是以.msi 为扩展名的二进制分发版，另一种是以.zip 为扩展名的压缩文件。其中，.msi 的安装文件提供了图形化的安装向导，按照向导提示进行操作即可完成安装；对于.zip 的压缩文件，直接解压就可以完成安装。接下来主要讲解如何使用二进制分发版在 Windows 平台上安装和配置 MySQL。

需要注意的是，MySQL 提供了在线和离线两种版本，本书以离线版本为例进行讲解，在图 1-8 所示的页面中单击【mysql-installer-community-8.0.25.0.msi】选项后面的【Download】按钮下载.msi 安装文件，会跳转到登录提示页面，如图 1-9 所示。

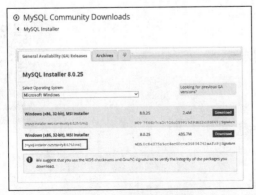

图 1-8　下载.msi 安装文件

图 1-9　登录提示页面

提示 这里下载的数据库版本为 MySQL Installer 8.0.25，如果需要其他数据库版本，则单击图 1-8 中的【Archives】（档案）选项卡，切换数据库版本进行下载。

这里不需要登录就可以下载安装文件，单击【No thanks，just start my download.】超链接，下载得到 mysql-installer-community-8.0.25.0.msi 安装文件。

任务 2-2　安装并配置 MySQL 数据库

下载得到 MySQL 的 mysql-installer-community-8.0.25.0.msi 安装文件之后，开始安装并配置 MySQL 数据库，具体步骤如下。

（1）双击下载的安装文件开始安装，进入【Choosing a Setup Type】界面，选择【Server only】（只安装 MySQL 服务）单选按钮，单击【Next】按钮，如图 1-10 所示。

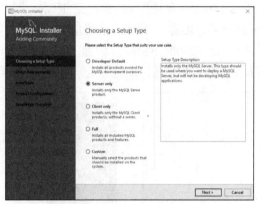

1-2　MySQL
的安装与使用-2

图 1-10　【Choosing a Setup Type】界面

（2）进入【Check Requirements】界面，安装 MySQL 需要 Microsoft Visual C++ 2019，因此会对系统进行环境检测，若没有安装则会提示安装，否则会跳过环境检测步骤，单击【Execute】按钮进行安装，如图 1-11（a）所示。在弹出的软件安装对话框中单击【安装】按钮，如图 1-11（b）所示，安装完成之后的界面如图 1-11（c）所示，单击【Next】按钮。

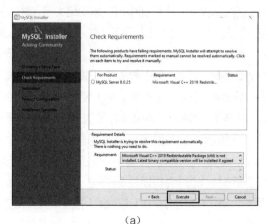

（a）

图 1-11　MySQL 安装环境检测

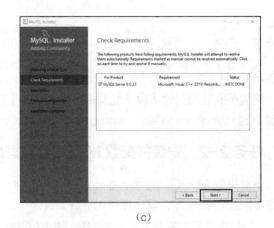

（b）　　　　　　　　　　　　　　　　　（c）

图 1-11　MySQL 安装环境检测（续）

（3）在打开的【Installation】界面中查看并选择要安装的产品，因为只选择 MySQL Server 产品进行安装，所以这里只显示此产品，如图 1-12 所示，确认无误后单击【Execute】按钮完成安装。

（4）安装完成后打开【Product Configuration】界面，可在其中查看需要配置的产品。这里只有 MySQL Server 8.0.25 需要配置，单击【Next】按钮，如图 1-13 所示，进入配置界面。

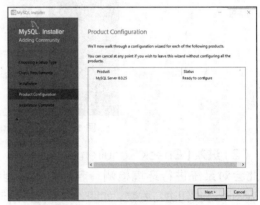

图 1-12　【Installation】界面　　　　　　　图 1-13　【Product Configuration】界面

（5）在打开的【Type and Networking】界面中可配置网络类型，建议初学者选择【Development Computer】选项，这样占用的系统资源比较少。MySQL 的端口号默认为 3306，如果没有特殊需求，则一般不建议修改。其余设置保持默认即可，单击【Next】按钮，如图 1-14 所示，进入密码验证方式界面。

（6）在打开的【Authentication Method】界面中设置密码验证方式。第一种方式是强密码校验，MySQL 推荐使用最新的数据库和相关客户端。MySQL 8 更换了加密插件，如果选择第一种方式，则很有可能导致 Navicat 等客户端无法连接 MySQL 8，因此这里选择第二种密码验证方式，单击【Next】按钮，如图 1-15 所示，进入设置登录密码界面。

（7）在打开的【Accounts and Roles】界面中设置登录密码，登录用户名默认为"Root"，将测试安装密码设置为"123456"，此时会提示密码强度 Weak（弱），在实际环境中建议设置高强度密码。如果想添加新用户，则可单击【Add User】按钮进行添加，单击【Next】按钮，如图 1-16 所示，进入设置密码界面。

（8）在打开的【Windows Service】界面中配置 Windows 服务，如是否要开机启动等。这里无特殊需求不建议修改，保持默认设置即可，单击【Next】按钮，如图 1-17 所示，进入应用配置界面。

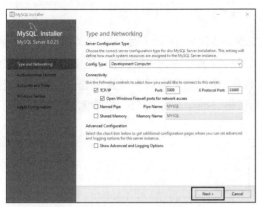

图 1-14 【Type and Networking】界面

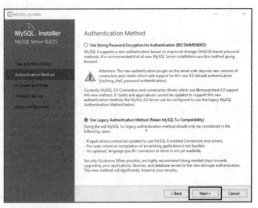

图 1-15 【Authentication Method】界面

图 1-16 【Accounts and Roles】界面

图 1-17 【Windows Service】界面

（9）在打开的【Apply Configuration】界面中单击【Execute】按钮，完成 MySQL 的各项配置。各项配置完成后，提示 MySQL 安装成功，单击【Finish】按钮，如图 1-18 所示，返回【Product Configuration】界面。

（10）在【Product Configuration】界面中单击【Execute】按钮，进入【Installation Complete】界面，单击【Finish】按钮，如图 1-19 所示，完成 MySQL 的安装。

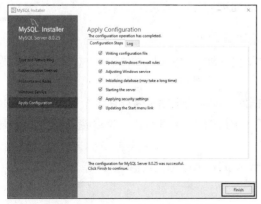

图 1-18 【Apply Configuration】界面

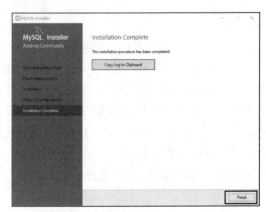

图 1-19 【Installation Complete】界面

任务 2-3　简述 MySQL 安装目录

MySQL Server 8.0 安装完成后，会在 C 盘生成两个目录，这两个目录是 MySQL 安装目录。一般默认的安装路径为"C:\Program Files\MySQL\MySQL Server 8.0"，部分数据和配置文件位于"C:\ProgramData\MySQL\MySQL Server 8.0"中，两个目录中包含一些子目录及一些扩展名为.ini 的配置文件，如图 1-20 和图 1-21 所示。为了更好地学习 MySQL，初学者必须对 MySQL 安装目录下的各个子目录的含义和作用有所了解。

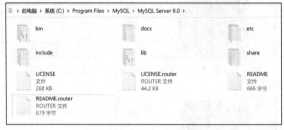

图 1-20　MySQL 子目录

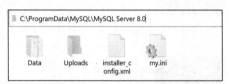

图 1-21　MySQL 数据与配置文件

> **注意**　在 Windows 操作系统中，C 盘的 ProgramData 目录默认为隐藏状态，将其显示出来的具体操作为先进入 C 盘，再选择【查看】选项卡，最后勾选【隐藏的项目】复选框，如图 1-22 所示。

图 1-22　显示 ProgramData 目录

下面对 MySQL 重要的安装目录的含义进行详细讲解。

（1）bin 目录：用于放置一些可执行文件，如 mysql.exe、mysqld.exe、mysqlshow.exe 等。

（2）docs 目录：用于存放一些文档。

（3）Data 目录：用于放置一些日志文件及数据库。创建的数据都保存在这个目录里，登录数据库后，可使用"SHOW GLOBAL VARIABLES LIKE "%Datadir%";"命令查看 Data 目录的位置。Data 目录的结构如图 1-23 所示。

（4）include 目录：用于放置一些头文件，如 mysql.h、mysql_ername.h 等。

（5）lib 目录：用于放置一系列库文件。

（6）share 目录：用于存放字符集、语言等信息。

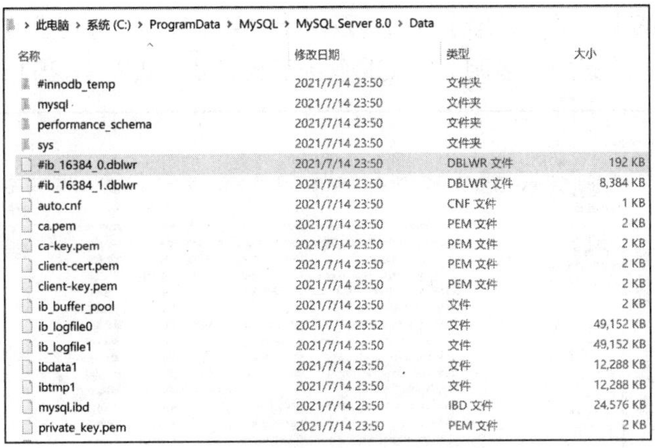

› 此电脑 › 系统 (C:) › ProgramData › MySQL › MySQL Server 8.0 › Data
名称 修改日期 类型 大小
#innodb_temp 2021/7/14 23:50 文件夹
mysql 2021/7/14 23:50 文件夹
performance_schema 2021/7/14 23:50 文件夹
sys 2021/7/14 23:50 文件夹
#ib_16384_0.dblwr 2021/7/14 23:50 DBLWR 文件 192 KB
#ib_16384_1.dblwr 2021/7/14 23:50 DBLWR 文件 8,384 KB
auto.cnf 2021/7/14 23:50 CNF 文件 1 KB
ca.pem 2021/7/14 23:50 PEM 文件 2 KB
ca-key.pem 2021/7/14 23:50 PEM 文件 2 KB
client-cert.pem 2021/7/14 23:50 PEM 文件 2 KB
client-key.pem 2021/7/14 23:50 PEM 文件 2 KB
ib_buffer_pool 2021/7/14 23:50 文件 2 KB
ib_logfile0 2021/7/14 23:52 文件 49,152 KB
ib_logfile1 2021/7/14 23:50 文件 49,152 KB
ibdata1 2021/7/14 23:50 文件 12,288 KB
ibtmp1 2021/7/14 23:50 文件 12,288 KB
mysql.ibd 2021/7/14 23:50 IBD 文件 24,576 KB
private_key.pem 2021/7/14 23:50 PEM 文件 2 KB

图 1-23　Data 目录的结构

（7）my.ini 文件：MySQL 默认使用的配置文件，一般情况下，只要修改 my.ini 配置文件中的内容就可以对 MySQL 进行配置。

除了上述目录以外，MySQL 安装目录下可能还有几个扩展名为.ini 的配置文件，不同的配置文件代表不同的含义。

（1）my-huge.ini：适合超大型数据库的配置文件。

（2）my-large.ini：适合大型数据库的配置文件。

（3）my-medium.ini：适合中型数据库的配置文件。

（4）my-small.ini：适合小型数据库的配置文件。

（5）my-template.ini：配置文件的模板，MySQL 配置向导将该配置文件中的选项写入 my.ini 文件。

（6）my-innodb-heavy-4G.ini：表示该配置文件只对 InnoDB 存储引擎有效，且服务器的内存不能小于 4GB。

需要注意的是，my.ini 是 MySQL 正在使用的配置文件，该文件是一定会被读取的，其他配置文件都是适合不同数据库的配置文件的模板，如果没有特殊需求，则只需配置 my.ini 文件即可。

任务 2-4　使用 MySQL

MySQL 服务和 MySQL 数据库不同，MySQL 服务是一系列的后台进程，而 MySQL 数据库是一系列的数据目录和数据文件。MySQL 数据库必须在 MySQL 服务启动之后才可以访问。

1. 启动及停止 MySQL 服务

在前面的配置过程中已经将 MySQL 安装为 Windows 服务，当 Windows 操作系统启动时，MySQL 服务会随之启动，但有时需要手动控制 MySQL 服务的启动及停止，在 Windows 操作系统中启动及停止 MySQL 服务的方式主要有通过计算机管理方式和通过命令提示符方式两种。

（1）通过计算机管理方式

步骤①：在桌面上右击【此电脑】图标，在弹出的快捷菜单中选择【管理】命令，如图 1-24 所示。

打开(O)
固定到快速访问
管理(G)
固定到"开始"屏幕(P)
映射网络驱动器(N)...
断开网络驱动器的连接(C)...
创建快捷方式(S)
删除(D)
重命名(M)
属性(R)

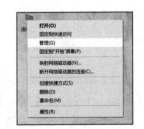

图 1-24　选择【管理】命令

步骤②：在打开的【计算机管理】窗口中双击【服务】选项，即可查看计算机的服务状态，MySQL80 的状态为正在运行，表明 MySQL 服务已经启动，如图 1-25 所示。

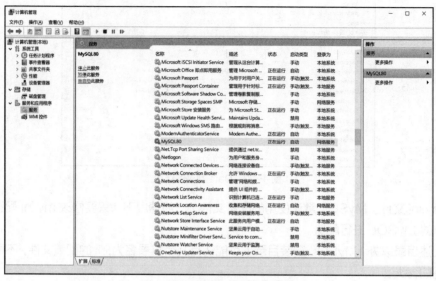

图 1-25 MySQL 服务已经启动

从图 1-25 中可以看到，MySQL 服务已经启动，且启动类型为自动。如果没有显示正在运行状态，则说明 MySQL 服务未启动。此时，可以右击【MySQL80】选项，在弹出的快捷菜单中选择【属性】命令，弹出【MySQL80 的属性（本地计算机）】对话框，如图 1-26 所示。可以在其中设置 MySQL 的服务状态，可以将服务状态设置为【启动】、【停止】、【暂停】、【恢复】。

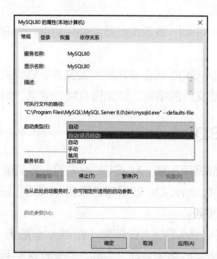

图 1-26 【MySQL80 的属性（本地计算机）】对话框

还可以在此对话框中设置启动类型，在"启动类型"下拉列表中可以选择【自动（延迟启动）】、【自动】、【手动】、【禁用】。这 4 种启动类型的说明如下。

● 自动（延迟启动）：MySQL 服务在系统启动一段时间后延迟自动启动，可以手动将状态变为停止、暂停等，还可以重新启动。

- 自动：MySQL 服务是自动启动的，可以手动将状态变为停止、暂停等，还可以重新启动。
- 手动：MySQL 服务需要手动启动，启动后可以改变服务状态为停止、暂停等。
- 禁用：MySQL 服务不能启动，也不能改变服务状态。

提示　如果需要经常练习 MySQL 数据库的操作，则可以将 MySQL 服务设置为自动启动，这样可以避免每次手动启动 MySQL 服务。当然，如果使用 MySQL 数据库的频率很低，则可以考虑将 MySQL 服务设置为手动启动，这样可以避免 MySQL 服务长时间占用系统资源。

（2）通过命令提示符方式

可以通过 DOS 命令启动 MySQL 服务，单击【开始】按钮，在搜索框中输入"cmd"，并以管理员身份打开命令提示符窗口，如图 1-27 所示。在打开的命令提示符窗口中输入"net start mysql80"，按【Enter】键，就能启动 MySQL 服务，停止 MySQL 服务的命令为"net stop mysql80"，如图 1-28 所示。

注意　"net start mysql80"和"net stop mysql80"命令中的"mysql80"是 MySQL 服务名称，如果你的 MySQL 服务名称是 DB 或其他名称，则应该输入"net start DB""net stop DB"或"net start 其他名称""net stop 其他名称"，否则会提示服务名无效。

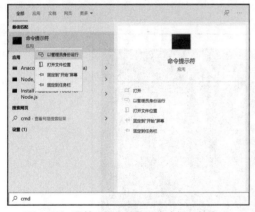

图 1-27　以管理员身份打开命令提示符窗口

图 1-28　启动与停止 MySQL 服务

2. 登录 MySQL 数据库

成功启动 MySQL 服务之后，就可以尝试登录数据库，并修改登录用户的密码，具体步骤如下。

（1）使用相关命令登录

当 MySQL 服务开启后，就可以通过客户端来登录 MySQL 数据库了。在 Windows 操作系统中可以使用 DOS 命令登录数据库。登录 MySQL 数据库的具体操作步骤如下。

步骤①：选择【开始】→【Windows 系统】→【命令提示符】命令，如图 1-29 所示。

步骤②：在打开的命令提示符窗口中输入数据库登录命令"mysql -h localhost -u root -p"，按【Enter】键，系统会提示输入密码（Enter password：），也可以在该命令中直接加上密码，即"mysql -h localhost -u root -proot"。这里-p 后面的 root 就是密码。此处需要特别注意-p 和密码之间没有空格。如果出现空格，则系统不会将-p 后面的字符串当作密码来对待。密码验证正确后，即可登录

15

MySQL 数据库，如图 1-30 所示。

> **提示** mysql 为登录命令，-h 后面的参数是服务器的主机地址，因为这里客户端和服务器在同一台机器上，所以输入"localhost"或者 IP 地址。-u 后面为登录数据库的用户名称，这里为 root，-p 后面是该用户的登录密码。

图 1-29　选择【命令提示符】命令

图 1-30　登录 MySQL 数据库

步骤③：登录成功后，进入 MySQL 初始界面，当命令提示符窗口中出现图 1-31 所示的说明信息，且命令提示符变为"mysql>"时，表明已经成功登录 MySQL 服务器，可以开始对数据库进行操作了。

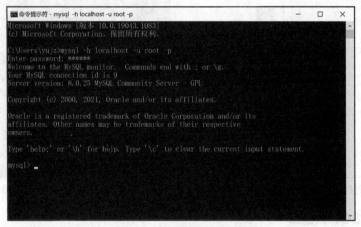

图 1-31　MySQL 初始界面

图 1-31 中的说明性语句的含义如下。
* Commands end with: or \g：说明 mysql 命令行下的命令是以分号（；）或"\g"来结束的，遇到这个结束符就开始执行命令。
* Your MySQL connection id is 9：id 表示 MySQL 数据库的连接次数。
* Server version: 8.0.25 MySQL Community Server – GPL：Server version 后面的内容用于说明数据库的版本，此处为 8.0.25，Community 表示该版本是社区版。
* Type 'help; ' or ' \h' for help：表示输入"help;"或者"\h"可以显示 MySQL 的帮助信息。

- Type ' \c' to clear the current input statement：表示遇到"\c"就清除前面输入的命令。

（2）使用 MySQL Command Line Client 登录

使用 DOS 命令登录 MySQL 相对比较麻烦，且命令中的参数容易忘记，因此可以通过一种简单的方式来登录 MySQL，该方式需要记住 MySQL 的登录密码。当 MySQL 安装完成后，一般会自动安装一个命令行工具 MySQL Command Line Client，如图 1-32 所示，该命令行工具没有图形化的用户界面。选择【开始】→【程序】→【MySQL】→【MySQL 8.0 Command Line Client】命令，打开提示输入密码的命令提示符窗口，输入正确密码，登录成功后的界面如图 1-33 所示。

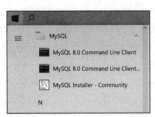

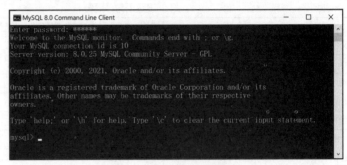

图 1-32　MySQL 命令行工具　　　　图 1-33　登录成功后的界面

3. MySQL 常用命令

对于初学者来说，使用命令行工具登录 MySQL 数据库后还不知道如何进行操作。为此，可以查看帮助信息。在命令行工具中输入"help;"或者"\h"命令，会显示 MySQL 的帮助信息，如图 1-34 所示。

图 1-34　MySQL 的帮助信息

图 1-34 中列出了 MySQL 的相关命令，这些命令既可以通过一个单词表示，也可以通过"\

字母"的方式表示。为了让初学者更好地掌握 MySQL 的相关命令，表 1-1 列举出 MySQL 的常用命令及其含义。

表 1-1　MySQL 的常用命令及其含义

命令	简写	含义
?	\?	显示帮助信息%
clear	\c	清除当前输入的语句
connect	\r	连接到服务器，可选参数为数据库和主机
delimiter	\d	设置语句分隔符
ego	\G	发送命令到 MySQL 服务器，并显示结果
exit	\q	退出 MySQL
go	\g	发送命令到 MySQL 服务器
help	\h	显示帮助信息
notee	\t	不写输出文件
print	\p	输出当前命令
prompt	\R	改变 MySQL 提示信息
quit	\q	退出 MySQL
rehash	\#	重建哈希系统
source	\.	执行一个 SQL 脚本文件，以一个文件名作为参数
status	\s	从服务器中获取 MySQL 的状态信息
tee	\T	设置输出文件，将所有信息添加到给定的输出文件中
use	\u	选择一个数据库以使用，参数为数据库名称
charset	\C	切换到另一个字符集
warnings	\W	每一个语句之后显示警告
nowarning	\w	每一个语句之后不显示警告

接下来演示使用"status"命令查看 MySQL 服务器的状态信息的过程，查询结果如图 1-35 所示。

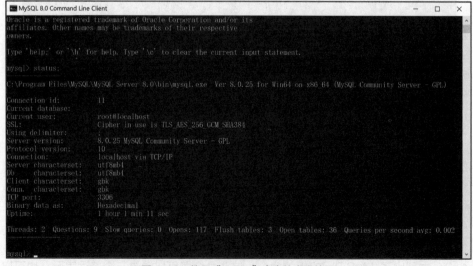

图 1-35　使用"status"命令的查询结果

从上述信息可以看出，使用"status"命令查询出了 MySQL 的当前版本、字符集及端口号等信息。

任务 3 MySQL 常用的图形化工具

【任务目标】

1-3 MySQL
常用图形化工具

- 了解几款常用的 MySQL 图形化工具。
- 使用图形化工具连接 MySQL。

【任务描述】

安装图形化工具并成功连接 MySQL 数据库。

【任务分析】

MySQL 命令行工具的优点在于不需要额外安装，它在 MySQL 软件包中已经提供。然而，命令行这种操作方式不够直观，也容易出错。为了更方便地操作 MySQL，可以使用一些图形化工具。本任务将对 MySQL 常用的两种图形化工具 Navicat 和 SQLyog 进行讲解。

任务 3-1 使用 Navicat 客户端

Navicat 是一种数据库管理工具，专为简化数据库的管理及降低系统管理成本而设计。Navicat 基于直观的图形用户界面，使用它可以安全和简单地创建、组织、访问并共用信息。

Navicat Premium 是 Navicat 的产品成员之一，能简单并快速地在各种数据库系统间传输数据，或传输一份指定 SQL 格式及编码的纯文本文件，其他功能包括导入向导、导出向导、查询创建工具、报表创建工具、资料同步、备份、工作计划等。它支持的数据库包括 MySQL、MariaDB、SQL Server、SQLite、Oracle 及 PostgreSQL。

Navicat 曾经提供商业版本 Navicat Premium 和免费版本 Navicat Lite。但目前 Navicat 已不再提供免费版本，可以下载 Navicat Premium 试用版试用 30 天。

下面以 Navicat 15 为例进行演示，下载安装文件后正常安装即可。

安装完成后打开软件，在菜单栏中选择【文件】→【新建连接】→【MySQL】命令，弹出【MySQL-新建连接】对话框，如图 1-36 所示。

在该对话框中输入连接名（如"测试连接"）、主机或 IP 地址（保持默认即可）、端口、用户名和密码后，单击【确定】按钮即可连接数据库，进入 Navicat 主界面，如图 1-37 所示。

单击工具栏中的【新建查询】按钮，打开查询窗口，此时可以输入并执行 SQL 语句，SQL 语句执行过程如图 1-38 所示。

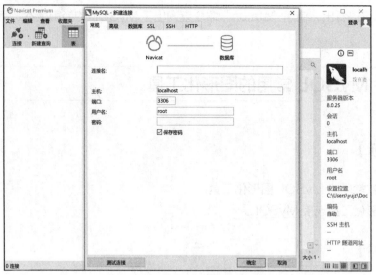

图 1-36 【MySQL-新建连接】对话框

图 1-37 Navicat 主界面

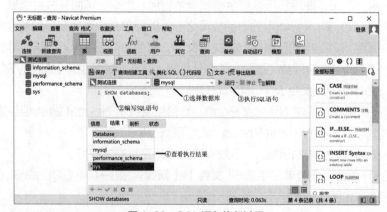

图 1-38 SQL 语句执行过程

任务 3-2 使用 SQLyog 客户端

SQLyog 是 Webyog 公司出品的一种简洁高效、功能强大、易于使用的图形化 MySQL 数据库管理工具，使用它能够在任何地点有效地管理数据库。

使用 SQLyog 可以连接到指定的 MySQL 主机，它支持 HTTP 及 SSH/SSL 协议；可创建新的表、视图、存储过程、函数、触发器及事件；支持删除及截位数据库；支持转储数据库，以及将数据库保存到 SQL 中。使用其编辑功能可以查找和替换指定内容，可列出全部或匹配标记，管理由 SQLyog 创建的任务。

SQLyog 是免费的，但是软件的源代码封闭，其 3.0 版本成为完全商用的软件。如今，SQLyog 既有免费版本发行，又有若干付费专有版本发行。免费版本在 GitHub 上被称为 Community Edition。付费版本以专业版、企业版和旗舰版出售。

下面以 SQLyog 13 为例进行演示。使用文件下载安装包进行安装，安装语言选择简体中文。安装完成后打开软件，SQLyog 主界面如图 1-39 所示。

图 1-39　SQLyog 主界面

在菜单栏中选择【文件】→【新连接】→【MySQL】→【新建】命令，弹出【连接到我的 SQL 主机】对话框，如图 1-40 所示。

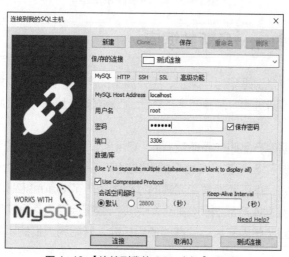

图 1-40　【连接到我的 SQL 主机】对话框

在该对话框中输入主机名或 IP 地址（如无设置，可保持默认）、用户名、密码和端口后，单击【连接】按钮，即可连接数据库。SQLyog 成功连接数据库后的界面如图 1-41 所示。

与 Navicat 客户端类似，在图 1-41 中，单击工具栏中的【新建查询编辑器】按钮或者按【Ctrl+T】组合键，即可打开查询窗口，此时可以输入并执行 SQL 语句，如图 1-42 所示。

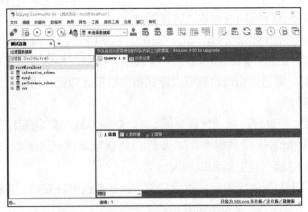

图 1-41　SQLyog 成功连接数据库后的界面

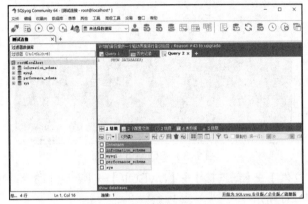

图 1-42　输入并执行 SQL 语句

拓展阅读　华为——高斯数据库

目前国产三大数据库分别是华为、阿里、中兴旗下的产品，得益于华为、阿里、中兴这些国产科技公司的不断研发、不断进步，越来越多的本土企业能够用上国产数据库，从而进一步保障我国在信息数据上的安全。

华为研发了一款数据库产品叫作高斯数据库（Gauss DB），相关的统计数据显示，华为高斯数据库的总出货量已经突破了 3 万套，在整个国产数据库产品的应用总量上位居首位。华为从 2007 年就开始研发高斯数据库，在不断发展和完善的过程中经历了 GaussDB 100、GaussDB 200、GaussDB 300 共 3 代数据库产品迭代，如今华为高斯数据库已经达到了国内招商银行、工商银行的技术标准，同时也达到了国内三大运营商的使用标准，开始为人们的市场通信通话提供更为安全的保障。

实训1　安装与使用 MySQL 数据库

（1）从 MySQL 官网下载 MySQL 安装包。
（2）安装并配置 MySQL 数据库。

（3）开启 MySQL 服务，并熟悉常用的 MySQL 命令。

（4）使用 MySQL 图形化工具连接 MySQL 数据库。

1-4　安装与使用
MySQL 数据库

小结

本项目主要介绍了数据库基础知识、安装使用 MySQL 数据库、MySQL 常用的图形化工具。

MySQL 被广泛应用于各大中小型网站中，它具有体积小、速度快、成本低且开放源代码等特点。MySQL 支持多个平台，不同平台下的安装与配置过程存在差异。考虑到初学者可能习惯使用 Windows 平台，本项目主要讲解如何在 Windows 平台上获取 MySQL。MySQL 命令行工具的优点在于不需要额外安装，在 MySQL 软件包中已经提供。命令行这种操作方式不够直观，而且容易出错，为了更方便地操作 MySQL，可以使用一些图形化工具。

习题

一、选择题

1. 一个数据库中最多可以创建（　　）数据表。

A. 1个　　　　　　　B. 2个　　　　　　　C. 1个或2个　　　　　D. 多个

2. 下列选项中，（　　）是 MySQL 用于放置可执行文件的目录。

A. bin 目录　　　　　B. data 目录　　　　　C. include 目录　　　　D. lib 目录

3. 以下关于 SQL 全称的说法中，正确的是（　　）。

A. 结构化查询语言　　B. 标准的查询语言　　C. 可扩展查询语言　　D. 分层化查询语言

4. 下列选项中，（　　）是配置 MySQL 服务器时默认使用的用户。

A. admin　　　　　　B. scott　　　　　　　C. root　　　　　　　　D. user

5. 下列选项中，（　　）命令用于从服务器获取 MySQL 的状态信息。

A. \s　　　　　　　　B. \h　　　　　　　　C. \?　　　　　　　　D. \u

6. 下列选项中，使用（　　）命令可以切换到 test 数据库。

A. \s test　　　　　　B. \h test　　　　　　C. \? test　　　　　　D. \u test

7. DBMS 指的是（　　）。

A. 数据库系统　　　　B. 数据库信息系统　　C. 数据库管理系统　　D. 数据库并发系统

二、填空题

1. MySQL 在加载后一定会读取的配置文件是_____。

2. _____被定义为关系数据库语言的标准。

3. 在 MySQL 命令中，用于退出 MySQL 服务的命令有 quit、_____和\q。

4. 在计算机中用来描述事物的记录都可称作_____。

5. 数据库是存储和管理数据的仓库，但数据库并不能直接存储数据，而是将数据存储到_____中。

三、简答题

1. 简述数据库的特点。

2. SQL 由哪几部分组成？

3. 简述数据库、表和数据库服务器之间的关系。

项目 2

设计数据库

02

【能力目标】

- 学会将现实世界的事物和特性抽象为信息世界的实体和关系。
- 会使用实体联系（Entity Relationship，E-R）图描述实体和实体、属性和实体间的关系。
- 会将 E-R 图转换成关系模型。
- 能根据开发需求将关系模型规范化到一定程度。
- 对数据完整性有清晰的认识。

【素养目标】

- 深刻认识国产数据库跨越式发展的新机遇。软件国产化是保护国家信息安全的重要手段，而数据库作为基础软件理应成为国产化推进的主要领域之一。
- "路漫漫其修远兮，吾将上下而求索。"国产化替代之路"道阻且长，行则将至，行而不辍，未来可期"。

【项目描述】

设计学生信息管理系统的数据库，绘制 E-R 图，将 E-R 图转换成关系模型，指出各表的关键字。

【项目分析】

设计数据库是一个把现实世界抽象化、把信息世界数据化的过程，本项目以学生信息管理系统的 xs 数据库设计为例，介绍必要的数据库基础知识和数据库应用开发技术，实现成功设计开发数据库应用系统的目的。xs 数据库贯穿全书，要求读者熟悉该数据库中的 3 个表 XSDA、XSCJ、KCXX 及它们之间的关系。

【职业素养小贴士】

只有将现实世界中存在的客观事物数据化后才能在计算机中对其进行处理，不同状态的数据发挥的作用不同。在职场中扮演好自己的角色很重要，只有将自己的工作做到极致，才能体现出自身的价值。

【项目定位】

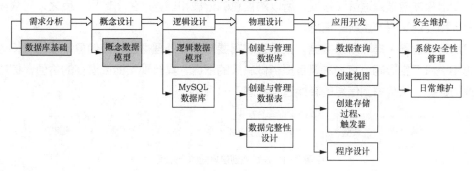

任务 1　现实世界数据化

【任务目标】

- 学会将现实世界的事物和特性抽象为信息世界的实体和关系。
- 会使用实体联系图（E-R 图）描述实体和实体、属性和实体间的关系。

【任务描述】

将学生选修课程抽象出来，绘制出 E-R 图。

【任务分析】

不能将现实世界中存在的客观事物直接输入计算机中进行处理，必须对它们进行数据化后才能在计算机中处理。本任务以学生选修课程为例，介绍对现实世界的客观事物进行数据化的过程。

任务 1-1　现实世界的数据化过程

现实世界是由实际存在的事物组成的。每种事物都有许多特性，事物之间也有着错综复杂的联系。计算机系统不能直接处理现实世界，只有将现实世界数据化后，计算机系统才能处理这些代表现实世界的数据。

1. 数据

数据（Data）是描述事物的符号记录，用类型和数值来表示。随着计算机技术的发展，数据的含义更加广泛了，不仅包括数字，还包含文字、图像、声音和视频等。在数据库技术中，数据是数据库中存储的基本对象。例如，学生的档案管理记录、货物的运输情况等都是数据。

信息不同于数据。数据是信息的载体，信息是数据的含义。信息是一种已经被加工为特定形式的数据。这种数据形式对于接收者来说是有意义的，即只有有价值的数据才是信息。根据这个定义，那些能表达某种含义的信号、密码、情报、消息都可概括为信息。例如，一个"会议通知"可以用文字（字符）形式写成，也可用广播形式（声音）传送，还可用闭路电视（图像）形式来通知，不管用哪种形式，含义都是通知，它们表达的信息都是"会议通知"，所以"会议通知"就是信息。

数据和信息二者密不可分，因为信息是客观事物性质或特征在人脑中的反映，信息只有通过数据形式表示出来才能被人理解和接受，所以对信息的记载和描述产生了数据；反之，对众多相关数据加以分析和处理又将产生新的信息。

人们从客观世界中提取所需数据，根据客观需要对数据处理得出相应信息，该信息将对现实世界的行为和决策产生影响，它为决策者提供做决策的依据，具有现实的或潜在的价值，信息是经过加工处理的数据，从数据到信息的转换过程如图 2-1 所示。

图 2-1 从数据到信息的转换过程

2. 数据处理

数据处理是指将数据转换成信息的过程。它是由人、计算机等组成的能进行信息收集、传递、存储、加工、维护、分析、计划、控制、决策和使用的系统。经过处理，信息被加工成特定形式的数据。

在数据处理过程中，数据计算相对简单，但是处理的数据量大，并且数据之间存在着复杂的联系，因此，数据处理的关键是数据管理。

数据管理是指对数据进行收集、整理、组织、存储和检索等操作。这部分操作是数据处理业务的基本环节，是任何数据处理业务中必不可少的共有部分。因此，读者必须学习和掌握数据管理技术，为数据处理提供有力的支持。有效的数据管理可以提高数据的使用效率，减轻程序开发人员的负担。数据库技术就是针对数据管理的计算机软件技术。

3. 数据库

数据库是指长期存储在计算机内，按一定数据模型组织存储、可共享的数据集合。它可以供各种用户使用，具有最小冗余度和较高的数据独立性。

4. 数据库管理系统

数据库管理系统（Database Management System，DBMS）是用户和操作系统之间的数据管理软件，它使用户方便地定义数据和处理数据，并能够保证数据的安全性、完整性，以及多用户对数据的并发使用和发生故障后的数据恢复。其功能如下。

（1）数据定义功能

数据库管理系统具有专门的数据定义语言，用户可以方便地创建、修改、删除数据库及数据库对象。

（2）数据处理功能

数据库管理系统提供数据操作语言，可以实现对数据库中数据的检索、插入、删除和修改等操作。

（3）数据库运行管理功能

数据库运行过程是由数据库管理系统统一控制和管理的，以保证数据的安全性、完整性，当多个用户同时访问相同数据时，由数据库管理系统进行并发控制，以保证每个用户的运行结果都是正确的。

（4）数据库的维护功能

它包括数据库初始数据的输入、转换功能，数据库的转储、恢复功能，数据库的重组织功能和性能监测、分析功能等。这些功能通常由一些实用程序完成。

总之，数据库管理系统用于实现用户和数据库之间的交互。在各种计算机软件中，数据库管理系统软件占有极其重要的位置，用户只需通过它就可以实现对数据库的各种操作与管理。数据库管理系统在计算机层次结构中的地位如图 2-2 所示。

目前，广泛应用的大型网络数据库管理系统有 SQL Server、MySQL、DB2、Oracle、Sybase 等。常用的桌面数据库管理系统有 Access 等。

5. 数据库系统

数据库系统（Database System，DBS）是指在计算机系统中引入数据库后的系统，一般由数据库、数据库管理系统及其开发工具、应用系统、数据库管理员、应用程序员（Application Programmer，AP）和用户构成。数据库系统可用图 2-3 表示。

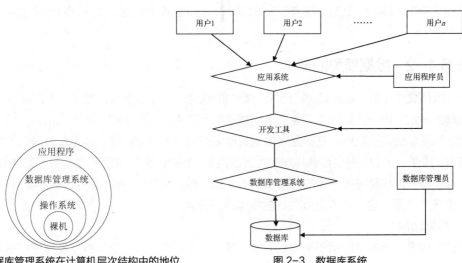

图 2-2　数据库管理系统在计算机层次结构中的地位　　　　图 2-3　数据库系统

其中，数据库管理员、应用程序员和用户主要是指存储、维护和检索数据的各类使用者，具体介绍如下。

（1）用户

用户是应用程序的使用者，通过应用程序与数据库进行交互。

（2）应用程序员

应用程序员是在开发周期内进行数据库结构设计、完成应用程序开发并保证程序在运行周期中功能和性能正确无误的人员，通常多于一人。

（3）数据库管理员

数据库管理员对数据库进行日常的管理，负责全面管理和控制数据库系统，是数据库系统中最重要的人员，其职责包括：设计与定义数据库系统，帮助用户使用数据库系统；监督与控制数据库系统的使用和运行；改进和重组数据库系统，优化数据库系统的性能；备份与恢复数据库；当用户的应用需求增加或改变时，对数据库进行较大的改造，即重构数据库。

6. 将现实世界数据化的过程

将现实世界存在的客观事物进行数据化，要经历从现实世界到信息世界，再从信息世界到数据世界两个阶段。现实世界、信息世界和数据世界三者之间的关系如下。

现实世界（事物、事物性质）

抽
象
化

信息世界（实体、实体属性）──────→ 概念数据模型描述 ──────→ 用 E-R 图表示

数
据
化

数据世界（行、列）──────→ 数据模型描述 ──────→ 表现为二维表

首先将现实世界中客观存在的事物及它们具有的特性抽象为信息世界的实体和属性，其次使用 E-R 图表示实体与实体、属性与实体之间的联系（即概念数据模型），最后将 E-R 图转换成数据世界中的关系。

任务 1-2　数据模型的概念

数据库是某个企业、组织或部门涉及的数据的综合，它不仅要反映数据本身的内容，而且要反映数据间的联系。由于计算机不可能直接处理现实世界中的具体事物，所以人们必须把具体事物转换成计算机能够处理的数据，在数据库中用数据模型这个工具来抽象、表示和处理现实世界中的数据及信息。通俗地讲，数据模型就是现实世界的模拟。现有的数据库系统均是基于某种数据模型的。

数据库管理系统是按照一定的数据模型组织数据的。而数据模型包括数据结构、数据操作和完整性约束 3 个方面，这 3 个方面称为数据模型的三要素。

1. 数据结构

数据结构是一组规定的用于构造数据库的基本数据结构类型。这是数据模型中最基本的部分，它规定如何把基本数据项组织成更大的数据单位，并通过这种结构来表达数据项之间的关系。由于数据模型是现实世界与数据世界的媒介，因此，它的基本数据结构类型应是简单且易于理解的。同时，这种基本数据结构类型还应有很强的表达能力，可以有效地表达数据之间各种复杂的关系。

2. 数据操作

数据操作能对上述数据结构按任意方式组合起来所得数据库的任何部分进行检索、推导和修改等操作。实际上，上述结构只规定了数据的静态结构，而数据操作的定义则说明了数据的动态特性。同样的静态结构，由于定义在其上的操作不同，可以形成不同的数据模型。

3. 完整性约束

完整性约束用于给出不破坏数据库完整性、数据相容性等数据关系的限定。为了避免对数据执行某些操作时破坏数据的正常关系，常将那些具有普遍性的问题归纳起来，形成一组通用的约束规则，只允许在满足该组规则的条件下对数据库进行插入、删除和更新等操作。

综上所述，一个数据模型实际上给出了一个通用的、在计算机中可实现的现实世界的信息结构，并可以动态地模拟这种结构的变化。因此，它是一种抽象方法，为在计算机中实现这种方法，研究者开发和研制了相应的软件——数据库管理系统。数据库管理系统是数据库系统的主要组成部分。

数据模型大体上分为两种类型：一种是独立于计算机系统的数据模型，即概念模型；另一种是涉及计算机系统和数据库管理系统的数据模型。

任务 1-3　概念模型

信息是对客观事物及其联系的表征，数据是对信息的具体化、形象化，是表示信息的物理符号。在信息管理系统中，要想对大量的数据进行处理，先要弄清楚现实世界中事物及事物间的联系是怎样的，再逐步分析、转换，得到系统可以处理的形式。因此，对客观世界的认识、描述是一个逐步进行的过程，有层次之分，可将它们分成 3 个层次。

1. 概念模型的 3 个层次

（1）现实世界

现实世界包括客观存在的事物及其联系，客观存在的事物分为"对象"和"性质"两个方面，同时事物之间有广泛的联系。

（2）信息世界

信息世界是客观存在的现实世界在人们头脑中的反映。人们对客观世界经过一定的认识过程，进入信息世界形成关于客观事物及其联系的信息模型。在信息模型中，客观对象用实体表示，而客观对象的性质用属性表示。

（3）数据世界（或机器世界）

信息世界中的有关信息经过加工、编码、格式化等具体处理后，便进入了数据世界。数据世界中的数据既能代表和体现信息模型，又向机器世界前进了一步，便于用机器进行处理。在这里，每一个实体用记录表示，实体的属性用数据项（或称字段）表示，现实世界中的事物及其联系用数据模型表示。

3 个层次间的关系如图 2-4 所示。

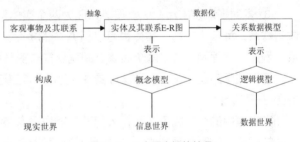

由此可以看出，客观事物及其联系是信息之源，是组织和管理数据的出发点，同时是使用数据库的归宿。为了对现实世界中的具体事物进行抽象，人们常常先把现实世界抽象成为信息世界，再把信息世界转化为数据世界。把现实世界抽象为信

图 2-4　3 个层次间的关系

息世界，实际上是抽象出现实系统中有应用价值的元素及其联系，这时形成的信息结构是概念模型。抽象出概念模型后，再把概念模型转换为计算机中某一数据库管理系统所支持的数据模型。概念模型是现实世界到真实机器的一个中间层次，是按照用户的观点对数据和信息进行的建模，是数据库设计人员与用户之间进行交流的语言。

2. E-R 图

目前，描述概念模型最常用的方法是使用 E-R 图。这种方法简单、实用。E-R 图中包括实体、属性和联系 3 种图形元素。实体用矩形框表示，属性用椭圆形框表示，联系用菱形框表示，框内填入相应的名称，实体与属性或者实体与联系之间用无向直线连接，多值属性用双椭圆形框表示，派生属性用椭圆形框表示。

图 2-5　E-R 图使用的基本符号

E-R 图使用的基本符号如图 2-5 所示。

（1）实体

客观存在且可以相互区别的事物称为实体。实体可以是具体的事物，也可以是抽象的事件。例如，学生、图书等属于具体的事物，订货、借阅图书等活动是抽象的事件。

同一类实体的集合称为实体集。实体集中的个体成千上万，人们不可能也没有必要一一指出每一个属性，因此引入实体型。

实体型是对同类实体的共有特征的抽象定义，用实体名及其属性名称集合来抽象和描述。例如，学生（学号，姓名，年龄，性别，成绩）是一个实体型。

（2）属性

描述实体的特性称为属性。例如，学生实体用学号、姓名、性别、年龄等属性来描述。不同的实体用不同的属性区分。

（3）联系

实体之间的相互关系称为联系，它反映了现实世界事物之间的关联。实体之间的联系可以归纳为以下3种类型。

① 一对一联系（1∶1）。设A、B为两个实体集，如果A中的每个实体至多和B中的一个实体有联系，B中的每个实体至多和A中的一个实体有联系，则称A对B或者B对A是一对一联系。例如，班级和班长这两个实体之间就是一对一联系，如图2-6（a）所示。

② 一对多联系（1∶n）。设A、B为两个实体集，如果A中的每个实体可以和B中的多个实体有联系，而B中的每个实体至多和A中的一个实体有联系，则称A对B是一对多联系。例如，班级和学生这两个实体之间就是一对多联系，如图2-6（b）所示。

③ 多对多联系（$m∶n$）。设A、B为两个实体集，如果A中的每个实体可以和B中的多个实体有联系，而B中的每个实体也可以和A中的多个实体有联系，则称A对B或B对A是多对多联系。例如，课程和学生这两个实体之间就是多对多联系，如图2-6（c）所示。

值得注意的是，联系也可以有属性，例如，学生选修课程，"选修"这个联系就有"成绩"属性，如图2-7所示。

实体集中的个体成千上万，人们不可能也没有必要一一指出个体间的对应关系，只需指出实体型间的联系，注明联系方式，这样既简单，又能表达清楚概念。具体画法：把有联系的实体（矩形框）通过联系（菱形框）连接起来，注明联系方式，再把实体的属性（椭圆形框）连接到相应实体上。

为了简洁起见，在E-R图中可略去属性，着重表示实体联系情况，属性可单独以表格形式列出。

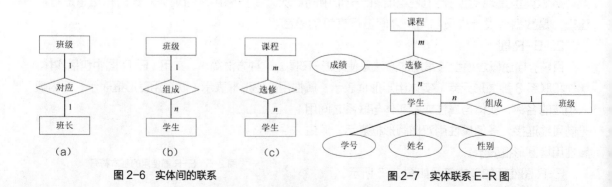

图 2-6　实体间的联系　　　　　　图 2-7　实体联系 E-R 图

任务 1-4　绘制学生选修 E-R 图

绘制 E-R 图需要对实际用户需求进行设计，针对用户需求绘制出 E-R 图。本任务是绘制学生选修 E-R 图，具体步骤如下。

1. 需求分析

设计数据库首先必须准确了解与分析用户需求（包括数据与处理）。需求分析是整个设计过程的基础，是最困难、最耗费时间的一步，需求分析的结果是否准确地反映了用户的实际要求，将直接影响后续各个设计阶段，最终将影响到设计结果是否合理和实用。它的目的是分析系统的需求。该过程的主要任务是从数据库的所有用户那里收集对数据的需求和对数据处理的要求，主要涉及应用环境分析、数据流程分析、数据需求的收集与分析等，并把这些需求写成用户和设计人员都能接受的说明书。

本书以"学生信息管理系统"的开发为例，简单描述数据库的开发流程，以某校学生处及教务处的学生管理流程为基准收集到其所需的基本需求，包括学生档案管理、教学课程管理、学生成绩管理、系统管理等。在学生档案管理中能够查询、修改、添加学生的基本档案信息；在教学课程管理中能针对开设的每门课程进行修改，添加新开设的课程、删除淘汰的课程；在学生成绩管理中能针对学生每门课程的学习情况，记录其成绩并提供查询和修改功能；在系统管理中可以提供用户登录、用户密码修改等功能。

2. 形成 E-R 图

针对"学生信息管理系统"的需求，抽取出各实体及其所需属性并形成局部 E-R 图。学生实体 E-R 图如图 2-8 所示。课程实体 E-R 图如图 2-9 所示。

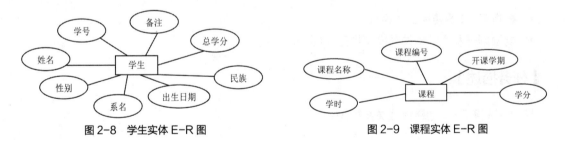

图 2-8　学生实体 E-R 图　　　　　　　　　图 2-9　课程实体 E-R 图

学生实体与课程实体之间的关系用成绩 E-R 图表示，如图 2-10 所示。

用户实体 E-R 图如图 2-11 所示。

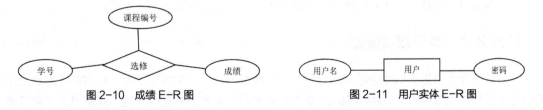

图 2-10　成绩 E-R 图　　　　　　　　　图 2-11　用户实体 E-R 图

对局部 E-R 图进行综合整理后，得到全局 E-R 图，如图 2-12 所示。

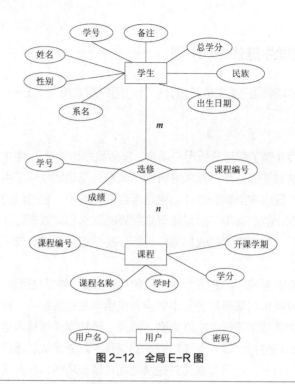

图 2-12　全局 E-R 图

任务 2　将 E-R 图转换成关系模型

【任务目标】

- 能将 E-R 图转换成关系模型。
- 能根据开发需求将关系模型规范化到一定程度。

【任务描述】

将学生选修 E-R 图转换成关系模型。

【任务分析】

关系模型是目前数据库系统普遍采用的数据模型，也是应用得最广泛的数据模型。关系模型通过二维表来表示实体及实体之间的联系。本任务将详细介绍关系模型和二维表。

任务 2-1　逻辑数据模型

逻辑数据模型是指数据库中数据的组织形式和联系方式，简称数据模型。数据库中的数据是按照一定的逻辑结构存储的，这种结构用数据模型来表示。现有的数据库管理系统都基于某种数据模型。按照数据库中数据采取的不同联系方式，数据模型可分为 3 种：层次模型、网状模型和关系模型。

1. 层次模型

使用树形结构表示实体及其联系的模型称为层次模型。在这种模型中，数据被组织成从根开始倒置的一棵树，每个实体从根开始沿着不同的分支位于不同的层次上。

层次模型的优点是结构简单、层次清晰、易于实现，适合描述家族关系、行政编制及目录结构等信息载体的数据结构。

其基本结构有两个限制。

（1）有且仅有一个节点没有双亲节点，该节点为根节点，其层次最高。

（2）根节点以外的其他节点有且仅有一个双亲节点。

所以，使用层次模型可以非常直接、方便地表示 1：1 和 1：n 联系，但不能直接表示 m：n 联系，难以实现对复杂数据关系的描述。层次模型的简单示例（PS 数据库层次模型）如图 2-13 所示。

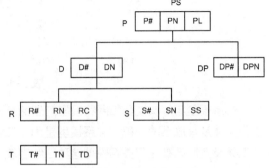

图 2-13　层次模型的简单示例

该层次数据库 PS 具有 6 个记录类型。记录类型 P（学院）是根节点，由字段 P#（学院编号）、PN（学院名称）、PL（办公地点）组成。它有两个子节点：D（系）和 DP（部）。记录类型 R（教研室）和 S（学生）是记录类型 D 的两个子节点。T（教师）是 R 的子节点。其中，记录类型 D 由字段 D#（系编号）和 DN（系名）组成，记录类型 DP 由字段 DP#（部门编号）和 DPN（部门名称）组成，记录类型 R 由 R#（教研室编号）、RN（教研室名称）和 RC（教研室人数）组成，记录类型 S 由 S#（学号）、SN（学生姓名）和 SS（学生成绩）组成，记录类型 T 由 T#（教师编号）、TN（教师姓名）和 TD（研究方向）组成。

在该层次结构中，DP、S、T 是叶子节点，它们没有子节点。由 P 到 D、P 到 DP、D 到 R、D 到 S、R 到 T 均是一对多联系。

2. 网状模型

网状模型是一种比层次模型更具有普适性的结构，它去掉了层次模型的两个限制，允许多个节点没有双亲节点，允许节点有多个双亲节点，也允许两个节点之间有多种联系。因此，网状模型可以更直接地描述现实世界。而层次模型实际上是网状模型的一个特例。

网状模型的主要优点是在表示数据之间的多对多联系时具有很高的灵活性，但是这种灵活性是以数据结构的复杂化为代价的。

网状模型可以有很多种，这里给出几个示例，如图 2-14 所示。其中，图 2-14（a）是一个简单的网状模型，其记录类型之间都是 1：n 联系；图 2-14（b）是一个复杂的网状模型，学生与课程之间是 m：n 联系，一个学生可以选修多门课程，一门课程可以被多个学生选修；图 2-14（c）是一个简单的环形网状模型，每个父亲可以有多个已为人父的儿子，而这些已为人父的儿子却只有一个父亲；图 2-14（d）是一个复杂的环形网状模型，每个子女都可以有多个子女，而这多个子女中的每一个也可以有多个子女（m：n）；图 2-14（e）中人和树的联系有多种；图 2-14（f）中既有父母到子女的联系，又有子女到父母的联系。

3. 关系模型

关系模型是目前最重要的一种模型。美国 IBM 公司的研究员埃德加·弗兰克·科德（E.F.

Codd）于 1970 年发表题为《大型共享系统的关系数据库的关系模型》的论文，文中首次提出了数据库系统的关系模型。20 世纪 80 年代以来，计算机厂商推出的数据库管理系统几乎都支持关系模型。

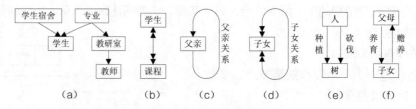

图 2-14　网状模型示例

关系模型与层次模型和网状模型的理论及风格截然不同，如果说层次模型和网状模型是用"图"表示实体及其联系的，那么关系模型是用"二维表"来表示实体及其联系的。从现实世界中抽象出的实体及其联系都使用关系模型这种二维表表示。而关系模型就是用若干个二维表来表示实体及其联系的，这是关系模型的本质。关系模型示例如图 2-15 所示。

学生登记表

学号	姓名	性别	系别	年龄	籍贯
95001	李勇	男	计算机科学	20	江苏
95002	刘晨	女	信息	19	山东
95003	王名	女	数学	18	北京
95004	张立	男	计算机科学	19	北京
……	……	……	……	……	……
95700	杨晓冬	男	物理	20	山西

图 2-15　关系模型示例

关系数据库采用了人们习惯使用的表格形式作为存储结构，易学易用，因而成为使用最广泛的数据库模型。

任务 2-2　认识关系模型的基本概念

二维表并不一定是关系模型，只有具有下列特点的二维表才是关系模型。

（1）表格中的每一列都是不可再分的数据单元。

（2）每列的名称不同，数据类型相同或者兼容。

（3）行的顺序无关紧要。

（4）列的顺序无关紧要。

（5）关系中不能存在完全相同的两行。

通常将关系模型称为关系或者表，将关系中的行称为元组或记录，将关系中的列称为属性或字段。

1.　关系术语

关系数据库有几个常见的关系术语，分别介绍如下。

（1）关系

关系就是一个二维表，每个关系都有一个关系名，在 MySQL 中，一个关系称为一个表（Table）。

（2）记录（元组）

在一个具体的关系中，每一行称为一个记录，又称元组。

（3）字段（属性）

在一个具体的关系中，每一列称为一个字段，又称属性。

（4）域

域就是属性的取值范围，即不同记录对同一个属性的取值予以限定的范围。例如，"成绩"属性的域是 0～100，"性别"属性的域为"男""女"。

（5）关键字

在一个关系中有一个或几个这样的字段（属性），其值可以唯一地标识一个记录，称为关键字。例如，学生表中的"学号"字段可以作为一个关键字，而"姓名"字段因其值不唯一不能作为关键字。

（6）关系模式

对关系的描述称为关系模式。一个关系模式对应一个关系，是命名的属性集合。其格式如下。

关系名 (属性名 1, 属性名 2, …, 属性名 n)

举例如下。

学生 (学号, 姓名, 年龄, 性别)
课程 (课程号, 课程名, 学分, 学时)
选修 (学号, 课程号, 成绩)

一个具体的关系模型是若干个相联系的关系模式的集合。以上 3 个关系模式就组成了关系模型。

2. 关系的约束

关系表现为二维表，但不是所有的二维表都是关系。成为关系的二维表有如下约束。

（1）不允许"表中套表"，即表中的每个属性都必须是不可分割的数据单元，或者说每个字段不能再分为若干字段，即表中不能再包含表。

（2）在同一个关系中不能出现相同的属性名。

（3）列的次序可以任意交换，不会改变关系的实际意义。

（4）表中的行代表一个实体，因此表中不允许出现相同的两行。

（5）行的次序可以任意交换，不会改变关系的意义。

任务 2-3 转换学生选修 E-R 图为关系模型

关系模型的逻辑结构是一组关系模式的集合，而 E-R 图则是由实体、实体的属性和实体之间的联系 3 个要素组成的，所以将 E-R 图转换为关系模型实际上就是将实体、实体的属性和实体之间的联系转换为关系模式，这种转换一般遵循如下原则。

（1）一个实体转换为一个关系模式，实体的属性即为关系的属性，实体的关键字就是关系的关键字。

（2）如果是一个 1:1 的联系，就可在联系两端的实体关系中的任意一个关系的属性中加入另一个关系的关键字。

（3）如果是一个 1:n 的联系，就可在 n 端实体转换成的关系中加入 1 端实体关系中的关键字。

（4）如果是一个 $n:m$ 的联系，就可转换为一个关系。联系两端各实体关系的关键字组合构成该关系的关键字，组成关系的属性中除关键字外，还有联系自有的属性。

（5）3 个或 3 个以上实体间的一个多元联系转换为一个关系模式。

（6）实体集的实体间的联系，即自联系，也可按上述 1:1、1:n、$m:n$ 这 3 种情况分别处理。

（7）具有相同关键字的关系可以合并。

按照上述转换原则，将图 2-12 所示的学生信息管理系统全局 E-R 图转换为如下关系模型。

学生档案（学号，姓名，性别，系名，出生日期，民族，总学分，备注）

课程信息（课程编号，课程名称，开课学期，学时，学分）

学生成绩（学号，课程编号，成绩）

用户信息（用户名，密码）

【例 2-1】 分析表 2-1 是否为关系模型，并说明原因。

表 2-1 不是关系模型，因为授课情况还可以再细分为开课学期、学时、学分 3 列。

表 2-1　课程一览表

课程编号	课程名称	授课情况		
		开课学期	学时	学分
104	计算机文化基础	1	60	3
108	C 语言程序设计	2	96	5
202	数据结构	3	72	4

【例 2-2】 将表 2-1 规范为关系模型。

将表 2-1 的授课情况细分为开课学期、学时、学分 3 列，如表 2-2 所示，即可将其规范为关系模型。

表 2-2　课程信息表

课程编号	课程名称	开课学期	学时	学分
104	计算机文化基础	1	60	3
108	C 语言程序设计	2	96	5
202	数据结构	3	72	4

任务 2-4　关系规范化

关系规范化的目的是消除存储异常、减少数据冗余（重复），以保证数据完整性（即数据的正确性、一致性）和存储效率，一般将关系规范到Ⅲ范式即可。

表 2-3 和表 2-4 都满足关系模型的 5 个约束条件，它们都是关系，但还存在以下几个问题。

表 2-3　学生档案表

学号	姓名	性别	系编号	系名	出生日期	民族	总学分	备注
201601	王红	女	01	信息	1996-02-14	汉	60	NULL
201602	刘林	男	01	信息	1996-05-20	汉	54	NULL
201603	曹红雷	男	01	信息	1995-09-24	汉	50	NULL

表 2-4　学生成绩表（1）

学号	姓名	课程编号	成绩
201601	王红	104	81
201602	刘林	108	77
201603	曹红雷	202	89

（1）数据冗余

姓名在两个表中重复出现，数据冗余（重复）。

（2）数据可能会不一致

姓名重复出现，容易出现数据不一致的情况，如输入的姓名不规范、同音不同字；另外，在修改数据时，可能会出现遗漏的情况，造成数据不一致。

（3）数据维护困难

数据在多个表中重复出现造成对数据库的维护困难。例如，某个学生因故更改姓名，需要在学生档案表和学生成绩表（1）中更改两次，才能保证数据的一致性，数据维护工作量大。

关系数据库中的关系要满足一定的规范化要求，对于不同的规范化程度，可以使用"范式"进行衡量，记作 NF。满足最低要求的为Ⅰ范式，简称 1NF。在Ⅰ范式的基础上，进一步满足一些要求的为Ⅱ范式，简称 2NF。同理，还可以进一步规范为Ⅲ范式。

1. Ⅰ范式

如果一个关系的每个属性都是不可再分的数据单元，则该关系是Ⅰ范式。

【例 2-3】分析表 2-2 和表 2-3 是否为Ⅰ范式。

因为表 2-2 和表 2-3 均满足Ⅰ范式的条件，所以它们是Ⅰ范式。Ⅰ范式是关系必须达到的最低要求，不满足该条件的关系模型称为非规范化关系。因为Ⅰ范式存在数据冗余、数据不一致和维护困难等缺点，所以要对Ⅰ范式进一步规范。

2. Ⅱ范式

Ⅱ范式首先是Ⅰ范式，且关系中的每一个非主属性完全函数依赖于主关键字（Primary Key，或称主键、主码）。

单个属性作为主键的情况比较简单，因为主键的作用就是能唯一标识表中的每一行，关系中的非主属性完全函数依赖于主键，所以这样的关系是Ⅱ范式。

对于组合属性作为主键的关系，通常要判断每一个非主属性是完全函数依赖于主键还是部分函数依赖于主键。

【例 2-4】分析表 2-3 和表 2-4 是否为Ⅱ范式。

因为表 2-3 的主键是学号，该表的其他非主属性都完全函数依赖于主键课程编号属性，所以表 2-3 是Ⅱ范式。

因为表 2-4 的主键为（学号，课程编号），在该表中成绩属性完全函数依赖于主键，姓名只依赖于主键中的学号属性，它与主键中的课程编号属性无关，即姓名属性部分函数依赖于主键，所以表 2-4 不是Ⅱ范式。

将非Ⅱ范式规范为Ⅱ范式的方法如下：将部分函数依赖关系中的主属性（决定方）和非主属性从关系中提取出来，单独构成一个关系；将关系中余下的属性加上主键，构成关系。

【例 2-5】将表 2-4 规范为Ⅱ范式。

表 2-4 中的姓名属性只与主键（学号，课程编号）中的学号有关，规范时只需要将学号属性、姓名属性分离出来组成一个关系。由于分离出来的学号、姓名属性在表 2-3 中已存在，因此可以由分离的属性组成一个关系。剩余的属性即成绩加上主键（学号，课程编号）构成关系，如表 2-5 所示，它符合Ⅱ范式的条件，所以是Ⅱ范式。

Ⅱ范式的关系模式依然存在数据冗余、数据不一致的问题，需要进一步将其规范为Ⅲ范式。

表 2-5 学生成绩表（2）

学号	课程编号	成绩
201601	104	81
201602	108	77
201603	202	89

3. Ⅲ范式

Ⅲ范式首先是Ⅱ范式，且关系中的每一个非主属性都不完全函数依赖于主键。

在关系中，要先找出关系中的主键，再判断任何一个非主属性和主键之间是否存在函数依赖关系，如果存在，则需要消除函数依赖关系。

【例 2-6】 分析表 2-2 和表 2-3 是否满足Ⅲ范式。

因为表 2-2 满足Ⅱ范式，且任何一个非主属性都不完全函数依赖于主键，所以它满足Ⅲ范式。

表 2-3 满足Ⅱ范式，但不满足Ⅲ范式。它的主键为学号，系编号和系名之间存在通过系编号进行函数依赖的关系。要清除这种函数依赖关系，可将系编号属性、系名属性分离出来组成一个关系。删除重复行后构成表 2-6，该表的主键为系编号，它满足Ⅲ范式。在表 2-3 中删除系名属性后，剩余属性组成表 2-7 所示的学生表，它满足Ⅲ范式。

表 2-6 系部表

系编号	系名
01	信息
02	计算机
03	人文

表 2-7 学生表

学号	姓名	性别	系编号	出生日期	民族	总学分	备注
201601	王红	女	01	1996-02-14	汉	60	NULL
201602	刘林	男	01	1996-05-20	汉	54	NULL
201603	曹红雷	男	01	1995-09-24	汉	50	NULL

当然，一些比较简单的数据库也可以删除系编号属性，以满足Ⅲ范式的条件，如表 2-8 所示。

表 2-8 学生信息表

学号	姓名	性别	系名	出生日期	民族	总学分	备注
201601	王红	女	信息	1996-02-14	汉	60	NULL
201602	刘林	男	信息	1996-05-20	汉	54	NULL
201603	曹红雷	男	信息	1995-09-24	汉	50	NULL

Ⅲ范式的表数据基本独立，表和表之间通过公共关键字（Common Key）联系（例如，表 2-6 和表 2-7 的公共关键字为系编号），它从根本上解决了数据冗余、数据不一致的问题。

任务 2-5 关系运算

数学中的算术运算是大家所熟悉的，例如，2+3 是一个数学运算，该运算的运算对象是数值 2 和

3，运算法则是加法，运算结果是数值 5。与此类似，关系运算的运算对象是关系（二维表），关系运算的法则包括选择、投影、连接，关系运算的结果也是关系（二维表）。下面介绍这 3 种关系运算法则。

1. 选择

选择（Selection）运算是在一个关系中找出满足给定条件的记录。选择从行的角度对二维表的内容进行筛选，形成新的关系。例如，学生表的信息如表 2-9 所示。

表 2-9　学生表的信息

学号	姓名	性别	系名	出生日期	民族	总学分	备注
201601	王红	女	信息	1996-02-14	汉	60	无
201602	刘林	男	信息	1996-05-20	汉	54	无
201603	曹红雷	男	信息	1995-09-24	汉	50	无
201604	方平	女	信息	1997-08-11	回	52	三好学生
201605	李伟强	男	信息	1995-11-14	汉	60	一门课不及格

【例 2-7】从表 2-9 中选择男同学，其结果如表 2-10 所示，SQL 语句如下。

```
SELECT  *
FROM    学生
WHERE   性别='男';
```

表 2-10　选择运算结果

学号	姓名	性别	系名	出生日期	民族	总学分	备注
201602	刘林	男	信息	1996-05-20	汉	54	无
201603	曹红雷	男	信息	1995-09-24	汉	50	无
201605	李伟强	男	信息	1995-11-14	汉	60	一门课不及格

通俗地说，选择运算是将满足条件的元组提取出来组成一个新的关系。

2. 投影

投影（Projection）是从一个关系中找出符合条件的属性列组成新的关系。投影从列的角度对二维表的内容进行筛选或重组，形成新的关系。

【例 2-8】从表 2-9 中筛选需要的列——姓名和出生日期，结果如表 2-11 所示，SQL 语句如下。

```
SELECT 姓名,出生日期
FROM    学生;
```

表 2-11　投影运算结果（1）

姓名	出生日期
王红	1996-02-14
刘林	1996-05-20
曹红雷	1995-09-24
方平	1997-08-11
李伟强	1995-11-14

从例 2-7 和例 2-8 可知：选择是从行的角度进行运算，投影则是从列的角度进行运算。

> **注意**　如果投影后出现完全相同的元组（行），就取消重复的元组（行）。

【例 2-9】从表 2-9 中筛选"性别"列，结果如表 2-12 所示，SQL 语句如下。

```
SELECT 性别
FROM    学生;
```

表 2-12 投影运算结果（2）

性别
女
男

3. 连接

连接（Join）是从两个关系的笛卡儿积中选取属性之间满足一定条件的元组形成新关系。在此不给出笛卡儿积的定义，仅通过一个例子来帮助读者初步了解笛卡儿积。关于笛卡儿积的定义，请大家参考离散数学中的相关内容。

设关系 R 和关系 S 分别如表 2-13 和表 2-14 所示。

表 2-13 关系 R

A	B	C
a1	b1	c1
a2	b2	c2
a3	b3	c3

表 2-14 关系 S

A	D
a1	c4
a3	c5

> **说明** 关系 R 中的属性 A 和关系 S 中的属性 A 取自相同的域。

对关系 R 和关系 S 进行笛卡儿积运算的结果如表 2-15 所示。

表 2-15 R 和 S 的笛卡儿积

R.A	B	C	S.A	D
a1	b1	c1	a1	c4
a1	b1	c1	a3	c5
a2	b2	c2	a1	c4
a2	b2	c2	a3	c5
a3	b3	c3	a1	c4
a3	b3	c3	a3	c5

连接运算中有两种常用的连接：等值连接（Equi Join）和自然连接（Natural Join）。

等值连接是选取 R 与 S 的笛卡儿积的属性值相等的那些元组。

自然连接要求两个关系中进行比较的分量必须是相同属性组，且要在结果中把重复的属性去掉。

【例 2-10】关系 R 与关系 S 按照属性 A 的值进行等值连接的结果如表 2-16 所示。

表 2-16   等值连接的结果

R.A	B	C	S.A	D
$a1$	$b1$	$c1$	$a1$	$c4$
$a3$	$b3$	$c3$	$a3$	$c5$

自然连接的结果如表 2-17 所示。

表 2-17   自然连接的结果

R.A	B	C	D
$a1$	$b1$	$c1$	$c4$
$a3$	$b3$	$c3$	$c5$

从表 2-17 中可看出两点：一般的连接操作是从行的角度进行运算的；自然连接与等值连接的主要区别是自然连接中没有相同的列。

总之，在对关系数据库的查询中，利用关系的选择、投影和连接运算可以很方便地分解或构造新的关系。

任务 2-6   关系数据库

基于关系模型建立的数据库称为关系数据库，它具有通用的数据管理功能，数据表示能力较强，易于理解，使用方便。20 世纪 80 年代以来，关系数据库理论日益完善，并在数据库系统中得到了广泛应用，是最为重要、最为广泛、最为流行的数据库类型。

关系数据库是一些相关的表及其他数据库对象的集合。这里有 3 层含义。

（1）在关系数据库中，数据存储在二维表结构的数据表中，一个表是一个关系，又称为实体集。

① 一个表包含若干行，每一行称为一条记录，表示一个实体。

② 每一行数据由多列组成，每一列称为一个字段，反映了该实体某一方面的属性。

③ 在实体的属性中，能唯一标识实体集中每个实体的某个或某几个属性的列称为实体的关键字。在关系数据库中，关键字被称为主键。

（2）数据库包含的表之间是有联系的，联系由表的主键和外关键字（Foreign Key，或称外键、外码）所体现的参照关系实现。

① 关系表现为表。关系数据库一般由多个关系（表）组成。

② 表之间由某些字段的相关性产生联系。在关系数据库中，表既能反映实体，又能表示实体之间的联系。

③ 使用表的主键和外键能反映实体间的联系。在关系数据库中，外键是指表中含有的与另一个表的主键相对应的字段，它用来与其他表建立联系。

（3）数据库不仅包含表，还包含其他的数据库对象，如视图、存储过程和索引等。

数据库是存储数据的容器，数据主要保存在数据库的表中，所以数据表是数据库的基本对象。除此之外，数据库中还有其他对象，常用的对象如下。

① 视图：一个虚拟表，可用于从实际表中检索数据，并按指定的结构形式浏览。

② 存储过程：一个预编译的语句和指令的集合，可执行查询或者数据维护工作。

③ 触发器：特殊的存储过程，可设计为在对数据进行插入、修改或删除时自动调用。

④ 索引：用于快速检索访问数据表中的数据，以及增强数据完整性。

⑤ 规则：通过绑定操作，可用于限定数据表中数据的有效值或数据类型。

目前使用的数据库系统大都是关系数据库。现在关系数据库以其完备的理论基础、简单的模型和使用的便捷性等优点得到了广泛应用。本书中的数据库模型都是关系模型。

任务 3　认识关键字和数据完整性

【任务目标】

- 对数据完整性有清晰的认识。
- 对关键字有清晰的认识。

【任务描述】

指出各表的关键字，举例说明如何保证学生成绩表的数据完整性。

【任务分析】

数据完整性是数据库设计日常维护的关键技术，本任务将介绍关键字和数据完整性。

任务 3-1　认识关键字

数据库中的每一个表都有众多属性，这些属性有几个重要的概念需要理解，具体介绍如下。

1. 关键字

关键字是用来唯一标识表中每一行的属性或属性的组合，通常也被称为主键。

【例 2-11】分析表 2-2、表 2-5 和表 2-8 的关键字。

表 2-2 的课程编号、课程名称两个属性都可以作为关键字，因为这两个属性的值在一门课程里都是唯一的。

表 2-5 中的学号和课程编号是复合关键字。

表 2-8 中的学号是关键字。其他属性的值都不唯一。

2. 候选关键字与主键

候选关键字（Candidate Key）是那些可以用来作为关键字的属性或属性的组合。将选中的那个关键字称为主键。一个表中能指定一个主键，它的值必须是唯一的，且不允许为空（NULL，未输入值的未知值）。

【例 2-12】分析表 2-2 是否有候选关键字，选哪个（些）属性作为主键比较合适？

表 2-2 中的课程编号、课程名称两个属性都可以作为关键字，因为这两个属性的值在一门课程中都是唯一的，所以课程编号、课程名称两个属性都是候选关键字。

因为通常情况下会选择属性值短的那个属性作为主键，所以选择课程编号为主键。

3. 公共关键字

公共关键字就是连接两个表的公共属性。

【例 2-13】指出表 2-2、表 2-5 和表 2-8 的公共关键字。

因为表 2-2 和表 2-5 之间通过课程编号联系，所以，课程编号为表 2-2 和表 2-5 的公共关键字。

因为表 2-5 和表 2-8 之间通过学号联系，所以，学号为表 2-5 和表 2-8 的公共关键字。

4. 外键

外键由一个表中的一个属性或多个属性组成，是另一个表的主键。实际上，外键本身只是主键的副本，它的值允许为空。外键是一个公共关键字。使用主键和外键可以建立起表和表之间的联系。

【例 2-14】指出表 2-2、表 2-5 和表 2-8 的外键。

由例 2-13 知道，课程编号为表 2-2 和表 2-5 的公共关键字，在表 2-2 中它是主键，在表 2-5 中它是外键，因为表 2-5 中的课程编号必须参照表 2-2。

同理，学号为表 2-5 和表 2-8 的公共关键字，在表 2-8 中它是主键，在表 2-5 中它是外键，因为表 2-5 中的学号必须参照表 2-8。

5. 主表与从表

将主键所在的表称为主表（父表），将外键所在的表称为从表（子表）。

【例 2-15】指出表 2-2 和表 2-5 哪个是主表，哪个是从表。

因为表 2-2 的课程编号为主键，所以表 2-2 为主表（父表）。因为表 2-5 的课程编号为外键，所以表 2-5 为从表（子表）。

任务 3-2　认识数据完整性

数据的完整性就是数据的正确性和一致性，它反映了现实世界中实体的本来面貌。例如，一个人身高为 15m、年龄为 300 岁就是完整性受到破坏的例子，因为这样的数据是无意义的，也是不正确的。

数据的完整性分为列完整性、表完整性和参照完整性。

1. 列完整性

列完整性也可称为域完整性或用户定义完整性。列完整性是指表中任一列的数据类型必须符合用户的定义，或数据必须在规则的有效范围之内。

例如，表 2-8 的学号已定义长度为 6、数据类型为字符型，如果输入"0000001"（长度为 7），则该数据不符合对学号属性的定义，即"学号"列完整性遭到了破坏。

再如，表 2-5 中的成绩属性已定义数据的有效范围为 0～100，如果输入"124"，就破坏了成绩属性的列完整性。

2. 表完整性

表完整性也可称为实体完整性。表完整性是指表中必须有一个主键，且主键值不能为空。

例如，表 2-8 的学号为主键，它的值不允许为空且要唯一，从而保证学生信息表的完整性。

表 2-5 以（学号，课程编号）为主键，它的值不允许为空，这意味着学号、课程编号的值都不能为空，且主键的值要唯一，从而保证学生成绩表（2）的完整性。

3. 参照完整性

参照完整性也称为引用完整性，对外键值进行插入或修改时，一定要参照主键的值并确定其是否存在。对主键进行修改或删除时，也必须参照外键的值并确定其是否存在。这样才能保证通过公共关键字连接的两个表的参照完整性，也才能说两个表的主键、外键是一致的。

例如，表 2-2 的课程编号为主键，表 2-5 的课程编号为外键。学生成绩表（2）的课程编号属性值一定要在主表（课程信息表）中存在，如果它在主表中不存在，或者在课程信息表中删除了一个在学生成绩表（2）中存在的课程编号，就破坏了参照完整性。

MySQL 提供了一系列的技术来保证数据的完整性。例如，定义数据类型、CHECK 约束、DEFAULT 约束、唯一标识、规则、默认值等可以保证列数据完整性，唯一索引、主键等可以保证表数据完整性，主键与外键、触发器可以保证表与表之间的参照完整性。

拓展阅读　国产数据库迎来跨越式发展新机遇

随着互联网、大数据、人工智能等新兴产业与实体经济的进一步融合，整体市场环境和用户需求正在发生日新月异的变化。面对新时代的全新机遇和挑战，国产数据库厂商不断加快创新步伐，探寻实现跨越式发展的路径。

通过自主研发以及技术、市场、生态等方面的全方位布局，以武汉达梦数据库有限公司（简称达梦）为代表的国产数据库厂商已从"种子萌芽"发展到"百花齐放"的状态，在消化吸收国际领先技术的同时，自主研发出多种数据库管理系统，为国产数据库领域的发展提供了长足动力，同时，以数据库为立足之本，坚持原创，加快技术升级，加深市场开拓，完善生态建设，为国产数据库的可持续发展注入源源不断的活力。

当前，我国民族科技在互联网、人工智能、云计算、大数据等新一代信息技术领域展现出了强大的发展优势。在自主创新的浪潮下，很多国产数据库厂商坚持原创、独立研发，紧紧握住了国产数据库的"命门"。

到目前为止，达梦已与中标、曙光、新华三、华为、腾讯、阿里、浪潮、东软、中兴、致远、用友、科大讯飞等众多公司完成了产品兼容适配。此外，通过业务开拓、人才培养、技术交流等层面的合作，达梦正在全面深化合作伙伴关系，"安全、稳定、高效"的产业环境逐步形成，"开放、共生、共赢"的国产生态圈日益完善。目前，在信息化产业领域，达梦及其生态伙伴正逐步成为掌握核心技术的中坚力量。

实训 2　设计数据库

（1）绘制 sale 销售数据库的 E-R 图，要求包括客户表、产品表、入库表、销售表，数据库表可参考实训 4 的设计。

（2）指出 sale 销售数据库中各表的主键、公共关键字、外键、数据完整性关系。

小结

本项目主要介绍了数据库的基本概念、数据库设计方法、E-R 图的绘制方法、常见的数据模型、关系数据库中的基本术语、关系运算等知识。

数据库是指长期存储在计算机内的、按一定数据模型组织的、可共享的数据集合。它可以供各种用户共享，具有最小冗余度和较高的数据独立性。数据库系统是指在计算机系统中引入数据库后的系统，一般由数据库、数据库管理系统及其开发工具、数据库管理人员、应用程序员和用户构成。数据库管理系统是按照一定的数据模型来组织数据的。本项目的内容是本书的基础，有助于读者理解和掌握后文的内容。

习题

一、选择题

1. 长期存储在计算机内的、按一定数据模型组织的、可共享的数据集合称为（　　）。

A. 数据库 　　　　 B. 数据库管理系统 　　 C. 数据结构 　　　 D. 数据库系统

2. 下列不属于数据库系统特点的是（　　）。

A. 操作结构化 　　　 B. 数据独立性强 　　 C. 数据共享性强 　　 D. 数据面向应用程序

3. 数据库系统的核心是（　　）。

A. 数据库 　　　　 B. 数据库管理系统 　　 C. 操作系统 　　　 D. 文件

4. 用二维表结构表示实体及实体间联系的数据模型为（　　）。

A. 网状模型 　　　 B. 层次模型 　　　 C. 关系模型 　　　 D. 面向对象模型

5. 如果一个班只有一个班长，且一个班长不能同时担任其他班的班长，则班和班长两个实体之间的联系属于（　　）。

A. 一对一联系 　　 B. 一对二联系 　　 C. 多对多联系 　　 D. 一对多联系

二、填空题

1. 常用的数据模型有_____、_____和_____3 种。

2. 关系数据库主要支持_____、_____和_____3 种关系运算。

3. 描述实体的特性称为_____。

4. 数据是信息的_____，信息是数据的_____。

三、简答题

1. 数据管理技术主要经历了哪些阶段？

2. 何为数据库管理系统？简述数据库管理系统的功能。

3. E-R 图包括哪些基本图形元素？具体如何表示？

4. 简述关系必须具备的特点。

项目 3
创建与管理数据库

03

【能力目标】

- 能使用 SQL 语句根据需要创建、查看、选择和删除数据库。
- 能对数据库进行配置和管理。
- 能选择符合需求的存储引擎。

【素养目标】

- 了解推出 IPv6 的深层原因。接下来的"IPv6"时代，我国面临着巨大机遇，其中我国推出的"雪人计划"就是一个利国利民的大事业，也必将激发青年学生的爱国情怀和学习动力。
- "求木之长者，必固其根本；欲流之远者，必浚其泉源。"发展是安全的基础，安全是发展的条件。青年学生要为信息安全和国产数据库的发展贡献自己的力量！

【项目描述】

在 MySQL 中创建学生数据库 xs，并配置管理该数据库。

【项目分析】

本项目将会学习数据库的创建、查看、选择、修改和删除等操作。

【职业素养小贴士】

良好的开始是成功的一半。创建数据库是 MySQL 中最基本的操作。做任何事情都要善始善终，踏实走好每一步。

【项目定位】

数据库系统开发

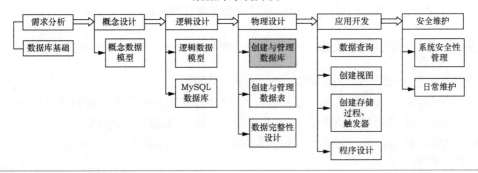

任务 1　创建数据库

【任务目标】

- 学会使用 SQL 语句创建数据库。

【任务描述】

在 MySQL 中使用 SQL 语句创建 xs 数据库。

3-1　创建数据库

【任务分析】

要创建数据库，必须确定数据库的名称。

在 MySQL 中创建数据库主要是在查询窗口中执行 SQL 语句实现。

任务 1-1　使用 SQL 语句创建数据库

SQL 提供了数据库创建语句 CREATE DATABASE。

语法格式如下。

```
CREATE DATABASE [IF NOT EXISTS] <数据库名>
[DEFAULT] CHARACTER SET <字符集名>]
[DEFAULT] COLLATE <校对规则名>];
```

语法中的符号及参数说明如下。

（1）[ ]：可选语法项，省略时各参数取默认值。

（2）< >：在实际的语句中要用相应的内容替代。

（3）<数据库名>：用户所要创建的数据库的名称。在一个 MySQL 实例中，数据库名称是唯一的，且尽量要有实际意义。注意，MySQL 中不区分字母大小写。

（4）IF NOT EXISTS：用于判断所创建的数据库是否存在。当且仅当该数据库目前尚不存在时才能执行创建操作。

（5）[DEFAULT] CHARACTER SET：用于指定数据库的字符集。如果在创建数据库时不指定字符集，那么使用系统的默认字符集。可通过设置该字段来解决在数据库中存储中文数据时出现的乱码问题。

（6）[DEFAULT] COLLATE：用于指定字符集的默认校对规则。

任务 1-2　完成综合任务

完成以下任务，巩固创建数据库的方法，具体任务如下。

（1）打开 MySQL 命令行工具，输入密码，进入 MySQL 控制平台，如图 3-1 所示。

（2）在 MySQL 命令行中直接输入 SQL 语句，创建 xs 数据库，代码如下。

```
mysql> CREATE DATABASE xs;
```
运行结果如图 3-2 所示。

图 3-1　MySQL 控制平台　　　　图 3-2　输入 SQL 语句创建 xs 数据库

（3）在 SQL 语句中加入 IF NOT EXISTS 语句，创建 xs 数据库，代码如下。

```
mysql> CREATE DATABASE IF NOT EXISTS xs;
```
运行结果如图 3-3 所示。

（4）在 SQL 语句中加入指定字符集和校对规则，创建 xs 数据库，指定字符集为 utf8，指定校对规则为 utf8_general_ci，代码如下。

```
mysql> CREATE DATABASE IF NOT EXISTS xs
    -> DEFAULT CHARACTER SET utf8
    -> DEFAULT COLLATE utf8_general_ci;
```
运行结果如图 3-4 所示。

图 3-3　在 SQL 语句中加入 IF NOT EXISTS
语句创建 xs 数据库　　　　图 3-4　在 SQL 语句中加入指定字符集和
校对规则创建 xs 数据库

任务 2　管理数据库

【任务目标】

- 学会使用 SQL 语句查看和选择数据库。
- 学会使用 SQL 语句修改数据库。
- 学会使用 SQL 语句删除数据库。

3-2　管理数据库

【任务描述】

按要求使用 SQL 语句管理任务 1 中创建的 xs 数据库。

【任务分析】

本任务需要对数据库执行查看、选择、修改和删除等管理数据的基本操作。

任务 2-1　使用 SQL 语句查看数据库

在 MySQL 中使用 SHOW DATABASES 语句可以查看数据库信息。
语法格式如下。

```
SHOW DATABASES [LIKE '数据库名'];
```

 说明　在执行该语句时，如果给定了数据库名作为参数，就会显示该数据库的相关信息。如果省略"数据库名"参数，就会显示服务器中所有数据库的信息。

【例 3-1】查看所有数据库的信息。

```
mysql> SHOW DATABASES;
```

【例 3-2】使用 SHOW DATABASES 语句查看任务 1-2 中创建的数据库 xs。

```
mysql> SHOW DATABASES LIKE 'xs';
```

任务 2-2　使用 SQL 语句选择数据库

在 MySQL 中使用 USE 语句可以选择要使用的数据库。一个 MySQL 实例可以包含多个数据库，在使用某个数据库之前，必须通过 USE 语句指定其为当前数据库。
语法格式如下。

```
USE <数据库名>;
```

选择名为 xs 的数据库，并将其设置为默认数据库，语句如下。

```
mysql>USE xs;
```

任务 2-3　使用 SQL 语句修改数据库

使用 SQL 语句修改数据库主要包括修改数据库字符集和校对规则。
使用 ALTER DATABASE 语句可以修改数据库。
语法格式如下。

```
ALTER DATABASE <数据库名>
[ DEFAULT ] CHARACTER SET <字符集名>
[ DEFAULT ] COLLATE <校对规则名>}
```

参数说明如下。

（1）<数据库名>：用户所要修改的数据库的名称。在一个 MySQL 实例中，数据库名称是唯一的，且尽量要有实际意义。注意，MySQL 中不区分字母大小写。

（2）[DEFAULT] CHARACTER SET：用于指定数据库的字符集。如果在创建数据库时不指定字符集，那么使用系统的默认字符集。可通过设置该字段来解决在数据库中存储中文数据时出现的乱码问题。

（3）[DEFAULT] COLLATE：用于指定字符集的默认校对规则。

【例 3-3】修改数据库 xs 的字符集和校对规则，将字符集更改为 gbk，将校对规则更改为 gbk_chinese_ci。

```
mysql> ALTER DATABASE xs
    -> DEFAULT CHARACTER SET gbk
    -> DEFAULT COLLATE gbk_chinese_ci;
```

任务 2-4　使用 SQL 语句删除数据库

如果数据库不再需要，就可以将其删除。删除数据库时，用户只能根据自己的权限删除用户数据库，不能删除当前正在使用的数据库，更无法删除系统数据库。删除数据库意味着删除数据库中的所有对象，包括表、视图和索引等。

使用 DROP DATABASE 语句可以删除数据库。

语法格式如下。

```
DROP DATABASE [IF EXISTS] <数据库名>
```

参数说明如下。

（1）<数据库名>：用于指定所要删除的数据库的名称。

（2）[IF EXISTS]：可选项，主要用于防止当删除的数据库不存在时发生错误。

> **注意**　执行该语句时要十分谨慎，因为在执行删除命令后，所有数据会一同被删除，如果数据库没有备份，就不能恢复。

【例 3-4】删除已创建的数据库 xs。

（1）使用 DROP DATABASE 语句删除数据库 xs。

```
mysql> DROP DATABASE xs;
```

（2）使用含 IF EXISTS 从句的 DROP DATABASE 语句删除数据库 xs。

```
mysql> DROP DATABASE IF EXISTS xs;
```

任务 2-5　完成综合任务

完成以下任务，巩固管理数据库的知识，具体任务如下。

1. 使用 SQL 语句查看数据库信息

（1）显示所有数据库信息，输入并执行如下语句。

```
mysql> SHOW DATABASES;
```

（2）显示 xs 数据库信息，输入并执行如下语句。

```
mysql> SHOW DATABASES LIKE 'xs';
```

2. 指定默认数据库

使用 SQL 语句将当前的默认数据库指定为 xs 数据库。

```
mysql>USE xs;
```

3. 使用 SQL 语句修改数据库

使用 SQL 语句修改数据库 xs 的字符集和校对规则，将字符集更改为 gb2312，将校对规则更改为 gb2312_chinese_ci。

```
mysql> ALTER DATABASE xs
    -> DEFAULT CHARACTER SET gb2312
    -> DEFAULT COLLATE gb2312_chinese_ci;
```

4. 删除 xs 数据库

```
mysql> DROP DATABASE xs;
```

任务 3　选择数据库存储引擎

【任务目标】

- 理解 MySQL 存储引擎的概念。
- 了解 MyISAM 和 InnoDB 两种常用存储引擎的特性。
- 学会选择符合需求的存储引擎。

3-3　选择数据库
存储引擎

【任务描述】

按需求为数据库选择合适的存储引擎。

【任务分析】

存储引擎是用于保存数据的核心技术，本任务将介绍存储引擎的概念和两种常用的存储引擎及其特性。

任务 3-1　MySQL 存储引擎的概念

在 MySQL 中，数据用各种不同的技术存储在文件（或者内存）中。每种技术都使用不同的存储引擎提供不同的存储机制、索引技巧、锁定水平和功能。这些不同的技术以及配套的相关功能在 MySQL 中被称作存储引擎（也称作表类型）。

MySQL 提供了多个不同的存储引擎，包括处理事务安全表的引擎和处理非事务安全表的引擎。MySQL 中不需要在整个服务器中使用同一种存储引擎，针对具体的要求，可以对每一个表使用不同的存储引擎。MySQL 8.0 支持多种存储引擎，包括 InnoDB、MyISAM、Memory、Merge、Archive、CSV、BLACKHOLE 等，其中最常用的存储引擎为 MyISAM 和 InnoDB。可以使用 SHOW ENGINES 语句查看系统支持的存储引擎。

```
mysql>SHOW ENGINES;
```

运行结果如图 3-5 所示。

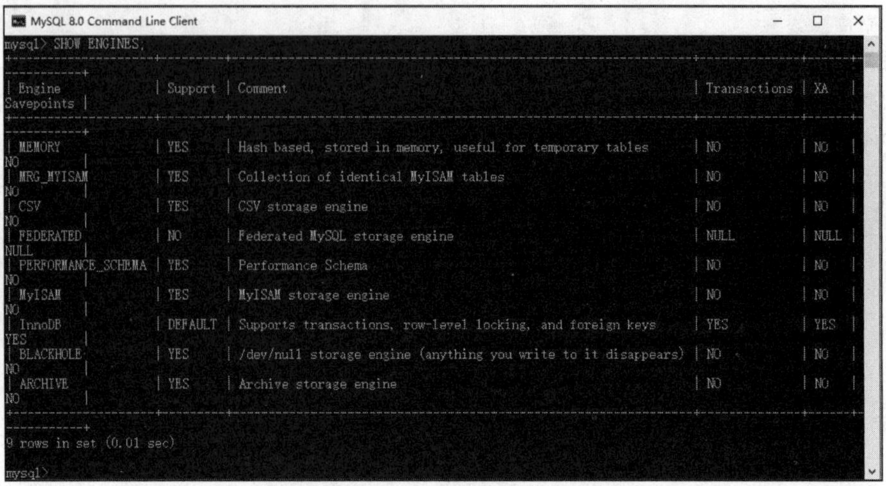

图 3-5　系统支持的存储引擎

任务 3-2　MyISAM 存储引擎

MyISAM 是 MySQL 5.5 之前默认使用的存储引擎，基于传统的 ISAM 类型，是目前最常用的存储引擎之一。MyISAM 读取速度快、占用资源少，但不支持事务，也不支持外键。MyISAM 的主要特点如下。

（1）不支持事务。

（2）表级锁定（表级锁，加锁会锁住整个表）。

（3）支持全文索引，使得一些 OLAP 操作速度快。

（4）读写互相阻塞。在写入时阻塞读取，在读取时阻塞写入。

基于 MyISAM 存储引擎的表支持 3 种存储格式：静态（固定长度）表、动态表和压缩表。

其中，静态表是默认的存储格式。静态表中的字段都是非变长字段，这样每条记录都是固定长度的，这种存储方式的优点是存储非常迅速，容易缓存，出现故障容易恢复；缺点是占用的空间通常比动态表大。静态表在存储数据时会根据列定义的设置宽度补足空格，但是在访问时并不会得到这些空格，这些空格在返回给应用之前已经去掉。需要注意，在某些情况下可能需要返回字段后的空格，而使用这种格式时，字段后的空格会被自动处理掉。动态表包含变长字段，记录不是固定长度的，这样存储的优点是占用空间较小，但是频繁更新和删除记录会产生碎片，需要定期执行 OPTIMIZE TABLE 语句或 myisamchk -r 命令来改善性能，且出现故障时恢复相对比较困难。压缩表由 myisamchk 工具创建，只占据非常小的空间，因为每条记录都是被单独压缩的，所以只有非常小的访问开支。

任务 3-3　InnoDB 存储引擎

InnoDB 引擎是 MySQL5.5 及之后的版本默认使用的存储引擎，是又一个重要的存储引擎。和其他的存储引擎相比，InnoDB 引擎支持兼容 ACID 的事务及参数完整性。InnoDB 的主要特点如下。

（1）支持事务。在事务提交时，必须先将该事务的所有日志写入 redo 日志文件中，待事务的

commit 操作完成才算整个事务操作完成。

（2）支持行级锁定。行级锁可以最大程度支持并发。与 Oracle 的不加锁读取（non-locking read in SELECTs）类似，InnoDB 锁定在行级并在 SELECT 语句中提供一个与 Oracle 风格一致的非锁定读，这些特点增加了多用户部署功能，提高了性能。

（3）支持外键完整性约束。

（4）适合大多数的 OLTP 应用，支持全文索引和空间函数。

InnoDB 是一套放在 MySQL 后台的完整数据库系统，InnoDB 有自己的缓冲池，能缓冲数据和索引。InnoDB 将数据和索引存放在表空间中，这和 MyISAM 完全不同，在 MyISAM 中，表被存放在单独的文件中。InnoDB 中表的大小只受限于操作系统文件的大小，一般为 2GB。

拓展阅读　IPv4 和 IPv6

2019 年 11 月 25 日是全球互联网发展历程中值得铭记的一天，一封来自欧洲 RIPE NCC 的邮件宣布全球近 43 亿个 IPv4 地址正式耗尽，人类互联网跨入了"IPv6"时代。

全球 IPv4 地址耗尽到底是怎么回事？全球 IPv4 地址耗尽对我国有什么影响？该如何应对？

IPv4 又称互联网通信协议第四版，是网际协议开发过程中的第四个修订版本，也是此协议被广泛部署的第一个版本。IPv4 是互联网的核心，也是使用最广泛的网际协议版本。IPv4 使用 32 位（4B）地址，地址空间中只有 4294 967 296 个地址。全球 IPv4 地址耗尽的意思就是全球联网的设备越来越多，"这一串数字"不够用了。IP 地址是分配给每个联网设备的一系列号码，每个 IP 地址都是独一无二的。IPv4 规定 IP 地址的长度为 32 位，现在互联网的快速发展使得目前 IPv4 地址已经耗尽。IPv4 地址耗尽意味着不能将任何新的 IPv4 设备添加到 Internet 中，目前各国已经开始积极布局 IPv6。

对于我国而言，在接下来的"IPv6"时代面临着巨大机遇，其中我国推出的"雪人计划"就是一个利国利民的大事业，让我们拭目以待！

实训 3　创建数据库

（1）创建一个名为 sale 的数据库。

（2）设置当前默认数据库为 sale。

（3）显示 sale 数据库的信息。

（4）显示 MySQL 中所有数据库的信息。

（5）删除数据库 sale。

小结

本项目介绍了如何在 MySQL 中创建数据库、查看数据库、选择默认数据库、修改和删除数据库，还介绍了 MySQL 中主要的数据存储引擎——MyISAM 和 InnoDB。本项目的重点是掌握使用 SQL 语句创建与管理数据库的基本语法。

管理用户数据库的操作有创建数据库（CREATE DATABASE）、选择数据库（USE

DATABASE）、修改数据库（ALTER DATABASE）、删除数据库（DROP DATABASE）等。

习题

一、选择题

1. 下列选项中，（　　）不属于数据库对象。

A. 表　　　　　　B. 视图　　　　　C. 数据库关系图　　　　　D. SQL 程序

2. 在 MySQL 中，创建数据库的语句是（　　）。

A. CREATE TABLE　　　　　　B. CREATE TRIGGER

C. CREATE INDEX　　　　　　D. CREATE DATABASE

3. 在 MySQL 中，删除数据库的语句是（　　）。

A. DROP DATABASE　　　　　　B. DELETE DATABASE

C. ALTER DATABASE　　　　　　D. REMOVE DATABASE

4. 下列选项中，（　　）是 MySQL 默认提供的用户。

A. admin　　　　B. test　　　　　C. user　　　　　　D. root

5. 若系统数据库中存在以下数据库，则语句 SHOW DATABASES LIKE 'stu%'的执行结果为（　　）。

A. mystu　　　　B. student　　　　C. my_stu　　　　　　D. hello_student

二、填空题

1. 在 MySQL 中，通常使用_____语句来指定一个已有数据库作为当前数据库。

2. MySQL 的主要存储引擎有_____和_____。

三、简答题

简要叙述 MyISAM 存储引擎和 InnoDB 存储引擎的区别。

项目4
创建与管理数据表

04

【能力目标】

- 理解数据类型和表的基本概念。
- 学会使用 SQL 语句创建表。
- 能显示表结构、修改表和删除表。
- 学会插入表数据和删除表数据。

【素养目标】

- 明确职业技术岗位所需的职业规范和精神，树立社会主义核心价值观。
- 了解华罗庚教授，知悉大学的真正含义，以德化人，激发科学精神和爱国情怀。
- "大学之道，在明明德，在亲民，在止于至善。""高山仰止，景行行止；虽不能至，然心向往之。"

【项目描述】

在项目 3 中创建的 xs 数据库中创建 3 个表，分别为学生档案（XSDA）表、课程信息（KCXX）表和学生成绩（XSCJ）表，并按照附录 A 录入表中的数据。

【项目分析】

xs 数据库创建完成以后，数据库系统还是无法实现具体数据的录入和查询等操作，原因是数据库中还没有建立用户自定义的数据表。只有建立了数据表，才能实现上述操作。所以接下来就要按照项目 2 的设计，在 xs 数据库中建立 XSDA 表、KCXX 表、XSCJ 表。该项目主要介绍如何在数据库中实现对数据表的各种操作。

【职业素养小贴士】

整体和部分相互作用，彼此关联。MySQL 数据库中的数据表是"灵魂"，创建表、管理表、对数据表进行插入和删除以及录入表数据是关键。学会抓整体和部分的关系是解决问题的关键。

【项目定位】

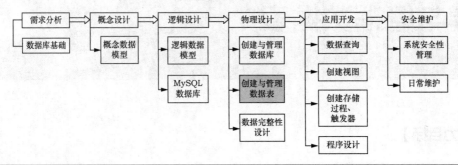

任务 1 创建表

【任务目标】

4-1 创建表

- 理解表的概念。
- 灵活运用常用数据类型。
- 学会使用 SQL 语句创建表。

【任务描述】

根据提供的表 4-1～表 4-3 所示的表结构，在 xs 数据库中分别使用 SQL 语句创建这些表。

表 4-1 学生档案（XSDA）表结构

字段名	类型	长度	是否允许为空	说明
学号	char	6	NOT NULL	主键
姓名	char	8	NOT NULL	—
性别	char	2	NOT NULL	男，女
系名	char	10	NOT NULL	—
出生日期	date	3	NOT NULL	—
民族	char	4	NOT NULL	默认为汉
总学分	tinyint	1	NOT NULL	—
备注	text	16	—	—

表 4-2 课程信息（KCXX）表结构

字段名	类型	长度	是否允许为空	说明
课程编号	char	3	NOT NULL	主键
课程名称	char	20	NOT NULL	—
开课学期	tinyint	1	NOT NULL	只能为 1～6
学时	tinyint	1	NOT NULL	—
学分	tinyint	1	NOT NULL	—

表 4-3　学生成绩（XSCJ）表结构

字段名	类型	长度	是否允许为空	说明
学号	char	6	NOT NULL	主键
课程编号	char	3	NOT NULL	主键
成绩	tinyint	1	—	—

【任务分析】

该任务要求创建 3 个表，需要学习完相应的用于创建表的 SQL 语句之后才能创建 XSDA 表、KCXX 表和 XSCJ 表。

任务 1-1　数据表的概念

数据表是数据库的基本单位，它是一个二维表，由行和列组成，如表 4-4 所示。每行代表唯一的一条记录，是组织数据的单位，通常称为表数据。每一行代表一名学生，各列分别表示学生的详细资料，如学号、姓名、性别、系名、出生日期、民族等。每列代表记录中的一个域，用来描述数据的属性，通常称为表结构，如姓名等。每个字段可以理解为字段变量，可以定义数据类型、取值范围等信息。

表 4-4　学生信息表

学号	姓名	性别	系名	出生日期	民族
201601	王红	女	信息	1996-02-14	汉
201602	刘林	男	信息	1996-05-20	汉
201603	曹红雷	男	信息	1995-09-24	汉
201604	方平	女	信息	1997-08-11	回
201605	李伟强	男	信息	1995-11-14	汉

MySQL 是一个关系数据库，它使用上述的由行和列组成的二维表来表示实体及其联系。MySQL 中的每个表都有一个名称，以标识该表。例如，表 4-4 的名称是学生信息表。下面说明一些与表有关的名词。

（1）表结构。每个数据库包含了若干个表。每个表都具有一定的结构，称之为"表型"。表型是指组成表的名称及数据类型，也就是日常表格的"栏目信息"。

（2）记录。每个表包含了若干条数据，它们是表的"值"，表中的一行称为一条记录，因此，表是记录的有限集合。

（3）字段。每条记录由若干个数据项构成，将构成记录的每个数据项称为字段。

（4）关键字。在学生信息表中，如果不加以限制，那么每条记录的姓名、性别、系名、出生日期和民族这 5 个字段的值都有可能相同，但是"学号"字段的值对表中所有记录来说一定不同，学号是关键字，也就是说，通过"学号"字段可以将表中的不同记录区分开来。

任务 1-2　数据类型

在设计数据库时，除了要确定它包括哪些表外，还要确定每个表包含哪些字段以及每个字段的数据类型等。数据类型就是定义每个字段所能存放的数据值和存储格式。例如，如果某一字段只能用于存放姓名，则可以定义该字段的数据类型为字符型。同理，如果某字段要存储数字，则可以定义该字段的数据类型为数值型。

　　MySQL 中主要的数据类型如表 4-5 所示。

表 4-5　MySQL 中主要的数据类型

数据类型	范围	存储
整数类型		
bigint	-2^{63} $(-9223\ 372\ 036\ 854\ 775\ 808)\sim2^{63}-1$ $(9223\ 372\ 036\ 854\ 775\ 807)$	8 字节
int	-2^{31} $(-2147\ 483\ 648)\sim2^{31}-1$ $(2147\ 483\ 647)$	4 字节
mediumint	-2^{23} $(-8388\ 608)\sim2^{23}-1$ $(8388\ 607)$	3 字节
smallint	-2^{15} $(-32\ 768)\sim2^{15}-1$ $(32\ 767)$	2 字节
tinyint	$0\sim255$	1 字节
浮点数类型		
float	$-3.40\ E+38\sim-1.18E-38$、0 以及 $1.18E-38\sim3.40E+38$	4 字节
double	$-1.79E+308\sim-2.23E-308$、0 以及 $2.23E-308\sim1.79E+308$	8 字节
decimal(M, D)	$-1.79E+308\sim-2.23E-308$、0 以及 $2.23E-308\sim1.79E+308$	M+2 字节
日期与时间类型		
date	$1000-01-01\sim9999-12-31$	3 字节
time	$-838{:}59{:}59\sim838{:}59{:}59$	3 字节
year	$1901\sim2155$	1 字节
datetime	$1000-01-01\ 00{:}00{:}00\sim9999-12-31\ 23{:}59{:}59$	8 字节
timestamp	$1970-01-01\ 00{:}00{:}00\sim2038-1-19\ 11{:}14{:}07$	4 字节
字符串类型		
char(M)	固定长度非二进制字符串	M 字节，$1\leqslant M\leqslant255$
varchar(M)	变长非二进制字符串	L+1 字节，$L\leqslant M$ 和 $1\leqslant M\leqslant255$
tinytext	非常小的非二进制字符串	L+1 字节，在此 $L<2^8$
text	小的非二进制字符串	L+2 字节，在此 $L<2^{16}$
mediumtext	中等大小的非二进制字符串	L+3 字节，在此 $L<2^{24}$
longtext	大的非二进制字符串	L+4 字节，在此 $L<2^{32}$
enum	枚举类型，只能存储一个枚举字符串值	1 或 2 字节，取决于枚举值的数目（最大值为 65 535）
set	一个设置，字符串对象可以有零个或多个 set 成员	1、2、3、4 或 8 字节，取决于集合成员的数量（最多 64 个成员）
longblob	二进制形式的极大文本数据	$0\sim4294\ 967\ 295$
longtext	极大文本数据	
二进制类型		
bit(M)	位字段类型	大约(M+7)/8 字节

数据类型	范围	存储
binary(*M*)	固定长度二进制字符串	*M* 字节
varbinary(*M*)	可变长度二进制字符串	*M*+1 字节
tinyblob(*M*)	非常小的 blob	$L+1$ 字节, $L<2^8$
blob(*M*)	小的 blob	$L+2$ 字节, $L<2^{16}$
mediumblob(*M*)	中等大小的 blob	$L+3$ 字节, $L<2^{24}$
longblob(*M*)	非常大的 blob	$L+4$ 字节, $L<2^{32}$

常用数据类型的使用注意事项如下。

（1）当把数据类型设置成 int（11）时，后面的数字 11 表示该数据类型指定的显示宽度。显示宽度和数据类型的取值范围无关，显示宽度只是指明 MySQL 最大可能显示的数字个数，数值的位数小于指定的宽度时会由空格填充；如果插入了大于显示宽度的值，则只要该值不超过该类型整数的取值范围，数值依然可以插入，并能够显示出来。

（2）decimal 类型不同于 float 和 double，decimal 实际上是以串存放的，从表 4-5 中可以看出 decimal 的存储空间不是固定的，而由其精度 *M* 决定，占用 *M*+2 字节。在 MySQL 中，定点数以字符串形式存储，在对精度要求比较高时（如货币、科学数据等）使用 decimal 类型比较好。浮点数 float、double 相对于定点数 decimal 的优势是在一定的情况下，浮点数能表示更大范围的数据，但是浮点数容易产生误差。

（3）timestamp 和 datetime 除了存储字节及支持的范围不同外，还有一个最大的区别是：datetime 在存储日期数据时，按实际输入的格式存储，即输入什么就存储什么，与时区无关；而 timestamp 值的存储是以世界标准时间格式保存的，存储时对当前时区进行转换，检索时再转换回当前时区，即查询时，根据当前时区的不同，显示的时间值是不同的。

（4）char 和 varchar 类型。char（*M*）为固定长度字符串，varchar（*M*）是长度可变的字符串。char 是固定长度，所以它的处理速度比 varchar 快，但是浪费空间。检索 char 值时，尾部的空格将被删除。varchar 在值保存和检索时尾部的空格仍保留。字符串类型的 *M* 值是存储的最大字节数，不是显示宽度，如果插入的字符超过了 *M* 值，则不允许插入。注意，不要与整数类型的 *M* 值混淆。

（5）text 类型。text 类型用于保存非二进制字符串，如文章内容、评论等，当保存或查询字段为 text 类型的值时，不删除尾部空格。

（6）enum 类型和 set 类型。enum 与 set 都是枚举类型，不同的是，enum 类型的字段只能从定义的字段值中选择一个值插入，而 set 类型的字段可从定义的字段值中选择多个字符的联合插入。

（7）blob 是二进制字符串，text 是非二进制字符串，两者均可存放大容量的信息。blob 主要存储图片、音频信息等，而 text 只能存储纯文本文件。但因为现在图片和音频越来越多，检索起来也不方便，所以它们都不存放在数据库中，而是存放在专门的文件存储服务器中。

任务 1-3　空

空（NULL）不等于零、空白或零长度的字符串。NULL 意味着没有输入，通常表明值是未知的或未定义的。例如，XSCJ表中的"成绩"字段为空时，并不表示该课程没有成绩或者成绩为0，而是指成绩未知或者尚未设定。

如果向一个表中插入记录，而没有给允许为NULL的字段提供值，则MySQL会自动将其赋值为NULL。

如果某一字段不允许为空，用户在向表中插入数据时必须为该字段提供一个值，否则插入失败。

在设计表时，"允许空"决定了该字段在表中可以为空。

下面是空的一些使用方法。

（1）如果要在SQL语句中测试某列的值是否为空，则可以在WHERE子句中使用IS NULL或IS NOT NULL语句。

（2）在查询窗口中查看查询结果时，空在结果集内显示为NULL。

（3）如果包含空列，则某些计算（如求平均值）可能得到不可预知的结果，所以在执行计算时，要根据需要清除空或者对空进行替换。

（4）如果数据中可能包含空，则应尽量清除空或将空转换成其他值。

（5）任何两个空均不相等。例如，将两个空或将空与任何其他数据相比较均返回未知。但如果数据库的ANSI_NULLS选项配置为关，则空之间的比较（如NULL=NULL）等于TRUE。空与任何其他数据类型之间的比较都等于FALSE。

建议：空会导致查询和更新变得复杂，因此为了减少SQL语句的复杂性，尽量不要使用空。例如，将XSCJ表中的"成绩"字段设置为不允许为空，为其创建一个默认值（关于默认值，后文将详细介绍）-1，这样对于没有确定的成绩会取值-1，而不是空。

任务1-4　创建数据表

创建表的实质就是定义表结构及约束等属性，本任务主要介绍表结构的定义，而约束等属性的定义将在后文专门介绍。在创建表之前，要先设计表，即确定表的名称，所包含的字段，各字段的数据类型和长度、是否为空、是否使用约束等。这些属性构成表结构。

创建表前应该先确定表的名称和结构，如表名为XSDA，表结构如表4-1所示。

使用SQL语句CREATE TABLE可以创建表。

语法格式如下。

```
CREATE TABLE  table_NAME
({column_NAME data_type|AUTO_INCREMENT=n|NOT NULL|NULL})
```

参数说明如下。

（1）table_NAME：新建表的名称。表名必须符合标识符命名规则。

（2）column_NAME：表中的字段名。字段名必须符合标识符命名规则，并在表内唯一。

（3）data_type：指定字段的数据类型，指定系统数据类型。

（4）AUTO_INCREMENT=n：指出该字段为标识字段。可以指定从n开始增长，步长默认为1。

（5）NOT NULL|NULL：指出该字段是否允许为空。

CREATE TABLE语句的完整语法格式如下。

```
CREATE TABLE
 [database_NAME.[owner] .| owner.]table_NAME
```

```
( { < column_definition >
  | column_NAME AS computed_column_expression
  | < table_constraint > ::= [CONSTRAINT constraint_NAME] }
  | [ { PRIMARY KEY | UNIQUE } [ ,…n]
)
[ON { filegroup | DEFAULT } ]
[TEXTIMAGE_ON { filegroup | DEFAULT } ]
```

① database_NAME：要在其中创建表的数据库名称。owner 表示表的所有者，默认所有者为 dbo；database_NAME 必须是现有数据库的名称。如果不指定数据库，则 database_NAME 默认为当前数据库。数据库中的 owner.table_NAME 组合必须唯一。

② column_definition：字段的定义，其构成如下。

```
< column_definition > ::= { column_NAME data_type }
 [COLLATE < collation_NAME > ]
 [ [DEFAULT constant_expression]
 | [AUTO_INCREMENT[=n ]
 ]
[ROWGUIDCOL]
```

③ computed_column_expression：定义计算列值的表达式。计算列是物理上并不存储在表中的虚拟列。计算列由同一表中的其他列通过表达式计算得到。表达式可以是非计算列的列名、常量、函数、变量，也可以是用一个或多个运算符连接的上述元素的任意组合。表达式不能为子查询。

④ table_constraint：表定义的各种约束，将在后文具体讲述。

⑤ ON { filegroup | DEFAULT}：用于指定存储表的文件组。

【例 4-1】创建名为 jobs 的表。

```
USE xs;
CREATE TABLE jobs
(
工号 smallint PRIMARY KEY     #指定主键约束
AUTO_INCREMENT,              #增量为 1
姓名 char(8) NOT NULL,
工种 char(12) NULL
);
```

【例 4-2】创建名为 students_T 的表。

```
CREATE  TABLE  students_T
(number  int        NOT NULL,
name    varchar(10) NOT NULL,
sex      char(2)  NULL,
birthday datetime  NULL,
hometown varchar(30)  NULL,
telephone_no  varchar(12)  NULL,
address      varchar(30)     NULL,
others       varchar(50)     NULL);
```

任务 1-5　创建主键

主键是数据表的一个重要属性，创建主键可以避免表中存在完全相同的记录，也就是说，主键在一张表中的记录值是唯一的。

通过 SQL 语句创建主键又分为两种：一种是在建表语句中直接编写，另一种是在建表之后更改表结构。

在建表语句中直接编写。

```
CREATE TABLE 表名 (字段名 1 int NOT NULL,
                 字段名 2 varchar(13) NOT NULL,
                 字段名 3…
                 字段名 N…,
PRIMARY KEY (主键 1, 主键 2));
```

在建表之后更改表结构。

```
CREATE TABLE 表名 (字段名 1 int NOT NULL,
                 字段名 2 varchar(13) NOT NULL,
                 字段名 3…
                 字段名 N…);
    ALTER TABLE 表名 ADD PRIMARY KEY(主键 1, 主键 2);
```

任务 1-6 完成综合任务

完成以下任务，巩固创建表的方法，具体任务如下。

（1）使用 SQL 语句创建 XSDA 表，性别的默认值为"男"，民族的默认值为"汉"。

```
USE xs;
CREATE TABLE XSDA (
    学号 char(6)  NOT NULL PRIMARY KEY,
    姓名 char(8)  NOT NULL ,
    性别 char(2)  NOT NULL DEFAULT('男'),
    系名 char(10)  NOT NULL ,
    出生日期 date NOT NULL ,
    民族 char(4)  NOT NULL DEFAULT('汉'),
    总学分 tinyint NOT NULL ,
    备注 text  NULL
);
```

（2）使用 SQL 语句创建 KCXX 表。

```
USE xs;
CREATE TABLE KCXX (
    课程编号 char(3)  NOT NULL PRIMARY KEY,
    课程名称 char(20)  NOT NULL ,
    开课学期 tinyint NOT NULL ,
    学时 tinyint NOT NULL ,
    学分 tinyint NOT NULL
);
```

（3）使用 SQL 语句创建 XSCJ 表。

```
USE xs;
CREATE TABLE XSCJ (
    学号 char(6)  NOT NULL ,
    课程编号 char(3)  NOT NULL,
    PRIMARY KEY(学号,课程编号),
    成绩 tinyint NOT NULL
);
```

创建 XSCJ 表的 SQL 语句的运行结果如图 4-1 所示。

```
mysql> CREATE TABLE XSCJ (
    ->         学号 char(6) NOT NULL ,
    ->         课程编号 char(3) NOT NULL,
    -> PRIMARY KEY(学号,课程编号),
    ->         成绩 tinyint NOT NULL
    -> );
Query OK, 0 rows affected (0.06 sec)
```

图 4-1　创建 XSCJ 表的 SQL 语句的运行结果

任务 2　管理表

【任务目标】

- 学会使用 SQL 语句显示表结构。
- 能够灵活修改表结构。
- 学会重命名表。
- 学会删除无用的表。

4-2　管理表

【任务描述】

按照任务要求修改和查看表结构。

【任务分析】

该任务需要对表结构完成显示字段、增加字段和修改字段属性等操作。

任务 2-1　查看表结构

使用 DESCRIBE 或 DESC 语句可以查看表的字段信息，包括字段名、字段数据类型、是否为主键、是否有默认值等。

查看表的基本结构的语法如下。

```
DESCRIBE 表名;
```

或者简写为

```
DESC 表名;
```

使用 SHOW CREATE TABLE 语句可以显示创建表时的 CREATE TABLE 语句。

```
SHOW CREATE TABLE <表名\G>;
```

如果不加"\G"参数，则显示的结果可能比较混乱，加上之后，显示的结果更加直接。

【例 4-3】使用 DESC 语句查看 XSDA 表的基本结构，结果如图 4-2 所示。

Field	Type	Null	Key	Default	Extra
学号	char(6)	NO	PRI	NULL	
姓名	char(8)	NO		NULL	
性别	char(2)	NO		男	
系名	char(10)	NO		NULL	
出生日期	date	NO		NULL	
民族	char(4)	NO		汉	
总学分	tinyint(1)	NO		NULL	
备注	text	YES		NULL	

8 rows in set (0.00 sec)

图 4-2　使用 DESC 语句查看表的基本结构

【例 4-4】使用 SHOW CREATE TABLE 语句查看 XSDA 表的基本结构，如图 4-3 所示。

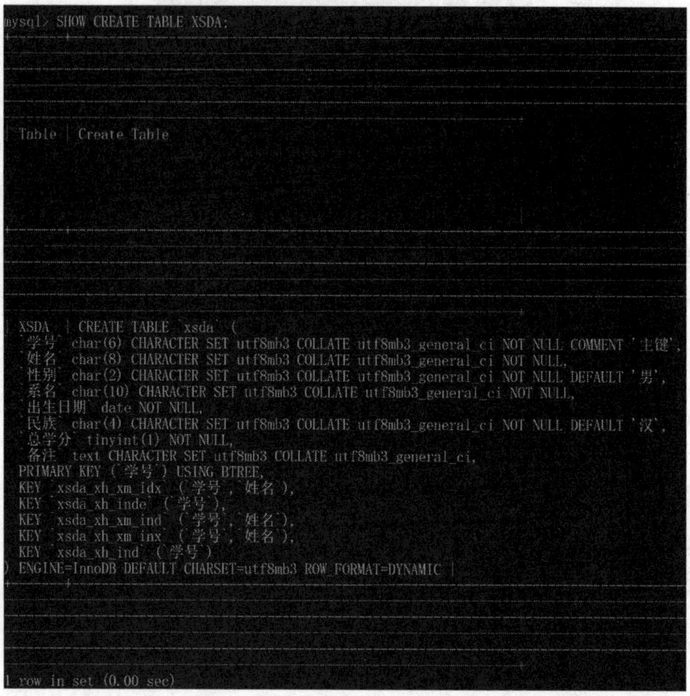

```
mysql> SHOW CREATE TABLE XSDA;
| Table | Create Table
| XSDA  | CREATE TABLE `xsda` (
  `学号` char(6) CHARACTER SET utf8mb3 COLLATE utf8mb3_general_ci NOT NULL COMMENT '主键',
  `姓名` char(8) CHARACTER SET utf8mb3 COLLATE utf8mb3_general_ci NOT NULL,
  `性别` char(2) CHARACTER SET utf8mb3 COLLATE utf8mb3_general_ci NOT NULL DEFAULT '男',
  `系名` char(10) CHARACTER SET utf8mb3 COLLATE utf8mb3_general_ci NOT NULL,
  `出生日期` date NOT NULL,
  `民族` char(4) CHARACTER SET utf8mb3 COLLATE utf8mb3_general_ci NOT NULL DEFAULT '汉',
  `总学分` tinyint(1) NOT NULL,
  `备注` text CHARACTER SET utf8mb3 COLLATE utf8mb3_general_ci,
  PRIMARY KEY (`学号`) USING BTREE,
  KEY `xsda_xh_xm_idx` (`学号`,`姓名`),
  KEY `xsda_xh_inde` (`学号`),
  KEY `xsda_xh_xm_ind` (`学号`,`姓名`),
  KEY `xsda_xh_xm_inx` (`学号`,`姓名`),
  KEY `xsda_xh_ind` (`学号`)
) ENGINE=InnoDB DEFAULT CHARSET=utf8mb3 ROW_FORMAT=DYNAMIC |
1 row in set (0.00 sec)
```

图 4-3　使用 SHOW CREATE TABLE 语句查看表的基本结构

使用“\G”参数后的结果如图 4-4 所示。

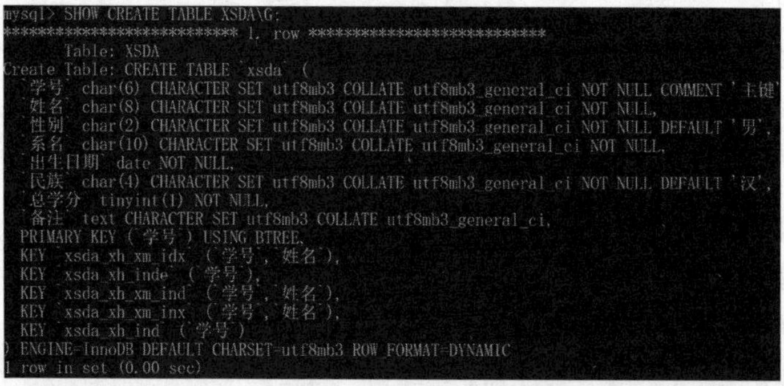

```
mysql> SHOW CREATE TABLE XSDA\G;
*************************** 1. row ***************************
       Table: XSDA
Create Table: CREATE TABLE `xsda` (
  `学号` char(6) CHARACTER SET utf8mb3 COLLATE utf8mb3_general_ci NOT NULL COMMENT '主键'
  `姓名` char(8) CHARACTER SET utf8mb3 COLLATE utf8mb3_general_ci NOT NULL,
  `性别` char(2) CHARACTER SET utf8mb3 COLLATE utf8mb3_general_ci NOT NULL DEFAULT '男',
  `系名` char(10) CHARACTER SET utf8mb3 COLLATE utf8mb3_general_ci NOT NULL,
  `出生日期` date NOT NULL,
  `民族` char(4) CHARACTER SET utf8mb3 COLLATE utf8mb3_general_ci NOT NULL DEFAULT '汉',
  `总学分` tinyint(1) NOT NULL,
  `备注` text CHARACTER SET utf8mb3 COLLATE utf8mb3_general_ci,
  PRIMARY KEY (`学号`) USING BTREE,
  KEY `xsda_xh_xm_idx` (`学号`,`姓名`),
  KEY `xsda_xh_inde` (`学号`),
  KEY `xsda_xh_xm_ind` (`学号`,`姓名`),
  KEY `xsda_xh_xm_inx` (`学号`,`姓名`),
  KEY `xsda_xh_ind` (`学号`)
) ENGINE=InnoDB DEFAULT CHARSET=utf8mb3 ROW_FORMAT=DYNAMIC
1 row in set (0.00 sec)
```

图 4-4　使用 SHOW CREATE TABLE（\G)语句查看表的基本结构

任务 2-2　修改表结构

使用 ALTER TABLE 语句可以完成对表结构的修改。

语法格式如下。

```
ALTER TABLE table_NAME
{ [ALTER COLUMN column_NAME
{ new_data_type[ ( precision[ , scale] ) ]
  [NULL | NOT NULL]
```

```
]}
| ADD{[ < column_definition > ]}[ ,…n]
| DROP{[CONSTRAINT]constraint_NAME | COLUMN column_NAME } [ ,…n]
}
```

参数说明如下。

（1）ALTER COLUMN：用于说明修改表中指定字段的属性，要修改的字段由 column_NAME 给出。

（2） new_data_type：用于指出要更改的字段的新数据类型。

（3） precision：用于指定数据类型的精度。scale：用于指定数据类型的小数位数。

（4）ADD：用于指定要添加一个或多个列定义、计算列定义或者表约束。

（5）DROP：用于指定从表中删除约束或列。constraint_NAME：用于指定被删除的约束名。column_NAME：用于指定被删除的列。

【例 4-5】在 XSCJ 表中增加一个新字段——学分。

```
USE xs;
ALTER TABLE XSCJ ADD 学分 tinyint NULL;
```

使用 DESC 语句查看 XSCJ 表的结构，运行结果如下。

```
mysql> DESC XSCJ;
+----------+---------+------+-----+---------+-------+
| Field    | Type    | Null | Key | Default | Extra |
+----------+---------+------+-----+---------+-------+
| 学号     | char(6) | NO   | PRI | NULL    |       |
| 课程编号 | char(3) | NO   | PRI | NULL    |       |
| 成绩     | tinyint | NO   |     | NULL    |       |
| 学分     | tinyint | YES  |     | NULL    |       |
+----------+---------+------+-----+---------+-------+
4 rows in set (0.00 sec)
```

【例 4-6】在 XSCJ 表中删除名为"学分"的字段。

```
USE xs;
ALTER TABLE XSCJ DROP COLUMN 学分;
```

使用 DESC 语句查看 XSCJ 表的结构，运行结果如下。

```
mysql> DESC XSCJ;
+----------+---------+------+-----+---------+-------+
| Field    | Type    | Null | Key | Default | Extra |
+----------+---------+------+-----+---------+-------+
| 学号     | char(6) | NO   | PRI | NULL    |       |
| 课程编号 | char(3) | NO   | PRI | NULL    |       |
| 成绩     | tinyint | NO   |     | NULL    |       |
+----------+---------+------+-----+---------+-------+
3 rows in set (0.04 sec)
```

【例 4-7】将 XSDA 表中"姓名"字段的长度由原来的 8 改为 10。

```
USE xs;
ALTER TABLE XSDA MODIFY 姓名 char(10);
```

使用 DESC 语句查看 XSDA 表的结构，运行结果如下。

```
mysql> DESC XSDA;
+----------+-----------+------+-----+---------+-------+
| Field    | Type      | Null | Key | Default | Extra |
```

```
+----------+-----------+------+-----+---------+-------+
| 学号      | char(6)   | NO   | PRI | NULL    |       |
| 姓名      | char(10)  | NO   |     | NULL    |       |
| 性别      | char(2)   | NO   |     | 男      |       |
| 系名      | char(10)  | NO   |     | NULL    |       |
| 出生日期   | date      | NO   |     | NULL    |       |
| 民族      | char(4)   | NO   |     | 汉      |       |
| 总学分    | tinyint(1)| NO   |     | NULL    |       |
| 备注      | text      | YES  |     | NULL    |       |
+----------+-----------+------+-----+---------+-------+
8 rows in set (0.04 sec)
```

【例 4-8】将 XSDA 表中"出生日期"字段的名称改为 birthday，数据类型保持不变。

```
USE xs;
ALTER TABLE XSDA CHANGE 出生日期 birthday date;
```

使用 DESC 语句查看 XSDA 表的结构，运行结果如下。

```
mysql> DESC XSDA;
+----------+-----------+------+-----+---------+-------+
| Field    | Type      | Null | Key | Default | Extra |
+----------+-----------+------+-----+---------+-------+
| 学号      | char(6)   | NO   | PRI | NULL    |       |
| 姓名      | char(8)   | NO   |     | NULL    |       |
| 性别      | char(2)   | NO   |     | 男      |       |
| 系名      | char(10)  | NO   |     | NULL    |       |
| birthday | date      | YES  |     | NULL    |       |
| 民族      | char(4)   | NO   |     | 汉      |       |
| 总学分    | tinyint(1)| NO   |     | NULL    |       |
| 备注      | text      | YES  |     | NULL    |       |
+----------+-----------+------+-----+---------+-------+
8 rows in set (0.04 sec)
```

任务 2-3　删除数据表

使用 DROP TABLE 语句可以删除表。
语法格式如下。

```
DROP TABLE table_NAME;
```

其中，table_NAME 为要删除的表。

【例 4-9】删除数据库 xs 中的 KCXX 表。

```
USE xs;
DROP TABLE KCXX;
```

任务 2-4　重命名数据表

有时候会遇到重命名表的需求，例如，因业务变化，需要将表 a 重命名为表 b。此时可以使用 RENAME TABLE 语句或 ALTER TABLE 语句来重命名表。
语法格式如下。

```
-- RENAME TABLE 语法
RENAME TABLE old_table_NAME TO new_table_NAME;
```

```
-- ALTER TABLE 语法
ALTER TABLE old_table_NAME RENAME TO new_table_NAME;
```

在重命名表时，旧表（old_table_NAME）必须存在，而新表（new_table_NAME）一定不存在。如果新表 new_table_NAME 已存在，则该语句将运行失败。

【例 4-10】将 XSDA 表更名为"学生档案"。

```
USE xs;
RENAME TABLE XSDA TO 学生档案; -- RENAME TABLE 语法
ALTER TABLE XSDA RENAME TO 学生档案; -- ALTER TABLE 语法
```

任务 2-5 完成综合任务

完成以下任务，巩固管理表的知识，具体任务如下。

（1）使用 SQL 语句查看 KCXX 表的结构。

```
mysql> DESC KCXX;
+--------+----------+------+-----+---------+-------+
| Field  | Type     | Null | Key | Default | Extra |
+--------+----------+------+-----+---------+-------+
| 课程编号 | char(3)  | NO   | PRI | NULL    |       |
| 课程名称 | char(20) | NO   |     | NULL    |       |
| 开课学期 | tinyint  | NO   |     | NULL    |       |
| 学时   | tinyint  | NO   |     | NULL    |       |
| 学分   | tinyint  | NO   |     | NULL    |       |
+--------+----------+------+-----+---------+-------+
5 rows in set (0.04 sec)
```

（2）使用 SQL 语句在课程信息（KCXX）表中增加"授课教师"字段，数据类型为 char（10）；增加"考试时间"字段，数据类型为 date。

```
ALTER TABLE KCXX ADD 授课教师 char(10) NULL,ADD 考试时间 date NULL;
```

（3）使用 SQL 语句将课程信息（KCXX）表的新增字段"授课教师"的名称修改为 teacher，数据类型为 char（20）。

```
ALTER TABLE KCXX CHANGE 授课教师 teacher char(20);
```

（4）使用 SQL 语句删除课程信息（KCXX）表的"teacher"字段。

```
ALTER TABLE KCXX DROP teacher;
```

任务 3 管理表数据

【任务目标】

- 学会使用 SQL 语句插入表数据。
- 学会使用 SQL 语句删除表数据。

4-3 管理表数据

【任务描述】

为 xs 数据库中的 3 个表录入数据。

【任务分析】

对于初学者来说，使用 SQL 语句插入数据很容易出现各种错误，所以一定要按照要求正确插入表数据，这样在排错过程中能更深刻地理解表数据和表结构。

任务 3-1　使用 SQL 语句插入表数据

在 MySQL 中，通过 INSERT 语句来插入新的数据。使用 INSERT 语句可以同时为表的所有字段插入数据，也可以为表的指定字段插入数据。INSERT 语句可以同时插入多条记录，还可以将从一个表中查询出来的数据插入另一个表中。

1. 为所有字段插入数据

通常情况下，插入的新记录要包含表的所有字段。

语法格式如下。

```
INSERT INTO 表名 VALUES（值 1，值 2，...，值 n）;
```

该语句的功能是向指定的表中插入由 VALUES 指定的各字段值的记录。

 注意　使用此方式向表中插入数据时，VALUES 中给出的数据顺序和数据类型必须与表中字段的数据顺序和数据类型一致，且不可以省略部分字段。

【例 4-11】在 xs 数据库的 XSDA 表中插入如下记录。

201608　李忠诚　男　信息　1998-09-10　汉　60　NULL

可以使用如下 SQL 语句。

```
USE xs;
INSERT INTO XSDA VALUES('201608','李忠诚', '男','信息','1998-09-10','汉',60,NULL);
```

执行查询后，发现表中多了学号为"201608"的一条记录。

再尝试选择一些有默认值或者可以为空的字段，在插入数据时省略这些字段，也就是采用默认值或者为允许为空的字段赋空值。

【例 4-12】查看 xs 数据库的 XSDA 表的表结构，可知性别可以使用默认值"男"，民族可以使用默认值"汉"，备注可以为空。将例 4-11 中的 SQL 语句改为如下内容。

```
USE xs;
INSERT INTO XSDA VALUES('201608','李忠诚','信息','1998-09-10',60);
```

可以发现无法实现预期的效果，并在结果显示窗格中出现出错提示信息。

```
mysql> INSERT INTO XSDA VALUES('201608','李忠诚','信息','1998-09-10',60);
1136 - Column count doesn't match value count at row 1
```

如果只想在 INSERT 语句中给出部分字段值，则需要用到 INSERT 语句的另一种格式。

2. 为指定字段插入数据

使用这种方式插入数据可以只指定部分字段，但是未指定字段需要设置默认值或者允许为空。

语法格式如下。

```
INSERT INTO 表名 （属性 1，属性 2，...，属性 n）VALUES（值 1，值 2，...，值 n）;
```

该语句的功能是向指定表的指定字段插入由 VALUES 指定的各字段值的记录。

 注意 因为是为表插入指定字段,所以不插入的字段一定要是允许为空的,插入的字段可为空,也可不为空,字段的顺序可以任意。

【例 4-13】将例 4-11 中的 SQL 语句改为如下内容。

```
USE xs;
DELETE FROM XSDA WHERE 学号='201608';
INSERT INTO XSDA(学号,姓名,系名,出生日期,总学分) VALUES('201608','李忠诚','
信息','1998-09-10',60);
```

执行查询前,需要将学号 201608 的记录删除以避免重复,成功执行查询后,会发现 XSDA 表中多了学号为"201608"的一条记录。

3. 同时插入多条记录

同时插入多条记录是指使用一个 INSERT 语句插入多条记录。当用户需要插入多条记录时,可以使用以上两种方法逐条插入记录。但是每次都写一个新的 INSERT 语句比较麻烦。在 MySQL 中,使用一个 INSERT 语句可以同时插入多条记录。

语法格式如下。

```
INSERT INTO 表名[(属性列表)] VALUES (取值列表1),(取值列表2),...,(取值列表n);
```

该语句的功能是向指定的表同时插入多条 VALUES 记录值。

【例 4-14】在 xs 数据库的 XSDA 表中插入如下记录。

201609　张三　男　信息　1995-01-15　汉　60　NULL

201610　李四　男　信息　1997-04-21　汉　60　NULL

201611　小红　女　管理　1998-07-08　汉　60　NULL

可以使用如下 SQL 语句。

```
USE xs;
INSERT INTO XSDA VALUES
('201609','张三','男','信息','1995-01-15','汉',60,NULL),
('201610','李四','男','信息','1997-04-21','汉',60,NULL),
('201611','小红','女','管理','1998-07-08','汉',60,NULL);
```

执行查询后,会发现表中多了添加的 3 条记录。

读者还可以尝试以指定字段的形式插入多条记录,选择一些有默认值或者可以为空的字段,在插入数据时省略这些字段,也就是采用默认值或者为允许为空的字段赋空值。

任务 3-2　使用 SQL 语句修改表数据

在 MySQL 中,可以使用 UPDATE 语句修改、更新一个或多个表的数据。

语法格式如下。

```
UPDATE <表名> SET 字段1=值1 [,字段2=值2...] [WHERE 子句]
[ORDER BY 子句] [LIMIT 子句]
```

参数说明如下。

(1)<表名>:用于指定要更新的表名称。

(2)SET 子句:用于指定表中要修改的字段名及其值。其中,每个指定的字段值可以是表达式，也可以是该字段对应的默认值。如果指定的是默认值，则可用关键字 DEFAULT 表示字段值。

（3）WHERE 子句：可选项，用于限定表中要修改的记录。若不指定，则修改表中的所有记录。

（4）ORDER BY 子句：可选项，用于限定表中的记录被修改的次序。

（5）LIMIT 子句：可选项，用于限定被修改的记录数。

 注意 修改一条记录的多个字段值时，SET 子句的每个值用逗号分隔即可。

【例 4-15】将 XSDA 表中的总学分更新为 60。

```
USE xs;
UPDATE XSDA SET 总学分=60;
```

【例 4-16】更新 XSDA 表，将姓名为刘林的学生的系名和民族更新为"信息"和"汉"。

```
USE xs;
UPDATE XSDA SET 系名='信息', 民族='汉' WHERE 姓名='刘林';
```

任务 3-3　使用 SQL 语句删除表数据

当表中某些数据不再需要时，要将其删除。当录入数据出现错误，使用 SSMS 工具无法删除数据时，可以使用 SQL 语句删除表中的记录。

语法格式如下。

```
DELETE[FROM]
{table_NAME|view_NAME}
[WHERE <search_condition>]
```

参数说明如下。

（1）table_NAME|view_NAME：要从其中删除记录的表或视图的名称。其中，通过 view_NAME 引用的视图必须可更新且正确引用一个基表。

（2）WHERE <search_condition>：指定用于限制删除记录数的条件。如果没有提供 WHERE 子句，就删除（DELETE）表中的所有记录。

【例 4-17】将 XSDA 表中总学分小于 54 的记录删除。

```
USE xs;
DELETE FROM XSDA WHERE 总学分<54;
```

【例 4-18】将 XSDA 表中备注为空的记录删除。

```
USE xs;
DELETE FROM XSDA WHERE 备注 IS NULL;
```

【例 4-19】删除 XSDA 表中的所有记录。

```
USE xs;
DELETE FROM XSDA;
```

任务 3-4　完成综合任务

完成以下任务，巩固管理表数据的知识，具体任务如下。

（1）参照附录 A，使用 SQL 语句录入 XSDA 表数据样本中的数据。

```
INSERT XSDA VALUES('201606','周新民','男','信息','1996-01-20','回',62,NULL);
INSERT XSDA VALUES('201607','王丽丽','女','信息','1997-06-03','汉',60,NULL);
```

其他数据略。

（2）参照附录 A，使用 SQL 语句录入 KCXX 表数据样本中的数据。

```
INSERT KCXX VALUES('104','计算机文化基础',1,60,3);
INSERT KCXX VALUES('108','C语言程序设计',2,96,5);
```

其他数据略。

（3）参照附录 A，使用 SQL 语句录入 XSCJ 表数据样本的前 2 条记录。

```
INSERT XSCJ VALUES('201601','104',81);
INSERT XSCJ VALUES('201601','108',77);
```

其他数据略。

（4）删除 XSDA 表中学号为"201601"的记录。

```
USE xs;
DELETE FROM XSDA WHERE 学号='201601';
```

（5）删除 KCXX 表中的全部记录。

```
DELETE FROM KCXX;
```

拓展阅读　中国计算机的主奠基者

华罗庚教授——我国计算技术的奠基人和最主要的开拓者之一。他在数学上的造诣和成就深受世界科学家的赞赏。在美国任访问研究员时，他就已在心里开始勾画我国电子计算机事业的蓝图了！

华罗庚教授于 1950 年回国，1952 年全国高等学校院系调整时，他从清华大学电机系物色了闵乃大、夏培肃和王传英三位科研人员，在他任所长的中国科学院应用数学研究所内建立了中国第一个电子计算机科研小组。1956 年，在筹建中国科学院计算技术研究所时，华罗庚教授担任筹备委员会主任。

实训 4　创建数据表并录入表数据

本书实训都是围绕 sale 数据库展开的,因为进销存系统通常包括客户资料、产品信息、进货记录、销售记录等,所以针对 sale 数据库,设计了表 4-6～表 4-9,并将在后续项目逐步完善。

4-4　创建数据表
并录入表数据

表 4-6　Customer（客户）表

CusNo（客户编号） varchar(3) NOT NULL	CusName（客户姓名） varchar(10) NOT NULL	Address（地址） varchar(20)	Tel（联系电话） varchar(13)
001	杨婷	深圳	0755-22221111
002	陈萍	深圳	0755-22223333
003	李东	深圳	0755-22225555
004	叶合	广州	020-22227777
005	谭欣	广州	020-22229999

表 4-7　Product（产品）表

ProNo（产品编号） varchar(5) NOT NULL	ProName（产品名） varchar(20) NOT NULL	Price（单价） decimal(8,2) NOT NULL	Stocks（库存数量） decimal(8,0) NOT NULL
00001	电视	3000.00	800
00002	空调	2000.00	500
00003	床	1000.00	300
00004	餐桌	1500.00	200
00005	音箱	5000.00	600
00006	沙发	6000.00	100

表 4-8　ProIn（入库）表

InputDate（入库日期） date NOT NULL	ProNo（产品编号） varchar(5) NOT NULL	Quantity（入库数量） decimal(6,0) NOT NULL
2016-1-1	00001	10
2016-1-1	00002	5
2016-1-2	00001	5
2016-1-2	00003	10
2016-1-3	00001	10
2016-2-1	00003	20
2016-2-2	00001	10
2016-2-3	00004	30
2016-3-3	00003	20

表 4-9　ProOut（销售）表

SaleDate（销售日期） date NOT NULL	CusNo（客户编号） varchar(3) NOT NULL	ProNo（产品编号） varchar(5) NOT NULL	Quantity（销售数量） decimal(6,0) NOT NULL
2016-1-1	001	00001	10
2016-1-2	001	00002	5
2016-1-3	002	00001	5
2016-2-1	002	00003	10
2016-2-2	001	00001	10
2016-2-3	001	00003	20
2016-3-2	003	00001	10
2016-3-2	003	00004	30
2016-3-3	002	00003	20

小结

本项目首先介绍了表的概念，接着介绍了 MySQL 系统数据类型，最后重点介绍了使用 SQL 语句创建、修改和删除表数据的操作方法及语法格式。

表是包含数据库中所有数据的数据库对象。与表有关的名词有表结构、记录、字段和关键字。创建表时要指定字段的数据类型。创建表就是定义表的结构，即确定表的名称，表中所包含的字段，各字段的名称、数据类型、长度及是否为空等，并使用 SQL 语句实现。数据表创建成功以后，在使用过程中可能需要修改原先定义的表的结构属性。当数据库中的某些表失去作用时，可以删除表，以释放数据库空间，节省存储空间。创建表后，可以对表中的数据进行操作，如表记录的插入、修改和删除等。

习题

一、选择题

MySQL 中用于删除表中数据的语句是（　　　）。

A．DELETE　　　　　B．DROP　　　　　C．CLEAR　　　　　D．REMOVE

二、填空题

在数据表中查询、插入、修改和删除数据的语句分别是 SELECT、＿＿＿＿、＿＿＿＿和＿＿＿＿。

三、设计题

假设要创建"学生选课"数据库，其中包括学生表、课程表和选课表，其表结构如下。

学生（学号，姓名，性别，年龄，所在系）

课程（课程号，课程名，选修课）

选课（学号，课程号，成绩）

使用 SQL 语句完成下列操作（表结构中的数据类型视情况而定，可以为空）。

（1）创建"学生选课"数据库。

（2）创建学生表、课程表和选课表。

项目5
使用SQL查询维护表中的数据

05

【能力目标】

- 学会使用 SELECT 语句。
- 能使用 SELECT 语句进行简单查询。
- 能使用 SELECT 语句进行分组筛选和汇总计算。
- 能使用 SELECT 语句进行连接查询。
- 能使用 SELECT 语句进行子查询。

【素养目标】

- 了解中国国家顶级域名"CN",了解我国互联网发展中的大事,激发自豪感。
- "古之立大事者,不惟有超世之才,亦必有坚忍不拔之志。"青年学生应努力学习,成人成才。

【项目描述】

按照需求对 xs 数据库中的各表进行查询、统计和维护。

【项目分析】

将学生数据库 xs 的数据表创建好后,就可以对其进行各种操作了。在数据库应用中,最常用的操作是查询,它是数据库的其他操作(统计、插入、修改和删除等)的基础。在 MySQL 中,使用 SELECT 语句实现数据查询。SELECT 语句功能强大且灵活。使用 SELECT 语句可以从数据库中查找需要的数据,也可以进行数据的统计汇总并将结果返回给用户。本项目主要介绍利用 SELECT 语句对数据库进行各种查询的方法。

【职业素养小贴士】

解决问题要抓主要矛盾,认真细致是做好每项工作的关键。在数据库应用中,最常用的操作是查询,掌握查询的用法非常必要。要掌握解决问题的关键因素,抓主要矛盾,认真细致地完成工作。

【项目定位】

数据库系统开发

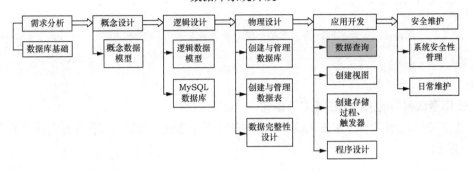

任务 1　简单查询

【任务目标】

- 学会利用 SELECT 语句选取字段。
- 能进行条件查询。
- 学会对查询结果进行排序。

【任务描述】

按需求查询 xs 数据库中各表的数据。

【任务分析】

简单查询包括查询指定字段、所有字段，设置字段别名，消除重复记录和返回表中的若干条记录。条件查询要使用比较运算符，并进行字符匹配，用于模糊查询。

任务 1-1　SELECT 语句的执行方式

SELECT 语句是 SQL 语句中最基础的查询语句，主要用于查询数据。

1. 执行 SELECT 语句

SELECT 语句主要用于查询数据，也可以用来向局部变量赋值或者用来调用一个函数。常用的 SELECT 语句的语法格式如下。

5-1　SELECT
语句的执行方式

```
SELECT 选择列表        /*要查询的各字段名，字段名之间用逗号分隔*/
FROM 表的列表         /*要查询的各字段名来自哪些表，表名之间用逗号分隔*/
WHERE 查询的条件       /*查询要满足的条件或多表之间的连接条件*/
```

选择列表可以包括多个字段名或者表达式，字段名与字段名之间用逗号分隔，用选择列表来给出应该返回哪些数据。表达式可以是字段名、函数或常数列表。

表的列表可以包括多个表名或者视图名，它们之间用逗号分隔。

每个 SELECT 语句必须有一个 FROM 子句，FROM 子句包含提供数据的表或视图名称。WHERE 子句用来给出查询的条件或者多个表之间的连接条件。

【例 5-1】查询 KCXX 表中第 2 学期的所有字段，包括课程编号、课程名称、开课学期、学时、学分。可以输入以下 SQL 语句。

```
USE xs;
SELECT      课程编号，课程名称，开课学期，学时，学分
FROM        KCXX
WHERE       开课学期 = 2;
```

运行结果如图 5-1 所示。

2. 使用查询编辑器执行 SELECT 语句

（1）打开 Navicat 软件，单击系统工具栏中的【新建查询】按钮，展开【查询编辑器】选项，如图 5-2 所示。

信息	Result 1	概况	状态

学号	姓名	性别	系名	出生日期	民族	总学分	备注
▶ 201601	王红	女	信息	1996-02-14	汉	60	NULL
201602	刘林	男	信息	1996-05-20	汉	54	NULL
201603	曹红雷	男	信息	1995-09-24	汉	50	NULL
201604	方平	女	信息	1997-08-11	回	52	三好学生
201605	李伟强	男	信息	1995-11-14	汉	60	一门课
201606	周新民	男	信息	1996-01-20	回	62	NULL
201607	王丽丽	女	信息	1997-06-03	汉	60	NULL
201701	孙燕	女	管理	1997-05-20	汉	54	NULL
201702	罗德敏	男	管理	1998-07-18	汉	64	获得一等
201703	孔祥林	男	管理	1996-05-20	汉	54	NULL
201704	王华	女	管理	1997-04-16	汉	60	NULL
201705	刘林	男	管理	1996-05-30	回	54	NULL
201706	陈希	女	管理	1997-03-22	汉	60	转专业
201707	李刚	男	管理	1998-05-20	汉	54	NULL

信息	Result 1	概况	状态

课程编号	课程名称	开课学期	学时	学分
▶ 108	C语言程序设计	2	96	5

图 5-1 运行 SELECT 语句的结果　　　　图 5-2 使用查询编辑器设计并运行查询

（2）展开【数据库】选项，选择当前数据库，在编辑器区中输入并编辑 SELECT 语句。

（3）单击工具栏中的 ▶运行 按钮，可以检查所选 SQL 语句的语法格式，查询结果如图 5-2 所示。

任务 1-2　掌握 SELECT 语句的语法

SELECT 语句的基本语法格式如下。

```
SELECT <select_list>
 [INTO <new_table>]
FROM <table_source>
 [WHERE <search_condition>]
 [GROUP BY <group_by_expression>]
 [HAVING <search_condition>]
 [ORDER BY <order_expression>][ASC|DESC]]
```

5-2 掌握SELECT
语句的语法

参数说明如下。

（1）<select_list>：用于指定要查询的字段，即查询结果中的字段名。

（2）INTO 子句：用于创建一个新表，并将查询结果保存到这个新表中。

（3）FROM 子句：用于指出要查询的数据来源，即表或视图的名称。

（4）WHERE 子句：用于指定查询条件。

（5）GROUP BY 子句：用于指定分组表达式，并对查询结果进行分组。

（6）HAVING 子句：用于指定分组统计条件。

（7）ORDER BY 子句：用于指定排序表达式和顺序，并对查询结果进行排序。

SELECT 语句的功能如下。

从 FROM 子句列出的数据源表中找出满足 WHERE 查询条件的记录，按照 SELECT 语句指定的字段列表输出查询结果表，在查询结果表中可以进行分组和排序。

在 SELECT 语句中，FROM 子句是必不可少的，其余的子句是可选的。

任务 1-3　使用 SELECT 语句实现列查询

使用 SELECT 语句可以实现列查询，也可以修改查询结果中的列标题、计算列值、消除结果集中的重复行、限制结果集返回行数。

SELECT 语句可以用于对表中的列进行选择查询，这也是 SELECT 语句最基本的使用方法。

基本语法格式如下。

5-3　使用 SELECT
子句实现列查询

```
SELECT 列名 1[,…列名 n]
```

在上述基本语法格式的基础上加上不同的选项，可以实现多种形式的列选择查询，下面分别予以介绍。

1. 选取表中指定的列进行查询

使用 SELECT 语句选择一个表中的某些列进行查询，需要在 SELECT 后写出要查询的字段名，并用逗号分隔，查询结果将按照 SELECT 语句中指定列的顺序来显示这些列。

【例 5-2】查询 xs 数据库的 XSDA 表中所有学生的学号、姓名、总学分。

```
USE xs;
SELECT 学号,姓名,总学分
FROM XSDA;
```

运行结果如图 5-3 所示。

如果需要选择表中的所有列进行查询显示，则可在 SELECT 后用"*"表示所有字段，查询结果将按照用户创建表时指定的列的顺序来显示所有列。

【例 5-3】查询 XSDA 表中所有学生的所有列的信息。

信息	Result 1	概况	状态
学号	姓名	总学分	
▶ 201601	王红	60	
201602	刘林	54	
201603	曹红雷	50	
201604	方平	52	
201605	李伟强	60	
201606	周新民	62	
201607	王丽丽	60	
201701	孙燕	54	
201702	罗德敏	64	
201703	孔祥林	54	
201704	王华	60	
201705	刘林	54	
201706	陈希	60	
201707	李刚	54	

图 5-3　在 XSDA 表中选择指定列查询

```
USE xs;
SELECT *
FROM XSDA;
```

运行结果如图 5-4 所示。

2. 修改查询结果中的列标题

当希望查询结果中的某些列不显示表结构中规定的列标题，而使用用户自定义的列标题时，可以在列名之后使用 AS 子句更改查询结果中的列标题。

【例 5-4】查询 KCXX 表中所有课程的课程编号、课程名称，查询结果要求将各列的标题分别指定为 course_num 和 course_name。

```
USE xs;
SELECT 课程编号 AS course_num,课程名称 AS course_name
FROM KCXX;
```

运行结果如图 5-5 所示。

图 5-4　在 XSDA 表中选择所有列查询

图 5-5　修改查询结果中的列标题

注意　当自定义的列标题中含有空格时，必须使用单引号将标题引起来。举例如下。

```
USE xs;
SELECT 课程编号 AS 'course num', 课程名称 AS 'course name'
FROM KCXX;
```

3. 计算列值

使用 SELECT 语句对列进行查询时，在结果中可以输出对列值进行计算后的值，即 SELECT 语句可使用表达式作为查询结果。

语法格式如下。

```
SELECT expression[,expression]
```

【例 5-5】假设 XSCJ 表提供的所有学生的成绩均为期末考试成绩，计算期末成绩时，期末考试成绩只占成绩的 80%，要求按照公式（期末成绩=成绩×0.8）将成绩换算为期末成绩并显示出来。

```
USE xs;
SELECT 学号,课程编号,成绩*0.8 AS 期末成绩
FROM XSCJ;
```

运行结果如图 5-6 所示。

4. 消除结果集中的重复行

图 5-6　计算列值

只选择表的某些列时，可能会出现重复行，例如，如果对 XSDA 表只选择系名，则会出现多行重复的情况。可以使用 DISTINCT 关键字消除结果集中的重复行。

语法格式如下。

```
SELECT DISTINCT column_NAME[,column_NAME…]
```

说明　DISTINCT 关键字的含义是对结果集中的重复行只选择一个，从而保证行的唯一性。

【例 5-6】查询 XSDA 表中所有学生的系名，消除结果集中的重复行。

```
USE xs;
SELECT DISTINCT 系名
FROM XSDA;
```

运行结果如图 5-7 所示。

注意以下格式的使用。

图 5-7　消除结果
集中的重复行

```
SELECT ALL column_NAME[,column_NAME...]
```

与 DISTINCT 相反，使用 ALL 关键字时，将保留结果集中的重复行。当 SELECT 语句中省略 ALL 与 DISTINCT 时，默认值为 ALL。

【例 5-7】查询 XSDA 表中所有学生的系名。

```
USE xs;
SELECT ALL 系名
FROM XSDA;
```

或者

```
USE xs;
SELECT 系名
FROM XSDA;
```

运行结果如图 5-8 所示。

5. 限制结果集中的返回行数

如果 SELECT 语句返回的结果集中的行数特别多，不利于信息的整理和统计，就可以使用 LIMIT 关键字来限制返回的结果集。LIMIT 放在 SELECT 语句的最后。

语法格式如下。

```
[LIMIT {[offset,] row_count | row_count offset}]
```

其中，row_count 为起始行（第一行是 0），是一个正整数；offset 是偏移量，表示输出几条记录。

【例 5-8】查询 XSCJ 表中所有学生的学号、课程编号和成绩，只返回结果集的前 10 行。

```
USE xs;
SELECT 学号,课程编号,成绩
FROM XSCJ
LIMIT 0,10;
```

运行结果如图 5-9 所示。

信息	Result 1	概况	状
系名			
▶ 信息			
信息			
信息			
信息			
信息			
信息			
信息			
管理			
管理			
管理			
管理			
管理			
管理			

图 5-8　保留结果集中的重复行

信息	Result 1	概况	状态
学号	课程编号	成绩
▶ 201601	104	81
201601	108	77
201601	202	89
201601	207	90
201602	104	92
201602	108	95
201602	202	93
201602	207	90
201603	104	65
201603	108	60

图 5-9　限制结果集中的返回行数

任务 1-4　使用 WHERE 子句实现条件查询

WHERE 子句是对表中的行进行选择查询，即在 SELECT 语句中使用 WHERE 子句可以从数据表中过滤出符合 WHERE 子句指定的选择条件的记录，从而实现行的查询。WHERE 子句必须紧跟在 FROM 子句之后。

语法格式如下。

5-4　使用 WHERE
子句实现条件查询

```
WHERE <search_condition>
```

其中，search_condition 为查询条件，查询条件是一个逻辑表达式，其中常用的运算符如表 5-1 所示。

表 5-1　查询条件中常用的运算符

运算符	用途
=、<>、>、>=、<、<=、!=	比较大小
AND、OR、NOT	设置多重条件
BETWEEN　AND	确定范围
IN、NOT IN、ANY	SOME、ALL	确定集合或表示子查询
LIKE	字符匹配，用于模糊查询
IS [NOT] NULL	测试空值

下面介绍各种查询条件的使用情况。

1. 使用比较表达式作为查询条件

使用比较表达式作为查询条件的一般语法格式如下。

```
expression 比较运算符 expression
```

> **说明**　expression 是除 text、ntext、image 类型之外的表达式。比较运算符用于比较两个表达式的值，共有 9 个，分别是=（等于）、<（小于）、<=（小于或等于）、>（大于）、>=（大于或等于）、<>（不等于）、!=（不等于）。

当两个表达式的值均不为空值（NULL）时，比较运算符返回逻辑值 TRUE 或 FALSE；当两个表达式的值中有一个为空值或都为空值时，比较运算符将返回 UNKNOWN。

【例 5-9】查询 XSDA 表中总学分大于 60 的学生。

```
USE xs;
SELECT *
FROM XSDA
WHERE 总学分>60;
```

2. 使用逻辑表达式作为查询条件

使用逻辑表达式作为查询条件的一般语法格式如下。

```
expression AND expression
```

或者

```
expression OR expression
```

或者

```
NOT expression
```

【例 5-10】查询 XSDA 表中 1996 年以前（不含 1996 年）出生的男生的学号、姓名、性别、出生日期。

```
USE xs;
SELECT 学号,姓名,性别,出生日期
FROM XSDA
WHERE 出生日期<'1996-1-1' AND 性别='男';
```

运行结果如图 5-10 所示。

3. 模式匹配

使用 LIKE 关键字可进行模式匹配，LIKE 用于指出一个字符串是否与指定的字符串相匹配并返回逻辑值 TRUE 或 FALSE。

语法格式如下。

信息	Result 1	概况	状态	
学号	姓名	性别	出生日期	
▶201603	曹红雷	男	1995-09-24	
201605	李伟强	男	1995-11-14	

图 5-10　逻辑表达式作为查询条件

```
string_expression[NOT]LIKE string_expression
```

【例 5-11】查询 XSDA 表中汉族学生的信息。

```
USE xs;
SELECT *
FROM XSDA
WHERE 民族 LIKE '汉';
```

在实际应用中，用户并不是总能够给出精确的查询条件。因此，经常需要根据一些不确切的线索来搜索信息，这就是模糊查询。使用 LIKE 进行模式匹配时，与通配符配合使用可进行模糊查询。MySQL 提供了 4 种通配符供用户灵活实现复杂的查询条件，如表 5-2 所示。

表 5-2　通配符

通配符	说明
%（百分号）	表示 0 个或多个任意字符
_（下画线）	表示单个任意字符
[ ]（封闭方括号）	表示指定范围（如[a～f]、[1～6]）或集合（如[abcdef]）中的任意单个字符
[^]	表示不属于指定范围 （如[^a～f]、[^1～6]）或集合（如[^abcdef]）中的任意单个字符

【例 5-12】查询 XSDA 表中姓"李"的学生的信息。

```
USE xs;
SELECT *
FROM XSDA
WHERE 姓名 LIKE '李%';
```

运行结果如图 5-11 所示。

【例 5-13】查询 XSDA 表中姓"王"或"李"且单名的学生的信息。

```
USE xs;
SELECT *
FROM XSDA
WHERE 姓名 LIKE '王_' OR 姓名 LIKE '李_';
```

运行结果如图 5-12 所示。

学号	姓名	性别	系名	出生日期	民族	总分	备注
▶201605	李伟强	男	信息	1995-11-14	汉	60	一门课程
201707	李刚	男	管理	1998-05-20	汉	54	NULL

图 5-11　模式匹配（含通配符%）

学号	姓名	性别	系名	出生日期	民族	总分	备注
201601	王红	女	信息	1996-02-14	汉	60	NULL
201704	王华	女	管理	1997-04-16	汉	60	NULL
201707	李刚	男	管理	1998-05-20	汉	54	NULL

图 5-12　模式匹配（含通配符_）

4. 范围比较

用于范围比较的关键字有两个：BETWEEN 和 IN。

（1）BETWEEN 关键字

使用 BETWEEN 关键字可以方便地限制查询数据的范围。

语法格式如下。

```
expression[NOT]BETWEEN expression1 AND expression2
```

 说明 不使用 NOT 时,如果表达式 expression 的值在表达式 expression1 与 expression2 之间(包括这两个值),则返回 TRUE,否则返回 FALSE;使用 NOT 时,返回值刚好相反。

 注意 expression1 的值不能大于 expression2 的值。

【例 5-14】查询 XSDA 表中 1998 年出生的学生的姓名、出生日期、总学分。

```
USE xs;
SELECT 姓名,出生日期,总学分
FROM XSDA
WHERE 出生日期 BETWEEN '1998-1-1' AND '1998-12-31';
```

（2）IN 关键字

使用 IN 关键字可以指定一个值表,值表中列出了所有可能的值,当与值表中的任何一个值匹配时,返回 TRUE,否则返回 FALSE;使用 NOT 时,返回值刚好相反。

语法格式如下。

```
expression[NOT]IN (expression[,…n])
```

【例 5-15】查询 KCXX 表中第 2~4 学期开设的课程的信息。

```
USE xs;
SELECT *
FROM KCXX
WHERE 开课学期 IN (2,3,4);
```

【例 5-16】例 5-15 的语句与下列语句等价。

```
USE xs;
SELECT *
FROM KCXX
WHERE 开课学期=2 OR 开课学期=3 OR 开课学期=4;
```

5. 空值比较

当需要判定一个表达式的值是否为空值时,可使用 IS NULL 关键字。

语法格式如下。

```
expression IS[NOT]NULL
```

 说明 当不使用 NOT 时,如果表达式 expression 的值为空值,则返回 TRUE,否则返回 FALSE;使用 NOT 时,返回值刚好相反。

【例 5-17】查询 XSDA 表中没有备注的学生的信息。

```
USE xs;
```

```
SELECT *
FROM XSDA
WHERE 备注 IS NULL;
```

任务 1-5 ORDER BY 子句

在实际应用中经常要对查询的结果进行排序输出，例如，将学生成绩由高到低排序输出。在 SELECT 语句中，使用 ORDER BY 子句可以对查询结果进行排序。

语法格式如下。

5-5 ORDER BY 子句

```
ORDER BY {order_by_expression[ASC|DESC]}[,…n]
```

> **说明** order_by_expression 是排序表达式，可以是字段名、表达式或一个正整数，当 order_by_expression 是一个正整数时，表示按表中该位置上的字段排序。当出现多个排序表达式时，各表达式在 ORDER BY 子句中的顺序决定了排序依据的优先级。

关键字 ASC 表示升序排列，DESC 表示降序排列，默认为 ASC。

【例 5-18】将 XSDA 表中所有信息系的学生按年龄从小到大排序输出。

```
USE xs;
SELECT *
FROM XSDA
WHERE 系名='信息'
ORDER BY 出生日期 DESC;
```

运行结果如图 5-13 所示。

学号	姓名	性别	系名	出生日期	民族	总学分	备注
▶201604	方平	女	信息	1997-08-11	回	52	三好学生
201607	王丽丽	女	信息	1997-06-03	汉	60	NULL
201602	刘林	男	信息	1996-05-20	汉	54	NULL
201601	王红	女	信息	1996-02-14	汉	60	NULL
201606	周新民	男	信息	1996-01-20	回	62	NULL
201605	李伟强	男	信息	1995-11-14	汉	60	一门课补
201603	曹红雷	男	信息	1995-09-24	汉	50	NULL

图 5-13 查询结果排序输出

任务 1-6 完成综合任务

按需求查询 xs 数据库中各表的信息，具体任务如下。

（1）查询 XSDA 表中汉族学生的学号、姓名和出生日期。

```
USE xs;
SELECT 学号,姓名,出生日期
FROM XSDA
WHERE 民族='汉';
```

5-6 完成综合任务

（2）查询 XSDA 表中信息系的学生的学号、姓名和总学分，查询结果中各列的标题分别指定为 number、name 和 mark。

```
USE xs;
SELECT 学号 AS number,姓名 AS name,总学分 AS mark
FROM XSDA
WHERE 系名='信息';
```

（3）查询 XSCJ 表中编号为 108 的课程的成绩并去除重复行。

```
USE xs;
SELECT DISTINCT 成绩
FROM XSCJ
WHERE 课程编号 ='108';
```

（4）查询 XSDA 表中总学分在 55 以上的女生的基本信息。

```
USE xs;
SELECT *
FROM XSDA
WHERE 总学分>55 AND 性别='女';
```

（5）查询 XSDA 表中姓名中含有"林"的学生的基本信息。

```
USE xs;
SELECT *
FROM XSDA
WHERE 姓名 LIKE '%林%';
```

（6）查询 XSDA 表中 1998 年上半年出生的学生的姓名、性别和出生日期。

```
USE xs;
SELECT 姓名,性别,出生日期
FROM XSDA
WHERE 出生日期 BETWEEN '1998-1-1' AND '1998-6-30';
```

（7）查询 KCXX 表中第 5 学期开设的课程的所有信息，查询结果按学分降序排列。

```
USE xs;
SELECT *
FROM KCXX
WHERE 开课学期=5
ORDER BY 学分 DESC;
```

（8）查询 XSDA 表中年龄最大的 3 名学生的学号、姓名和出生日期。

```
USE xs;
SELECT 学号,姓名,出生日期
FROM XSDA
ORDER BY 出生日期 ASC
LIMIT 0,3;
```

任务 2   分类汇总

【任务目标】

- 学会使用聚合函数。
- 能使用 SELECT 语句进行分组筛选和汇总计算。

【任务描述】

按需求查询 xs 数据库中的 XSDA 表、XSCJ 表和 KCXX 表。

5-7 使用常用聚
合函数查询

【任务分析】

对表数据进行检索时，经常需要对查询结果进行分类、汇总或计算。例如，在 xs 数据库中求某门课程的平均分，统计各分数段的人数等。使用聚合函数 SUM、AVG、MAX、MIN、COUNT 可进行汇总查询。使用 GROUP BY 子句和 HAVING 子句可进行分组筛选。

任务 2-1　使用常用聚合函数查询

聚合函数用于计算表中的数据并返回单个计算结果。常用的聚合函数如表 5-3 所示。

表 5-3　常用的聚合函数

函数名	功能
SUM	返回表达式中所有值的和
AVG	返回表达式中所有值的平均值
MAX	求最大值
MIN	求最小值
COUNT	用于统计组中满足条件的行数或总行数

下面详细介绍这 5 个函数的使用。

1. SUM 和 AVG

SUM 和 AVG 分别用于求表达式中所有值项的总和与平均值。

语法格式如下。

```
SUM/AVG ([ALL | DISTINCT]expression )
```

 说明　expression 可以是常量、字段、函数或表达式，其数据类型只能是 int、smallint、tinyint、bigint、decimal、numeric、float、real、money、smallmoney。ALL 表示对所有值进行运算，DISTINCT 表示对去除重复值后的值进行运算，默认为 ALL。SUM/AVG 会忽略 NULL。

【例 5-19】求学号为 201602 的学生选修课程的平均成绩。

```
USE xs;
SELECT AVG(成绩) AS '201602 号学生的平均分'
FROM XSCJ
WHERE 学号='201602';
```

 注意　使用聚合函数作为 SELECT 的选择列时，如果不为其指定列标题，那么系统将对该列输出标题"（无列名）"。

2. MAX 和 MIN

MAX 和 MIN 分别用于求表达式中所有值项的最大值和最小值。

语法格式如下。

```
MAX/MIN ([ALL | DISTINCT]expression )
```

 说明　expression 可以是常量、字段、函数或表达式，其数据可以是数字、字符、日期和时间。ALL 和 DISTINCT 的含义及默认值与 SUM/AVG 函数中的相同。MAX/MIN 会忽略 NULL。

【例 5-20】求学号为 201602 的学生选修课程的最高分和最低分。

```
USE xs;
SELECT MAX(成绩) AS '201602 号学生的最高分',MIN(成绩) AS '201602 号学生的最低分'
```

```
FROM XSCJ
WHERE 学号='201602';
```

运行结果如图 5-14 所示。

3. COUNT

COUNT 用于统计组中满足条件的行数或总行数。

语法格式如下。

```
COUNT ({[ALL | DISTINCT]expression}|*)
```

> **说明** expression 是一个表达式，其数据类型是除 uniqueidentifier、text、image、ntext 之外的任意类型。ALL 和 DISTINCT 的含义及默认值与 SUM/AVG 函数中的相同。选择*时将统计总行数。COUNT 会忽略 NULL。

【例 5-21】求 XSDA 表中汉族学生的总人数。

```
USE xs;
SELECT COUNT(*) AS '汉族学生总人数'
FROM XSDA
WHERE 民族='汉';
```

【例 5-22】求 XSCJ 表中选修了课程的学生的总人数。

```
USE xs;
SELECT COUNT(DISTINCT 学号) AS '选修课程的学生总人数'
FROM XSCJ;
```

任务 2-2　分组筛选数据

分组是按照某一列数据的值或某个列组合的值将查询出来的行分成若干组，每组在指定列或列组合上具有相同的值。分组可通过 GROUP BY 子句来实现。

语法格式如下。

```
[GROUP BY group_by_expression[,…n] ]
```

> **说明** group_by_expression 是用于分组的表达式，其中通常包含字段名。SELECT 子句的列表只能包含在 GROUP BY 中指定的列或在聚合函数中指定的列。

1. 简单分组

简单分组是指对查询结果按照一个或多个字段进行分组，字段值相同的为一组。

【例 5-23】求 XSDA 表中男、女生的人数。

```
USE xs;
SELECT 性别,COUNT(*) AS '人数'
FROM XSDA
GROUP BY 性别;
```

运行结果如图 5-15 所示。

5-8　分组筛选数据

201602号学生的最高分	201602号学生的最低分
95	90

图 5-14　MAX 和 MIN 函数的应用

性别	人数
女	6
男	8

图 5-15　简单分组

【例 5-24】求 XSDA 表中各系的男、女生的平均总学分。

```
USE xs;
SELECT 系名,性别, AVG(总学分) AS '总学分的平均值'
FROM XSDA
GROUP BY 系名,性别;
```

2. 使用 HAVING 筛选结果

使用 GROUP BY 子句和聚合函数对数据进行分组后，还可以使用 HAVING 子句对分组数据做进一步筛选。

语法格式如下。

```
[HAVING <search_condition>]
```

说明 search_condition 为查询条件，与 WHERE 子句的查询条件类似，并可以使用聚合函数。

【例 5-25】查找 XSCJ 表中平均成绩在 90 分及以上的学生的学号和平均分。

```
USE xs;
SELECT 学号, AVG(成绩) AS '平均分'
FROM XSCJ
GROUP BY 学号
HAVING AVG(成绩)>=90;
```

注意 在 SELECT 语句中同时使用 WHERE、GROUP BY 与 HAVING 子句时，要注意它们的作用和执行顺序。WHERE 用于筛选 FROM 指定的数据对象，即从 FROM 指定的基表或视图中检索满足条件的记录；GROUP BY 用于对 WHERE 的筛选结果进行分组；HAVING 用于对使用 GROUP BY 分组以后的数据进行过滤。

【例 5-26】查找选修课程超过 3 门，且成绩都在 90 分及以上的学生的学号。

```
USE xs;
SELECT 学号
FROM XSCJ
WHERE 成绩>=90
GROUP BY 学号
HAVING COUNT(*)>3;
```

此查询首先将 XSCJ 表中成绩大于或等于 90 分的记录筛选出来，再按学号分组，最后统计每组记录的个数，选出记录数大于 3 的各组的学号形成结果表。

任务 2-3　完成综合任务

完成以下任务，巩固管理表数据的知识，具体任务如下。

（1）查询编号为 108 的课程的平均分、最高分和最低分。

```
USE xs;
SELECT 课程编号,AVG(成绩) 平均分,MAX(成绩) 最高分 ,MIN(成绩) 最低分
FROM XSCJ
WHERE 课程编号='108'
GROUP BY 课程编号;
```

5-9　完成综合任务

（2）查询选修编号为 108 的课程的学生人数。

```
USE xs;
SELECT 课程编号,COUNT(学号)  人数
FROM XSCJ
WHERE 课程编号='108'
GROUP BY 课程编号;
```

（3）查询 XSDA 表中所有男生的平均总学分。

```
USE xs;
SELECT AVG(总学分)
FROM XSDA
WHERE 性别='男'
GROUP BY 性别;
```

（4）查询选修课程超过 3 门且成绩都在 90 分及以上的学生的学号。

```
USE xs;
SELECT 学号
FROM XSCJ
WHERE 成绩>=90
GROUP BY 学号
HAVING COUNT(*)>3;
```

（5）查询平均成绩在 85 分以上的学生的学号和平均成绩。

```
USE xs;
SELECT 学号,AVG(成绩)  平均成绩
FROM XSCJ
GROUP BY 学号
HAVING AVG(成绩)>85;
```

（6）统计各系男生、女生人数及男女生总人数。

```
USE xs;
SELECT 性别,COUNT(学号)
FROM XSDA
GROUP BY 性别;
SELECT COUNT(学号)  总人数
FROM XSDA;
```

（7）求各学期开设的课程的总学分。

```
USE xs;
SELECT 开课学期,SUM(学分)  总学分
FROM KCXX
GROUP BY 开课学期;
```

任务 3　连接查询

【任务目标】

- 学会使用连接查询实现多表查询。

【任务描述】

在 xs 数据库中创建 KSMD、LQXX 表。按需求查询 XSDA、XSCJ、KCXX、KSMD、LQXX 表。

【任务分析】

前面介绍的所有查询都是针对一个表进行的，在实际应用中，查询的内容往往涉及多个表，这时就需要进行多个表之间的连接查询。

连接查询是关系数据库中最主要的查询方式，连接查询的目的是通过加载连接字段条件将多个表连接起来，以便从多个表中检索用户需要的数据。例如，若想在 xs 数据库中查找选修了"数据结构"课程的学生的姓名和成绩，就需要将 XSDA 表、KCXX 表和 XSCJ 表连接起来，这样才能查找到结果。

在 MySQL 中，连接查询有两类表示形式：一类是符合 SQL 标准连接谓词的表示形式，在 WHERE 子句中使用比较运算符给出连接条件，对表进行连接，这是早期 MySQL 实现连接的语法形式；另一类是 SQL 语句扩展的使用关键字 JOIN 指定连接的表示形式，在 FROM 子句中使用 JOIN ON 语句，连接条件写在 ON 之后，从而实现表的连接。MySQL 推荐使用 JOIN 形式的连接。

在 MySQL 中，连接查询分为内连接、外连接、交叉连接和自连接。

任务 3-1　内连接

内连接是将两个表中满足连接条件的记录组合起来，返回满足条件的记录。

语法格式如下。

```
FROM <table_source> [INNER]JOIN <table_source> ON <search_condition>
```

参数说明如下。

（1）<table_source>：需要连接的表。

（2）ON：用于指定连接条件。

（3）<search_condition>：连接条件。

（4）INNER：表示内连接。

5-10　内连接

【例 5-27】查询 xs 数据库中各学生的信息以及选修课程的信息。

```
USE xs;
SELECT *
FROM XSDA INNER JOIN XSCJ ON XSDA.学号=XSCJ.学号;
```

运行结果如图 5-16 所示（仅列出部分记录）。

 注意　运行结果中包含 XSDA 表和 XSCJ 表的所有字段（含重复字段——学号）。

连接条件中的两个字段称为连接字段，它们必须是可比较的。例如，例 5-27 的连接条件中的两个字段分别是 XSDA 表和 XSCJ 表中的"学号"字段。

连接条件中的比较运算符可以是<、<=、=、>、>=、!=、<>、!<、!>，当比较运算符是"="时，就是等值连接。如果在等值连接结果集的目标列中去除相同的字段名，则为自然连接。

【例 5-28】对例 5-27 进行自然连接查询。

```
USE xs;
SELECT XSDA.*,XSCJ.课程编号,XSCJ.成绩
FROM XSDA INNER JOIN XSCJ ON XSDA.学号=XSCJ.学号;
```

运行结果如图 5-17 所示。

学号	姓名	性别	系名	出生日期	民族	总学分	备注	学号(1)	课程编号	成绩
201601	王红	女	信息	1996-02-14	汉	60	NULL	201601	104	81
201601	王红	女	信息	1996-02-14	汉	60	NULL	201601	108	77
201601	王红	女	信息	1996-02-14	汉	60	NULL	201601	202	89
201601	王红	女	信息	1996-02-14	汉	60	NULL	201601	207	90
201602	刘林	男	信息	1996-05-20	汉	54	NULL	201602	104	92
201602	刘林	男	信息	1996-05-20	汉	54	NULL	201602	108	95
201602	刘林	男	信息	1996-05-20	汉	54	NULL	201602	202	93
201602	刘林	男	信息	1996-05-20	汉	54	NULL	201602	207	90

图 5-16　等值连接的查询结果

学号	姓名	性别	系名	出生日期	民族	总学分	备注	课程编号	成绩
201601	王红	女	信息	1996-02-14	汉	60	NULL	104	81
201601	王红	女	信息	1996-02-14	汉	60	NULL	108	77
201601	王红	女	信息	1996-02-14	汉	60	NULL	202	89
201601	王红	女	信息	1996-02-14	汉	60	NULL	207	90
201602	刘林	男	信息	1996-05-20	汉	54	NULL	104	92
201602	刘林	男	信息	1996-05-20	汉	54	NULL	108	95
201602	刘林	男	信息	1996-05-20	汉	54	NULL	202	93
201602	刘林	男	信息	1996-05-20	汉	54	NULL	207	90

图 5-17　自然连接的查询结果

注意　例 5-28 所得的结果表中去除了重复字段（学号）。

如果选择的字段名在各个表中是唯一的，就可以省略字段名前的表名。例如，例 5-28 中的 SELECT 语句也可写为如下形式。

```
USE xs;
SELECT XSDA.*,课程编号,成绩
FROM XSDA INNER JOIN XSCJ ON XSDA.学号=XSCJ.学号;
```

内连接是系统默认的，因此可以省略 INNER 关键字。使用内连接后仍可以使用 WHERE 子句指定条件。

【例 5-29】 查询选修了编号为 202 课程且成绩在 90 分及以上学生的姓名和成绩。

```
USE xs;
SELECT 姓名,成绩
FROM XSDA JOIN XSCJ ON XSDA.学号=XSCJ.学号
WHERE 课程编号='202' AND 成绩>=90;
```

运行结果如图 5-18 所示。

内连接还可以使用以下连接谓词的形式实现，其运行结果与图 5-18 相同。

```
USE xs;
SELECT 姓名,成绩
FROM XSDA,XSCJ
WHERE XSDA.学号=XSCJ.学号 AND 课程编号='202' AND 成绩>=90;
```

姓名	成绩
刘林	93
周新民	93

图 5-18　带 WHERE 子句的内连接的查询结果

当用户需要检索的字段来自两个以上的表时，就要对两个以上的表进行连接，这称为多表连接。

【例 5-30】 查询选修了"计算机文化基础"课程且成绩在 90 分及以上的学生的学号、姓名、课程名称及成绩。

```
USE xs;
SELECT XSDA.学号,姓名,课程名称,成绩
FROM XSDA JOIN XSCJ JOIN KCXX ON XSCJ.课程编号=KCXX.课程编号 ON XSDA.学号=XSCJ.学号
WHERE 课程名称='计算机文化基础' AND 成绩>=90;
```

运行结果如图 5-19 所示。

注意　使用 JOIN 进行多表连接时，连接采用递归形式。例如，例 5-30 中的 3 个表的连接过程如下：先将 XSCJ 表和 KCXX 表按照 XSCJ.课程编号=KCXX.课程编号进行连接，假设形成结果表 1；再将 XSDA 表和刚才形成的结果表 1 按照 XSDA.学号=XSCJ.学号进行连接，形成最终的结果表。

为了更好地说明多表连接，在例 5-31 中补充了考生名单（KSMD）和录取学校（LQXX）两个表，表结构和数据见附录 B。

【例 5-31】查询所有被录取考生的录取信息。

```
USE xs;
SELECT KSMD.*,LQXX.*
FROM KSMD JOIN LQXX ON KSMD.考号=LQXX.考号;
```

运行结果如图 5-20 所示。

学号	姓名	课程名称	成绩
▶ 201602	刘林	计算机文化基础	92
201606	周新民	计算机文化基础	95
201703	孔祥林	计算机文化基础	90
201707	李刚	计算机文化基础	90

图 5-19 多表连接的查询结果

考号	姓名	考号(1)	录取学校
▶ 1	王杰	1	山东大学
2	赵悦	2	济南大学
3	崔晓婷	3	同济大学
4	耿晓雯	4	青岛大学

图 5-20 内连接的查询结果

任务 3-2 外连接

外连接的结果表中不仅包含满足连接条件的记录，还包含相应表中的所有记录。外连接包括以下 3 种。

1. 左外连接

左外连接的结果表中除了包含满足连接条件的记录外，还包含左表的所有记录。

语法格式如下。

5-11 外连接

```
FROM <table_source> LEFT[OUTER]JOIN <table_source> ON <search_condition>
```

【例 5-32】查询所有被录取考生的录取信息，所有未被录取的考生也要显示其考号和姓名，并在 LQXX 表的相应列中显示 NULL。

```
USE xs;
SELECT KSMD.*,LQXX.*
FROM KSMD LEFT JOIN LQXX ON KSMD.考号=LQXX.考号;
```

运行结果如图 5-21 所示。

【例 5-33】查询 xs 数据库中所有学生的信息及其选修课程的课程编号和成绩，即使学生未选修任何课程，也要显示其信息。

```
USE xs;
SELECT XSDA.*,课程编号,成绩
FROM XSDA LEFT OUTER JOIN XSCJ ON XSDA.学号=XSCJ.学号;
```

注意 例 5-33 的语句在运行时，如果有学生未选修任何课程，那么结果表中相应记录的"课程编号"字段和"成绩"字段的值均为 NULL。

2. 右外连接

右外连接的结果表中除了包括满足连接条件的记录外，还包括右表的所有记录。

语法格式如下。

```
FROM <table_source> RIGHT[OUTER]JOIN <table_source> ON <search_condition>
```

【例 5-34】查询所有被录取考生的录取信息，所有未被录取考生的学校信息也要显示，并在 KSMD 表的相应列中显示 NULL。

```
USE xs;
SELECT KSMD.*,LQXX.*
FROM KSMD RIGHT JOIN LQXX ON KSMD.考号=LQXX.考号;
```

运行结果如图 5-22 所示。

【例 5-35】查询 xs 数据库中被选修了的课程的选修信息和所有开设的课程名称。

```
USE xs;
SELECT XSCJ.*,课程名称
FROM XSCJ RIGHT OUTER JOIN KCXX ON XSCJ.课程编号=KCXX.课程编号;
```

例 5-35 的语句在运行时，如果某课程未被选修，则结果表中相应记录的学号、课程编号和成绩等字段的值均为 NULL。

【例 5-36】查询 xs 数据库中已被选修的且成绩不低于 60 分的学生学号、课程编号、成绩和课程名称。

```
USE xs;
SELECT XSCJ.*,课程名称
FROM XSCJ RIGHT OUTER JOIN KCXX ON XSCJ.课程编号=KCXX.课程编号
WHERE 成绩>=60;
```

执行结果如图 5-23 所示。

信息	Result 1	概况	状态
学号	课程编号	成绩	课程名称
▸201601	104	81	计算机文化基础
201601	108	77	C语言程序设计
201601	202	89	数据结构
201601	207	90	数据库信息管理系
201602	104	92	计算机文化基础
201602	108	95	C语言程序设计
201602	202	93	数据结构
201602	207	90	数据库信息管理系
201603	104	65	计算机文化基础
201603	108	60	C语言程序设计
201603	202	69	数据结构
201603	207	73	数据库信息管理系
201604	104	88	计算机文化基础
201604	108	76	C语言程序设计
201604	202	80	数据结构
201604	207	94	数据库信息管理系

考号	姓名	考号(1)	录取学校
▸1	王杰	1	山东大学
2	赵悦	2	济南大学
3	崔茹婷	3	同济大学
4	耿晓雯	4	青岛大学

考号	姓名	考号(1)	录取学校
▸1	王杰	1	山东大学
2	赵悦	2	济南大学
3	崔茹婷	3	同济大学
4	耿晓雯	4	青岛大学

图 5-21　KSMD 表与 LQXX 表左外连接的查询结果　　图 5-22　KSMD 表与 LQXX 表右外连接的查询结果　　图 5-23　选课信息

任务 3-3　交叉连接

交叉连接实际上是对两个表进行笛卡儿积运算，结果表是由第一个表的每一行与第二个表的每一行拼接后形成的，因此结果表的行数等于两个表的行数之积。

语法格式如下。

5-12　交叉连接

```
FROM <table_source> CROSS JOIN <table_source>
```

【例 5-37】列出所有考生所有可能的录取情况。

```
USE xs;
SELECT KSMD.*,LQXX.*
FROM KSMD CROSS JOIN LQXX;
```

运行结果如图 5-24 所示。

【例 5-38】列出所有学生所有可能的选课情况。

```
USE xs;
SELECT 学号,姓名,课程编号,课程名称
FROM XSDA CROSS JOIN KCXX;
```

考号	姓名	考号(1)	录取学校
4	耿晓雯	1	山东大学
3	崔茹婷	1	山东大学
2	赵悦	1	山东大学
1	王杰	1	山东大学
4	耿晓雯	2	济南大学
3	崔茹婷	2	济南大学
2	赵悦	2	济南大学
1	王杰	2	济南大学
4	耿晓雯	3	同济大学
3	崔茹婷	3	同济大学
2	赵悦	3	同济大学
1	王杰	3	同济大学
4	耿晓雯	4	青岛大学
3	崔茹婷	4	青岛大学
2	赵悦	4	青岛大学
1	王杰	4	青岛大学

图 5-24 KSMD 表与 LQXX 表交叉连接的查询结果

注意 交叉连接不能有条件，且不能带 WHERE 子句。

任务 3-4 自连接

连接操作不仅可以在不同的表上进行，还可以在同一个表内进行自身连接，即将同一个表的不同行连接起来。自连接可以看作一个表的两个副本之间的连接。如果要在一个表中查找具有相同列值的行，则可以使用自连接。使用自连接时需要为表指定两个别名，使之在逻辑上成为两个表。对所有字段的引用均要用别名限定。

5-13 自连接

【例 5-39】在 XSDA 表中查询同名学生的学号、姓名。

```
USE xs;
SELECT XSDA1.姓名, XSDA1.学号, XSDA2.学号
FROM XSDA AS XSDA1 JOIN XSDA AS XSDA2 ON XSDA1.姓名= XSDA2.姓名
WHERE XSDA1.学号<> XSDA2.学号;
```

运行结果如图 5-25 所示。

姓名	学号	学号(1)
刘林	201705	201602
刘林	201602	201705

图 5-25 XSDA 表的
自连接的查询结果

任务 3-5 完成综合任务

完成以下任务，巩固管理表数据的知识，具体任务如下。

（1）创建 KSMD 表和 LQXX 表，并按照附录 B 录入数据。

5-14 完成综合
任务

```
CREATE TABLE KSMD
(考号 char(2) NOT NULL,
 姓名 char(8));
 CREATE TABLE LQXX
 (考号 char(2) NOT NULL,
  录取学校 char(20));
```

（2）向 KSMD 表中录入数据。

```
INSERT INTO KSMD VALUES('1','王杰');
INSERT INTO KSMD VALUES('2','赵悦');
INSERT INTO KSMD VALUES('3','崔茹婷');
```

```
INSERT INTO KSMD VALUES('4','耿晓雯');
```

（3）向 LQXX 表中录入数据。

```
INSERT INTO LQXX VALUES('1','山东大学');
INSERT INTO LQXX VALUES('2','济南大学');
INSERT INTO LQXX VALUES('3','同济大学');
INSERT INTO LQXX VALUES('4','青岛大学');
```

（4）查询所有被录取考生的录取情况。

```
USE xs;
SELECT LQXX.考号,姓名,录取学校
FROM KSMD RIGHT JOIN LQXX ON KSMD.考号=LQXX.考号;
```

（5）查询所有被录取考生的录取情况，所有未被录取的考生也要显示其考号和姓名，并在 LQXX 表的相应列中显示 NULI。

```
USE xs;
SELECT KSMD.*,LQXX.*
FROM KSMD LEFT JOIN LQXX ON KSMD.考号=LQXX.考号;
```

（6）查询所有被录取考生的录取情况，所有未被录取考生的学校的信息也要显示，并在 KSMD 表的相应列中显示 NULL。

```
USE xs;
SELECT KSMD.*,LQXX.*
FROM KSMD RIGHT JOIN LQXX ON KSMD.考号=LQXX.考号;
```

（7）查询被山东大学录取的考生考号、姓名和录取学校。

```
USE xs;
SELECT LQXX.考号,姓名,录取学校
FROM KSMD RIGHT JOIN LQXX ON KSMD.考号=LQXX.考号
WHERE 录取学校='山东大学';
```

（8）查询所有考生所有可能的录取情况。

```
USE xs;
SELECT KSMD.*,LQXX.*
FROM KSMD CROSS JOIN LQXX;
```

（9）查询回族学生选课的开课学期。

```
USE xs;
SELECT 开课学期
FROM XSDA,XSCJ,KCXX
WHERE XSDA.学号=XSCJ.学号  AND XSCJ.课程编号=KCXX.课程编号
      AND 民族='回';
```

（10）查询选修了"C 语言程序设计"课程且取得学分的学生的姓名、课程名称、学分及成绩。

```
USE xs;
SELECT  姓名,课程名称,学分,成绩
FROM XSDA,XSCJ,KCXX
WHERE KCXX.课程名称='C 语言程序设计' AND KCXX.学分!=0 AND
    XSCJ.学号=XSDA.学号 AND XSCJ.课程编号=KCXX.课程编号;
```

（11）查询选修了"离散数学"课程且成绩在 80 分及以上的学生的学号、姓名及成绩。

```
USE xs;
SELECT  XSCJ.学号,姓名,成绩
FROM XSDA,XSCJ,KCXX
WHERE KCXX.课程名称='离散数学'  AND
    XSCJ.学号=XSDA.学号 AND XSCJ.课程编号=KCXX.课程编号 AND 成绩>=80;
```

任务 4 子查询和保存结果集

【任务目标】

- 学会使用子查询。
- 学会根据需求保存查询结果。

【任务描述】

按需求查询 xs 数据库中各表的数据。

【任务分析】

子查询是指在 SELECT 语句的 WHERE 或 HAVING 子句中嵌套另一条 SELECT 语句。外层的 SELECT 语句称为外查询,内层的 SELECT 语句称为内查询(或子查询)。子查询必须使用括号括起来。子查询通常与 IN、EXIST 谓词及比较运算符结合使用。

任务 4-1 使用子查询

子查询主要包括 IN 子查询、比较子查询两种。

1. IN 子查询

IN 子查询用于判断一个给定值是否在子查询结果集中。

语法格式如下。

5-15 使用子查询

```
expression[NOT]IN (subquery)
```

 说明 subquery 是子查询。当表达式 expression 与子查询 subquery 的结果表中的某个值相等时,IN 谓词返回 TRUE,否则返回 FALSE;如果使用了 NOT,则返回的值刚好相反。

【例 5-40】查询选修了编号为 108 的课程的学生的学号、姓名、性别和系名。

```
USE xs;
SELECT 学号,姓名,性别,系名
FROM XSDA
WHERE 学号 IN
  (SELECT 学号
   FROM XSCJ
   WHERE 课程编号='108');
```

在运行包含子查询的 SELECT 语句时,系统先运行子查询,产生一个结果表,再运行外查询。在例 5-40 中,先运行子查询。

```
SELECT 学号
FROM XSCJ
WHERE 课程编号='108';
```

得到一个只含有"学号"列的表,XSCJ 表中的每一个"课程编号"列值为 108 的行在结果表中都有一行，即得到一个所有选修编号为 108 的课程的学生的学号列表。再运行外查询，如果 XSDA 表中某行的"学号"列值等于子查询结果表中的任意一个值，则该行被选择。运行结果如图 5-26 所示。

 注意 IN 和 NOT IN 子查询只能返回一列数据。对于较复杂的查询，可以使用嵌套的子查询。

【例 5-41】查询未选修"数据结构"课程的学生的学号、姓名、性别、系名和总学分。

```
USE xs;
SELECT 学号,姓名,性别,系名,总学分
FROM XSDA
WHERE 学号 NOT IN
  (SELECT 学号
   FROM XSCJ
   WHERE 课程编号 IN
     (SELECT 课程编号
      FROM KCXX
      WHERE 课程名称='数据结构'
      )
  );
```

运行结果如图 5-27 所示。

学号	姓名	性别	系名
▶201601	王红	女	信息
201602	刘林	男	信息
201603	曹红雷	男	信息
201604	方平	女	信息
201605	李伟强	男	信息
201606	周新民	男	信息
201607	王丽丽	女	信息

图 5-26　IN 子查询的查询结果

学号	姓名	性别	系名	总学分
▶201701	孙燕	女	管理	54
201702	罗德敏	男	管理	64
201703	孔祥林	男	管理	54
201704	王华	女	管理	60
201705	刘林	男	管理	54
201706	陈希	女	管理	60
201707	李刚	男	管理	54

图 5-27　嵌套的 IN 子查询的查询结果

2. 比较子查询

比较子查询可以认为是 IN 子查询的扩展，它使表达式的值与子查询的结果进行比较运算。语法格式如下。

```
expression{<|<=|=|>|>=|!=|<>}{ALL|SOME|ANY}(subquery)
```

 说明 expression 为要进行比较的表达式，subquery 是子查询。ALL、SOME 和 ANY 用于说明对比较运算的限制。

ALL 指定表达式要与子查询结果集中的每个值都进行比较，只有表达式与每个值都满足比较的关系时，才返回 TRUE，否则返回 FALSE。

SOME 或 ANY 表示表达式只要与子查询结果集中的某个值满足比较的关系，就返回 TRUE，否则返回 FALSE。

【例 5-42】查询高于所有女生总学分的学生的信息。

```
USE xs;
SELECT *
FROM XSDA
WHERE 总学分 >ALL
  (SELECT 总学分
```

```
FROM XSDA
    WHERE 性别='女');
```

运行结果如图 5-28 所示。

【例 5-43】查询选修编号为 202 课程成绩不低于所有选修编号为 104 课程的学生的最低成绩的学生学号。

学号	姓名	性别	系名	出生日期	民族	总学分	备注
▶ 201606	周新民	男	信息	1996-01-20	回	62	NULL
201702	罗德敏	男	管理	1998-07-18	汉	64	获得一等

图 5-28　ALL 比较子查询的查询结果

```
USE xs;
SELECT 学号
FROM XSCJ
WHERE 课程编号='202'  AND  成绩 >= ANY
    (SELECT 成绩
        FROM XSCJ
        WHERE 课程编号='104'
        );
```

运行结果如图 5-29 所示。

连接查询和子查询可能都会涉及两个或多个表,要注意连接查询和子查询的区别:连接查询可以合并两个或多个表中的数据,而包含子查询的 SELECT 语句的结果只能来自一个表,子查询的结果是用来作为选择结果数据时进行参照的。

有的查询既可以使用子查询来表示,也可以使用连接查询来表示。通常,使用子查询表示时,可以将一个复杂的查询分解为一系列的逻辑步骤,条理清晰;而使用连接查询表示有运行速度快的优点,建议尽量使用连接查询。

	结果	消息
		学号
1		201601
2		201602
3		201603
4		201604
5		201605
6		201606
7		201607

图 5-29　ANY 比较子查询的查询结果

任务 4-2　保存查询结果

SELECT 语句提供了 UNION 子句来保存、处理查询结果。

使用 UNION 子句可以将两个或多个 SELECT 查询的结果合并为一个结果集。

语法格式如下。

5-16　保存查询结果

```
{<query specification>|(<query expression>)} UNION[ALL] <query
specification>| (<query expression>)
```

说明　query specification 和 query expression 都是 SELECT 查询语句。关键字 ALL 表示合并的结果中包括所有行,不去除重复行,不使用 ALL 时合并的结果中会去除重复行。含有 UNION 的 SELECT 查询也称为联合查询,若不指定 INTO 子句,则结果将合并到第一个表中。

【例 5-44】假设在 xs 数据库中已经建立了两个表:电气系学生表、轨道系学生表。它们的表结构与 XSDA 表相同,且分别用于存储电气系和轨道系的学生档案信息,要求将这两个表的数据合并到 XSDA 表中。

```
USE xs;
SELECT *
FROM XSDA
UNION ALL
SELECT *
```

```
FROM 电气系学生表
UNION ALL
SELECT *
FROM 轨道系学生表;
```

注意 （1）联合查询是将两个表（结果集）顺序连接起来。

（2）UNION 中的每一个查询涉及的字段必须具有相同的字段数，相同位置字段的数据类型要相同。若字段的长度不同，则以最长的字段作为输出字段的长度。

（3）最后结果集中的字段名来自第一条 SELECT 语句。

（4）最后一个 SELECT 查询可以包含 ORDER BY 子句，其对整个 UNION 操作结果集起作用，且只能用第一个 SELECT 查询中的字段作为排序列。

（5）系统自动删除结果集中重复的记录，除非使用 ALL 关键字。

任务 4-3　完成综合任务

完成以下任务，巩固管理表数据的知识，具体任务如下。

（1）查询选修了"C 语言程序设计"课程且取得学分的学生的姓名、课程名称、学分及成绩。

5-17　完成综合任务

```
USE xs;
SELECT　姓名,课程名称,学分,成绩
FROM XSDA,XSCJ,KCXX
WHERE KCXX.课程名称='C 语言程序设计' AND KCXX.学分!=0 AND
    XSCJ.学号=XSDA.学号 AND XSCJ.课程编号=KCXX.课程编号;
```

（2）查询选修了"离散数学"课程且成绩在 80 分以上的学生的学号、姓名及成绩。

```
USE xs;
SELECT　XSCJ.学号,姓名,成绩
FROM XSDA,XSCJ,KCXX
WHERE KCXX.课程名称='离散数学'　 AND
    XSCJ.学号=XSDA.学号 AND XSCJ.课程编号=KCXX.课程编号 AND 成绩>80;
```

（3）查询选修了"计算机文化基础"课程且未选修"数据结构"课程的学生的信息。

```
USE xs;
SELECT 学号,姓名,性别,系名,总学分
FROM XSDA
WHERE　学号 IN
(SELECT 学号 FROM XSCJ
 WHERE 课程编号 IN
(SELECT 课程编号 FROM KCXX
 WHERE 课程名称='计算机文化基础' ) )
AND　学号 IN
(SELECT 学号 FROM XSCJ
 WHERE 课程编号 IN
(SELECT 课程编号 FROM KCXX
 WHERE 课程名称!='数据结构' ));
```

（4）查询选修了编号为 207 的课程且分数在该课程平均分以上的学生的学号、姓名和成绩。

```
USE xs;
SELECT XSDA.学号,姓名,成绩
```

```
FROM XSDA,XSCJ
WHERE  XSCJ.学号=XSDA.学号 AND XSCJ.课程编号='207' AND
    成绩>(SELECT AVG(成绩) FROM XSCJ WHERE  XSCJ.课程编号='207');
```

（5）查询比所有女生年龄都大的学生的姓名。

```
USE xs;
SELECT 姓名
FROM XSDA
WHERE 出生日期<(SELECT MIN(出生日期)
    FROM XSDA WHERE 性别='女');
```

（6）根据 XSDA 表创建"优秀学生"表（总学分≥90），包括学号、姓名和总学分。

```
USE xs;
SELECT XSDA.学号,姓名,SUM(学分) 总学分
INTO 优秀学生
FROM XSDA,KCXX,XSCJ
WHERE XSDA.学号=XSCJ.学号 AND KCXX.课程编号=XSCJ.课程编号
    GROUP BY XSDA.学号,姓名 HAVING SUM(学分)>=90;
```

（7）查询选修了编号为 104 的课程的学生的学号、姓名和平均成绩。

```
USE xs;
SELECT XSDA.学号,姓名,AVG(成绩) 平均成绩
FROM XSDA,XSCJ
WHERE XSDA.学号=XSCJ.学号 AND 课程编号='104'
GROUP BY XSDA.学号,姓名;
```

（8）查询选修了编号为 202 的课程，且成绩高于选修编号为 104 的课程的学生最高成绩的学生的学号。

```
USE xs;
SELECT XSDA.学号
FROM XSDA,XSCJ
WHERE XSDA.学号=XSCJ.学号  AND XSCJ.课程编号='202'
    AND 成绩 >(SELECT MAX(成绩) FROM XSCJ
    WHERE  课程编号='104' );
```

拓展阅读 中国国家顶级域名 CN

　　1994 年 4 月 20 日，一条 64kbit/s 的国际专线从中国科学院计算机网络信息中心通过美国 Sprint 公司接入 Internet，实现了我国与 Internet 的全功能连接。从此，我国被国际上正式承认为真正拥有全功能互联网的国家。此事被我国新闻界评为"1994 年我国十大科技新闻"之一，被国家统计公报列为我国 1994 年重大科技成就之一。

　　1994 年 5 月 21 日，在钱天白教授和德国卡尔斯鲁厄理工学院教授的协助下，中国科学院计算机网络信息中心完成了中国国家顶级域名 CN 服务器的设置。钱天白、钱华林分别担任我国顶级域名 CN 的行政联络员和技术联络员。

实训 5 查询维护 sale 数据库

　　按需求查询 sale 数据库的 4 个表 Customer、Product、ProIn、ProOut。

（1）在 Customer 表中显示客户地址（Address）是"深圳"的客户的姓名（CusName）和电话（Tel）。查询结果按客户姓名降序排列。

（2）在 Customer 表中显示联系电话（Tel）未定的客户的姓名（CusName）。

（3）在 Customer 表中显示姓"杨"和姓"李"的客户的信息。

（4）在 Product 表中显示单价（Price）为 2000~4000 的产品的信息。

（5）在 Product 表中显示产品名（ProName）为"电视""床""沙发"的商品的产品名（ProName）、库存数量（Stocks）与单价（Price）。

（6）在 ProIn 表中显示入库数量（Quantity）大于或等于 20，且入库日期（InputDate）为 2016-1-2 的产品的信息。

（7）在 ProOut 表中统计汇总每种产品的销售数量（Quantity）的总和，显示产品编号（ProNo）及销售总量。

（8）在 ProOut 表中统计"日平均销售数量"大于 15 的销售日期（SaleDate）及日平均销售数量。

（9）显示客户姓名（CusName）、产品名（ProName）、销售日期（SaleDate）、销售金额（Price×Quantity）。

（10）显示客户"李东"所购买产品的产品编号（ProNo）及销售数量（Quantity）。

小结

本项目主要介绍了利用 SELECT 语句对数据库进行各种查询操作的方法。通过 SELECT 语句可以从数据库中查找需要的数据，也可以进行数据的统计汇总并将结果返回。

本项目的内容是本课程教学的重点，需要掌握以下内容：简单查询，包括使用 SELECT 语句选取字段，使用 WHERE 子句选取记录并进行简单的条件查询，使用 ORDER BY 子句对查询结果进行排序；分类汇总，包括 5 个聚合函数的使用，使用 GROUP BY 子句和 HAVING 子句进行分组筛选；连接查询，包括内连接、外连接、交叉连接和自连接；子查询，包括 IN 子查询和比较子查询；查询结果的保存，使用 UNION 子句可以将两个或多个 SELECT 查询的结果合并为一个结果集。

习题

一、选择题

1. 在 SQL 中，条件"总学分 BETWEEN 40 AND 60"表示总学分为 40~60，且（　　　）。

A. 包括 40 和 60　　　　　　　　　　　　B. 不包括 40 和 60

C. 包括 40 但不包括 60　　　　　　　　　D. 包括 60 但不包括 40

2. 在 SQL 中，对分组后的数据进行筛选的命令是（　　　）。

A. GROUP BY　　　B. COMPUTE　　　C. HAVING　　　D. WHERE

3. 查询 LIKE '_a%'，下面（　　　）是可能出现的查询结果。

A. afgh　　　　　　B. bak　　　　　　C. hha　　　　　　D. ddajk

4. 下列聚合函数使用正确的是（　　　）。

A. SUM（*）　　　B. MAX（*）　　　C. COUNT（*）　　　D. AVG（*）

二、填空题

1. 在 SELECT 查询语句中：

_____子句用于指定查询结果中的字段列表；

_____子句用于创建一个新表，并将查询结果保存到这个新表中；

_____子句用于指出所要进行查询的数据来源，即表或视图的名称；

_____子句用于对查询结果进行分组；

_____子句用于对查询结果进行排序。

2. JOIN 关键字指定的连接有 4 种类型，分别是_____、_____、_____和_____。

三、简答题

1. HAVING 子句与 WHERE 子句有何异同？

2. 常用的聚合函数有哪些？

3. 比较连接查询和子查询的异同。

4. SELECT 语句的查询结果有几种保存方法？

四、设计题

使用 SQL 语句完成下面的操作。

1. 查询 XSDA 表中 50＜总学分＜60 的学生的姓名、性别、总学分，结果中各列的标题分别指定为 xm、xb、zxf。

2. 对 XSDA 表进行查询，输出姓名和部分学分。其中，部分学分=总学分-10。

3. 对 KCXX 表进行查询，输出课程名称、学分，只返回结果集的前 30%行。

4. 查询 KCXX 表中以"数据"开头的课程信息。

5. 查询 XSCJ 表中选修编号为 104 课程且成绩≥90 的学生的学号、姓名、课程编号、成绩，结果按成绩降序排列。

6. 求各学期开设的课程的总学分。

7. 查询在前两个学期选修了课程的学生的学号、姓名及选修的课程名称。

8. 查询选修了"数据结构"课程且学分取得 4 分的学生的姓名、课程名称及学分、成绩。

9. 查询选修了编号为 108 课程且成绩低于所有选修编号为 207 课程学生的最低成绩的学生的学号。

项目6
维护表数据

06

【能力目标】

- 能使用 SQL 语句对表进行插入数据操作。
- 能使用 SQL 语句对表进行更新数据操作。
- 能使用 SQL 语句对表进行删除数据操作。

【素养目标】

- 了解图灵奖，了解科学家姚期智，激发求知欲，从而激发学生的潜能。
- "观众器者为良匠，观众病者为良医。""为学日益，为道日损。"青年学生要多动手、多动脑，只有多实践、多积累，才能提高技艺，才能成为优秀的"工匠"。

【项目描述】

借助查询语句，在 MySQL 中对 xs 数据库的 XSDA、KCXX、XSCJ 这 3 个表的数据按照需求进行更新和维护。

【项目分析】

将 xs 数据库的数据表创建好之后，就可以进行数据库的各种操作了。在数据库应用中，维护表数据是常用的操作。本项目主要介绍在 MySQL 中对数据表进行插入、修改和删除等操作的方法。

【职业素养小贴士】

若只是创建数据库、数据表，但是不维护数据表，那么所做的工作可能意义不大。要充分发挥工匠精神，认真对待每一件事情。

【项目定位】

数据库系统开发

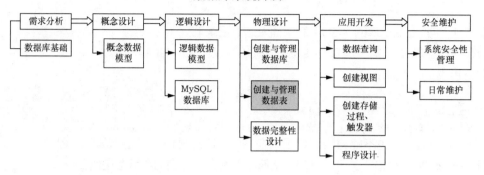

任务 增删修改表数据

【任务目标】

- 能使用 SQL 语句对表进行插入数据操作。
- 能使用 SQL 语句对表进行更新数据操作。
- 能使用 SQL 语句对表进行删除数据操作。

【任务描述】

在 MySQL 中按照需求维护 xs 数据库的 3 个表——XSDA、KCXX、XSCJ。

【任务分析】

前面介绍了按照表结构插入完整数据和查询数据的知识，但是每次都录入完整的数据太过烦琐，数据也会不断发生变化，所以需要更灵活地对用户表进行插入数据、修改数据和删除数据等操作，而这些操作都是建立在查询基础上的。本任务主要介绍如何使用 SQL 语句对用户表进行灵活地插入、修改和删除等操作。

任务 1-1 向表中插入数据

向表中插入数据就是将新记录添加到表尾，可以向表中插入多条记录。

使用 SQL 语句的 INSERT 语句可以向表中插入数据，INSERT 语句常用的格式有 3 种。第一种格式已经在项目 4 中介绍过，这里复习一下。

语法格式 1 如下。

6-1 向表中插入
数据

```
INSERT table_NAME
VALUES(constant1,constant2,…);
```

该语句的功能是向 table_NAME 指定的表中插入由 VALUES 指定的各字段值的记录。

> **注意** 使用此方式向表中插入数据时，VALUES 中给出的数据的顺序和数据的类型必须与表中字段的顺序和数据类型一致，且不可以省略部分字段。

【例 6-1】向 xs 数据库的 XSDA 表中插入如下记录。

201608　李忠诚　男　信息　1998-09-10　汉　60　NULL

可以使用如下 SQL 语句。

```
USE xs;
INSERT XSDA
VALUES('201608','李忠诚','男','信息','1998-09-10','汉',60,'NULL');
```

　　此例中的 NULL 也不能省略。如果想在 INSERT 语句中只给出部分字段值，则需要用到 INSERT 语句的另一种格式。可以采用默认值或者为允许为空的字段赋空值。

　　语法格式 2 如下。

```
INSERT INTO table_NAME(column_1,column_2,…,column_n)
VALUES(constant_1,constant_2,…,constant_n);
```

　　其相关说明如下。

（1）对于在 table_NAME 后面出现的字段，VALUES 中要有与其一一对应的数据出现。

（2）允许省略字段的原则如下。

① 对于具有 identity 属性的字段，其值由系统根据 seed 和 increment 值自动计算得到。

② 对于具有默认值的字段，其值为默认值。

③ 对于没有默认值的字段，如果允许为空值，则其值为空值；如果不允许为空值，则会出错。

（3）插入字符和日期类型的数据时要用引号将数据引起来。

> **注意** 如果数据库设置了主键约束，则不能插入重复的数据，如图 6-1 所示。

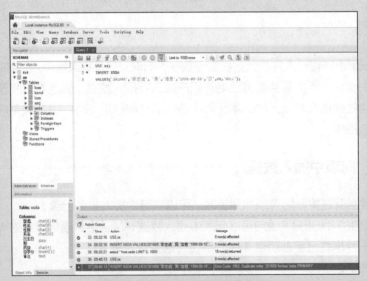

图 6-1　主键约束限制重复数据的输入

【例 6-2】查看 xs 数据库的 XSDA 表的表结构，发现性别可以使用默认值"男"，民族可以使用默认值"汉"，备注可以为空。这样例 6-1 如果不写 NULL，则可以运行如下 SQL 语句。

```
USE xs;
INSERT XSDA(学号,姓名,系名,出生日期,总学分)
VALUES('201608','李忠诚','信息','1998-09-10',60);
```

在插入表记录时还有一种情形，即将一个查询的结果集插入另一个表中，前面两种格式显然已经不能满足这一需求了。

语法格式 3 如下。

```
INSERT INTO table_NAME[(column_list)]
derived_table;
```

此 SQL 语句的功能是将一个查询的结果集插入另一个表中。

参数说明如下。

（1）table_NAME 是要插入数据的表名；column_list 表示要在其中插入数据的列表。

（2）derived_table 是由一个 SELECT 语句查询得到的结果集，结果集的列数、列的数据类型及顺序要和 column_list 中的一致。

【例 6-3】用如下 CREATE 语句创建 XS1 表。

```
USE xs;
CREATE TABLE XS1
(   num char(6) NOT NULL,
    name char(8) NOT NULL,
    speciality char(10) NULL
);
```

用如下 INSERT 语句向 XS1 表中插入数据。

```
USE xs;
INSERT INTO XS1
  SELECT 学号,姓名,系名
  FROM  XSDA
  WHERE 系名='信息';
```

上述语句的功能是将 XSDA 表中信息系各记录的学号、姓名、系名的值插入 XS1 表的各行中。

下面使用如下 SELECT 语句查询 XS1 的信息。

```
USE xs;
SELECT *
FROM XS1;
```

运行结果如下。

```
num     name    speciality
------------------------------------
201601  王红    信息
201602  刘林    信息
201603  曹红雷  信息
201604  方平    信息
201605  李伟强  信息
201606  周新民  信息
201607  王丽丽  信息
201608  李忠诚  信息
```

6-2 修改表数据

105

任务 1-2　修改表数据

SQL 中的 UPDATE 语句可以用来修改表中的数据行，既可以一次修改一行数据，又可以一次修改多行数据，甚至修改所有数据行。

语法格式如下。

```
UPDATE{table_NAME|view_NAME}
SET column_NAME={expression|DEFAULT|NULL}[,…n]
[WHERE <search_condition>];
```

参数说明如下。

（1）table_NAME：需要修改数据的表的名称。

（2）view_NAME：需要修改数据的视图的名称，通过 view_NAME 引用的视图必须是可更新的。

（3）SET：指定要更新的列或变量名称的列表。

（4）column_ NAME ={expression|DEFAULT|NULL}[,…n]：根据表达式的值、默认值或空值修改指定的列值。

（5）WHERE <search_condition>：指明只修改满足该条件的行，如果省略该子句，就修改表中的所有行。

【例 6-4】将 xs 数据库的 XSDA 表中学号为 201704 的学生的"备注"字段改为"三好生"。

```
USE xs;
UPDATE XSDA
SET 备注='三好生'
WHERE 学号='201704';
```

使用如下语句查询。

```
USE xs;
SELECT *
FROM XSDA
WHERE 学号='201704';
```

从运行结果中可以发现，学号为 201704 的学生的"备注"字段已经被修改为"三好生"。

【例 6-5】将 XSDA 表中所有学生的总学分增加 10。

```
USE xs;
UPDATE XSDA
SET 总学分=总学分+10;
```

> **注意**　MySQL 运行在 safe-updates 模式下，这种模式会导致非主键条件下无法执行 UPDATE 或者 DELETE 命令。运行上述代码需关闭安全模式，打开 MySQL Workbench，在菜单栏中选择【Edit】→【Preferences】命令，在弹出的对话框中单击【SQL Editor】按钮，找到最后一行数据并取消勾选【Safe Updates】复选框，单击【OK】按钮。操作完成后，重启 MySQL Workbench 便可正常运行更新语句了。

【例 6-6】将学生"方平"的"系名"字段改为"电子商务"，"备注"字段改为"转专业学习"。

```
USE xs;
UPDATE XSDA
  SET 系名='电子商务',
      备注='转专业学习'
  WHERE 姓名='方平';
```

任务 1-3　删除表数据

当表中的某些数据不再需要时，要将其删除。

1. 使用 SQL 语句删除表中的数据

使用 DELETE 语句可以删除表中的数据，这部分内容已经在项目 4 中讲解过，这里仅作为数据维护的必备知识简单讲解。

6-3　删除表数据

语法格式如下。

```
DELETE [FROM]
{table_NAME|view_NAME}
[WHERE <search_condition>];
```

参数说明如下。

（1）table_NAME|view_NAME：指定要从其中删除行的表或视图的名称。其中，通过 view_NAME 引用的视图必须可更新且正确引用一个基表。

（2）WHERE <search_condition>：指定用于限制删除行数的条件。如果没有提供 WHERE 子句，则删除表中的所有行。

【例 6-7】将 XSDA 表中学生"方平"的记录删除。

```
USE xs;
DELETE FROM XSDA
WHERE 姓名='方平';
```

2. 使用 TRUNCATE TABLE 语句删除表中的所有数据

TRUNCATE TABLE 语句用于从表中删除所有行，但表结构及其字段、约束和索引等保持不变。语法格式如下。

```
TRUNCATE TABLE table_NAME;
```

其中，table_NAME 用于指定需要删除数据的表的名称。

【例 6-8】删除 XSDA 表中的所有行。

```
USE xs;
DELETE FROM XSDA;
```

也可以使用以下语句。

```
TRUNCATE TABLE XSDA;
```

TRUNCATE TABLE 语句与 DELETE 语句的区别如下。

TRUNCATE TABLE 语句在功能上与不包含 WHERE 子句的 DELETE 语句相同，但 TRUNCATE TABLE 语句比 DELETE 语句的运行速度更快。DELETE 语句以物理方式一次删除一行，并在事务日志文件中记录每个被删除的行；而 TRUNCATE TABLE 语句通过释放存储表数据所用的数据页来删除数据，且只在事务日志文件中记录页的释放。因此，在运行 TRUNCATE TABLE 语句之前应先备份数据库，否则被删除的数据将不能恢复。

任务 1-4　完成综合任务

完成以下任务，巩固维护表数据的方法，具体任务如下。

（1）在 KCXX 表中插入一条记录，各字段值分别为"506""JSP 动态网站设计""5""72""4"。

6-4　完成综合
任务

```
USE xs;
INSERT KCXX
VALUES('506','JSP 动态网站设计',5,72,4);
```

（2）在 XSCJ 表中插入一条记录，各字段值分别为"201601""506""90"。

```
USE xs;
INSERT XSCJ
VALUES('201601','506',90);
```

（3）在 xs 数据库中创建新表 XS_xf_query（学号、姓名、总学分），为下一步操作做准备。

```
USE xs;
CREATE TABLE XS_xf_query
(  学号 char(6)  NOT NULL,
   姓名 char(8)  NOT NULL,
   总学分 tinyint NOT NULL
);
DEFAULT CHARSET = UTF8;
```

（4）使用 INSERT 语句从 XSDA 表中查询"学号""姓名""总学分"3 个字段的值，并将其插入 XS_xf_query 表中。

```
USE xs;
INSERT INTO XS_xf_query
    SELECT 学号,姓名,总学分
    FROM  XSDA;
```

（5）将 KCXX 表中"Java 应用与开发"课程的学分加 2。

```
USE xs;
UPDATE KCXX
SET 学分=学分+2
WHERE 课程名称='Java 应用与开发';
```

（6）将 KCXX 表中"计算机文化基础"课程的学时更改为 44，学分更改为 2。

```
USE xs;
UPDATE KCXX
SET 学时=44,学分=2
WHERE 课程名称='计算机文化基础';
```

（7）将 XSDA 表中学生"刘林"的系名改为"管理"，并在备注中说明其为"转专业学习"。

```
USE xs;
UPDATE XSDA
SET 系名='管理',备注='转专业学习'
WHERE 姓名='刘林';
```

（8）删除 xs 数据库中 XSCJ 表中成绩为 60 的记录。

```
USE xs;
DELETE FROM XSCJ
WHERE 成绩=60;
```

（9）使用 SQL 语句用两种方法删除 XS_xf_query 表中的所有数据。

```
USE xs;
DELETE FROM XS_xf_query;
```

或者

```
TRUNCATE TABLE XS_xf_query;
```

拓展阅读　图灵奖

图灵奖（Turing Award）全称为 A. M. 图灵奖（A. M. Turing Award），是由美国计算机协会（Association for Computing Machinery，ACM）于 1966 年设立的计算机奖项，其名称取自艾伦·麦席森·图灵（Alan Mathison Turing），旨在奖励对计算机事业做出重要贡献的个人。图灵奖对获奖条件要求极高，评奖程序极严，一般每年仅授予一名计算机科学家。图灵奖是计算机领域的国际最高奖项，被誉为"计算机界的诺贝尔奖"。

2000 年，科学家姚期智获图灵奖。

实训 6　维护 sale 数据库中的数据

（1）将 Product 表中单价（Price）大于 2000 的记录生成一个新表 test1。

（2）删除 test1 表的全部记录。

（3）在 Customer 表中将所有客户的联系电话（Tel）都修改为 011-123456。

6-5　维护 sale 数据库数据

（4）在 Product 表中将"电视"的单价（Price）增加 10%，库存数量（Stocks）减少 100。

（5）在 ProOut 表中将"杨婷"所购买的"空调"的销售数量（Quantity）修改为 25。

（6）在 Product 表中删除产品名（ProName）为"音箱"的记录。

（7）在 ProOut 表中通过客户编号（CusNo）删除客户"李东"所购买的所有商品的记录。

小结

本项目着重介绍了使用 SQL 语句插入、修改和删除表数据的操作方法及语句格式。插入数据的方式有 3 种：第一种是向指定的表中插入由 VALUES 指定的各字段值的记录，VALUES 中给出的数据的顺序和数据类型必须与表中字段的顺序和数据类型一致；第二种是只对给出部分的字段赋值，采用默认值或者为允许为空的字段赋空值；第三种是将一个查询的结果集插入另一个表中。

此外，需要注意的是，在运行 TRUNCATE TABLE 语句之前应先备份数据库，否则被删除的数据将不能恢复。

习题

一、选择题

1. 使用 SQL 中的（　　）语句可以删除数据表或者视图中的一条或者多条记录。

A. DEL　　　　　B. PRUGE　　　　　C. DELETE　　　　　D. DROP

2. 在 SQL 中，下列涉及空值的操作不正确的是（　　）。

A. AGE IS NULL　　　　　　　　　　B. AGE IS NOT NULL

C. AGE = NULL　　　　　　　　　　　D. NOT（AGE IS NULL）

3. 下列（　　）命令用于删除 sample 数据库的 tb_NAME 表中的数据。

A. DELETE FROM tb_NAME　　　　　B. DELETE FROM sample.tb_NAME

C. DROP TABLE tb_NAME　　　　　　D. DROP TABLE sample.tb_NAME

4. 在 MySQL 中，对数据的修改是通过（　　）语句实现的。

A. MODIFY　　　B. EDIT　　　　　　C. REMAKE　　　　　D. UPDATE

5. 下列用于删除数据的语句在运行时不会产生错误信息的是（　　）。

A. DELETE ＊ FROM A WHERE B = '6'

B. DELETE FROM A WHERE B = '6'

C. DELETE A WHERE B = '6'

D. DELETE A SET B = '6'

6. INSERT INTO Goods（Name，Storage，Price）VALUES（'Keyboard'，3000，90.00）的作用是（　　）。

A. 将数据添加到一行中的所有列　　　B. 插入默认值

C. 将数据添加到一行中的部分列　　　D. 插入多个记录

7. 使用 DELETE 语句删除数据时，会有一个返回值，其含义是（　　）。

A. 被删除的记录的数目　　　　　　　B. 删除操作所针对的表名

C. 删除是否成功执行　　　　　　　　D. 以上均不正确

二、填空题

1. 在 MySQL 中，可以使用＿＿＿＿或 REPLACE 语句向数据库中一个已有的表中插入一行或多行元组数据。

2. 在 MySQL 中，可以使用＿＿＿＿或＿＿＿＿语句删除表中的一行或多行数据。

三、简答题

简述 DELETE 语句与 TRUNCATE TABLE 语句的区别。

第2单元
管理数据库及数据库对象

项目7

创建视图和索引

【能力目标】

- 理解视图的作用。
- 能熟练地创建、修改和删除视图。
- 在开发实际应用时能灵活运用视图，以提高开发效率。
- 能根据项目开发的需求分析并创建索引，以提高查询速度。
- 能根据实际需要显示索引、重命名索引和删除索引。
- 能对索引进行分析与维护。

【素养目标】

- 了解国家最高科学技术奖，培养科学精神，激发爱国情怀。
- "盛年不重来，一日难再晨。及时当勉励，岁月不待人。"盛世之下，青年学生要惜时如金，学好知识，报效祖国。

【项目描述】

按照需求为 xs 数据库创建视图，增强查询的灵活性；创建索引，提高查询速度。

【项目分析】

在数据库应用中，查询是一项主要操作。为了增强查询的灵活性，需要在表上创建视图，以满足用户复杂的查询需求。例如，一名学生一学期要学习多门课程，这些课程的成绩存储在多个表中，要想了解每名学生的成绩需要打开一个数据表来查看，非常不方便。视图能将存储在多个表中的数据汇总到一个新"表"中，而这个"表"无须新建及存储。

　　MySQL 提供了视图这一类数据库对象。视图是关系数据库系统提供给用户以多种角度观察数据库中数据的重要机制。用户通过视图可以多角度地查询数据库中的数据，还可以通过视图修改、删除原基本表中的数据。

　　用户对数据库最频繁的操作是数据查询。一般情况下，在进行查询操作时，MySQL 需要对整个数据表进行数据搜索，如果数据表中的数据非常多，搜索就需要花费比较长的时间，从而影响了数据库的整体性能。善用索引功能能有效提高搜索数据的速度。

　　本项目主要介绍视图、索引的基础知识及其操作方法。

【职业素养小贴士】

　　人生之路有时短短的几步非常关键。走好了这几步可以让我们未来的路更加通畅、平稳。在数据库中，这短短的几步就是创建视图和索引，合理使用视图和索引能有效节省时间和存储空间。

【项目定位】

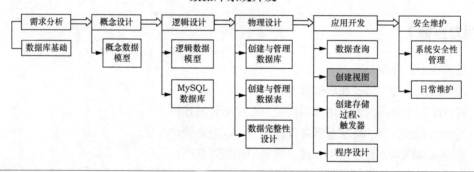

数据库系统开发

任务 1　创建与使用视图

【任务目标】

- 理解视图的作用。
- 能熟练地创建、修改和删除视图。
- 在开发实际应用时能灵活运用视图，以提高开发效率。

7-1　创建与使用
视图

【任务描述】

按需求在 xs 数据库中创建视图，并修改其中的数据。

【任务分析】

（1）创建、修改和删除视图的 SQL 语句必须是批处理中的第 1 条语句。

（2）对视图数据的插入、修改和删除操作本质上作用于创建视图所依赖的基本表，所以，当插入、修改和删除操作涉及一个基本表时，操作会成功，否则操作会失败。

任务 1-1 了解视图的用途

视图作为一种数据库对象，为用户提供了一种检索数据表数据的方式。用户通过视图浏览数据表中感兴趣的部分或全部数据，而数据仍然存放在基本表中。本任务将介绍视图的概念及作用。

视图是一个虚拟表。虚拟表的含义包含两个方面。一方面，这个虚拟表没有表结构，不实际存储在数据库中，数据库中只存放视图的定义，而不存储视图对应的数据；另一方面，视图中的数据来自基本表，是在视图被引用时动态生成的，打开视图时看到的记录实际上仍存储在基本表中。

视图一旦定义好，就可以像基本表一样进行查询、删除与修改等操作。正因为视图中的数据仍存放在基本表中，所以视图中的数据与基本表中的数据必定同步，即对视图的数据进行操作时，系统会根据视图的定义操作与视图相关联的基本表。视图的作用如下。

（1）数据保密。对不同的用户定义不同的视图，用户只能看到与自己有关的数据。

（2）简化查询操作。为复杂的查询创建一个视图后，用户不必输入复杂的查询语句，只需针对此视图做简单的查询即可。

（3）保证数据的逻辑独立性。对视图的操作，如查询，只依赖于视图的定义。当构成视图的基本表要进行修改时，只需修改视图定义中的子查询部分，基于视图的查询不用修改。

任务 1-2 创建视图

在 SQL 中，创建视图使用 CREATE VIEW 语句。

语法格式如下。

```
CREATE [OR REPLACE] [ALGORITHM={UNDEFIEND | MERGE | TEMPTABLE}]
VIEW view_NAME [(column_list)]
AS select_statement
[WITH [CASCADED | LOCAL] CHECK OPTION]
```

参数说明如下。

（1）CREATE：用于创建视图的关键字。

（2）OR REPLACE：如果给定了此子句，则表示该语句能够替换已有视图。

（3）ALGORITHM：可选参数，表示视图选择的算法。

（4）UNDEFIEND：表示 MySQL 将自动选择所有使用的算法。

（5）MERGE：表示将使用视图的语句与视图定义合并起来，使得视图定义的某一部分取代语句的对应部分。

（6）TEMPTABLE：表示将视图的结果存入临时表中，并使用临时表运行语句。

（7）view_NAME：表示要创建的视图名称。

（8）column_list：可选参数，表示属性清单，指定视图中各个属性的名称，默认情况下，其与 SELECT 语句中查询的属性相同。

（9）AS：用于指定视图要执行的操作。

（10）select_statement：一个完整的查询语句，表示从某个表或视图中查询出某些满足条件的记录，并将这些记录导入视图中。

（11）WITH CHECK OPTION：可选参数，表示创建视图时要保证在该视图的权限范围之内。

（12）CASCADED：可选参数，表示创建视图时需要满足与该视图有关的所有相关视图和表的条件，该参数为默认值。

（13）LOCAL：可选参数，表示创建视图时只要满足该视图本身定义的条件即可。

注意事项如下。

① 创建视图的用户必须对所参照的表或视图有查询权限，即可以运行 SELECT 语句。

② 创建视图时，不能使用 COMPUTE、COMPUTE BY、INTO 子句，也不能使用 ORDER BY 子句，除非在 SELECT 语句的选择列表中包含一个 TOP 子句。

③ 不能在临时表或表变量上创建视图。

④ 不能为视图定义全文索引。

⑤ 可以在其他视图的基础上创建视图，一般嵌套层次控制在 5 层左右。

⑥ 不能将 AFTER 触发器与视图相关联，只有 INSTEAD OF 触发器才可以与视图相关联。

【例 7-1】创建少数民族学生视图 ssmz_view，其内容包括所有非汉族的学生。

```
USE xs;
CREATE VIEW ssmz_view
AS
SELECT *
FROM XSDA
WHERE 民族<>'汉';
```

【例 7-2】创建学生成绩视图 xscj_view，其内容包括所有学生的学号、姓名及其所学课程的课程编号、课程名称和成绩。

```
USE xs;
CREATE VIEW xscj_view
AS
SELECT XSDA.学号,姓名,KCXX.课程编号,课程名称,成绩
FROM XSDA,XSCJ,KCXX
WHERE XSDA.学号=XSCJ.学号 AND KCXX.课程编号=XSCJ.课程编号;
```

创建视图时，所基于的源也可以是一个或多个视图。

【例 7-3】创建学生平均成绩视图 avg_view，其内容包括学生的学号、姓名、平均成绩。注意视图字段名的指定。

```
CREATE VIEW avg_view
AS
SELECT 学号,姓名,AVG(成绩) AS 平均成绩
FROM xscj_view
GROUP BY 学号,姓名;
```

也可以使用以下 SQL 语句。

```
CREATE VIEW avg_view(学号,姓名,平均成绩)
AS
SELECT 学号,姓名,AVG(成绩)
FROM xscj_view
GROUP BY 学号,姓名;
```

任务 1-3　查看视图

查看视图是指查看数据库中已经存在的视图的定义。要想查看视图，必须有 SHOW VIEW 的

权限。查看视图有 3 种方式，具体介绍如下。

1. DESCRIBE 语句

在 MySQL 中，使用 DESCRIBE 语句可以查看视图的字段信息，其中包括字段名、字段类型等信息。

语法格式如下。

```
DESCRIBE 视图名;
```

或者

```
DESC 视图名;
```

【例 7-4】查看例 7-1 创建的 ssmz_view 视图的字段信息。

```
DESC ssmz_view;
```

运行结果如下。

```
+----------+------------+------+-----+-----------------+--------------------+
| Field    | Type       | Null | Key | Default         | Extra              |
+----------+------------+------+-----+-----------------+--------------------+
| 学号     | char(6)    | NO   |     | NULL            |                    |
| 姓名     | char(8)    | NO   |     | NULL            |                    |
| 性别     | char(2)    | NO   |     | 男              |                    |
| 系名     | char(10)   | NO   |     | NULL            |                    |
| 出生日期 | date       | YES  |     | NULL            |                    |
| 民族     | char(4)    | NO   |     | 汉              |                    |
| 总学分   | tinyint(1) | NO   |     | NULL            |                    |
| 备注     | text       | YES  |     | NULL            |                    |
+----------+------------+------+-----+-----------------+--------------------+
8 rows in set (0.06 sec)
```

2. SHOW TABLE STATUS 语句

在 MySQL 中，使用 SHOW TABLE STATUS 语句可以查看视图的基本信息。

语法格式如下。

```
SHOW TABLE STATUS LIKE '视图名';
```

参数说明如下。

（1）LIKE：表示后面匹配的是字符串。

（2）视图名：表示要查看的视图的名称，视图名需要使用单引号引起来。

【例 7-5】查看例 7-2 创建的学生成绩视图 xscj_view 的基本信息。

```
SHOW TABLE STATUS LIKE 'xscj_view'\G;--加"\G"参数可以使显示的结果更加直接
```

运行结果如下。

```
*************************** 1. row ***************************
          Name: xscj_view
        Engine: NULL
       Version: NULL
    Row_format: NULL
          Rows: NULL
Avg_row_length: NULL
   Data_length: NULL
Max_data_length: NULL
  Index_length: NULL
     Data_free: NULL
Auto_increment: NULL
```

```
      Create_time: 2022-04-05 02:13:19
      Update_time: NULL
       Check_time: NULL
        Collation: NULL
         Checksum: NULL
   Create_options: NULL
          Comment: VIEW
1 row in set (0.00 sec)
```

从运行结果中可以看出，表的说明项——Comment 的值为 VIEW，说明查询的 xscj_view 是一个视图，存储引擎、数据长度等信息都显示为 NULL，说明视图是虚拟表。

3. SHOW CREATE VIEW 语句

在 MySQL 中，使用 SHOW CREATE VIEW 语句不仅可以查看创建视图时的定义语句，还可以查看视图的字符编码等信息。

语法格式如下。

```
SHOW CREATE VIEW 视图名;
```

【例 7-6】查看例 7-3 创建的学生平均成绩视图 avg_view。

```
SHOW CREATE VIEW avg_view\G;
```

运行结果如下。

```
*************************** 1. row ***************************
View: avg_view
Create View: CREATE ALGORITHM=UNDEFINED DEFINER='root'@'localhost' SQL SECURITY
DEFINER VIEW 'avg_view' AS select 'xscj_view'.'学号' AS '学号','xscj_view'.'姓名' AS '
姓名',avg('xscj_view'.'成绩') AS '平均成绩' from 'xscj_view' group by 'xscj_view'.'
学号','xscj_view'.'姓名'
character_set_client: gbk
collation_connection: gbk_chinese_ci
1 row in set (0.01 sec)
```

该运行结果显示了视图的名称、创建语句和字符编码等信息。

任务 1-4 修改视图

视图作为数据库的一种对象，它的修改包含两个方面的内容，即修改视图的名称，以及修改视图的定义。修改视图的名称可以先将视图删除，再按照相同的定义语句创建视图，并为其指定新的视图名称。本任务主要讨论视图定义的修改，因此修改视图特指视图定义的修改。在 MySQL 中，修改视图的方式有两种，具体介绍如下。

1. CREATE OR REPLACE VIEW 语句

使用 CREATE OR REPLACE VIEW 语句修改视图时，如果要修改的视图存在，则使用修改语句修改此视图；如果不存在，则将创建一个视图。

语法格式如下。

```
CREATE [OR REPLACE][ALGORITHM={UNDEFINED|MERGE|TEMPTABLE }]
VIEW   view_NAME  [(column_list)]
AS select_statement
[WITH|[CASCADED|LOCAL]CHECK OPTION];
```

参数说明如下。

（1）view_NAME：需要修改的视图的名称，它必须是一个已存在于数据库中的视图的名称，此名称在修改视图操作中是不能改变的。

（2）select_statement：用于定义视图的 SELECT 语句，这是修改视图定义的主要内容。修改视图的绝大部分操作就在于修改用于定义视图的 SELECT 语句。

【例 7-7】将 gl_xs 视图修改为只包含管理系学生的学号、姓名与总学分。

```
USE xs;
CREATE OR REPLACE VIEW gl_xs
AS SELECT 学号,姓名,总学分
FROM XSDA
WHERE 系名='管理';
```

2. ALTER 语句

ALTER 语句是 MySQL 提供的另一种修改视图的方法，其用法与 CREATE OR REPLACE VIEW 语句类似。

语法格式如下。

```
ALTER[ALGORITHM={UNDEFINED|MERGE|TEMPTABLE }]
VIEW view_NAME [(column_list)]
AS select_statement
[WITH|[CASCADED|LOCAL]CHECK OPTION];
```

参数说明参考 CREATE OR REPLACE VIEW 语句。

【例 7-8】修改 avg_view 视图，将该视图的内容修改为课程名及每门课程的平均成绩。

```
ALTER VIEW avg_view(课程名,平均成绩)
AS
SELECT 课程名称,AVG(成绩)
FROM XSCJ,KCXX
WHERE KCXX.课程编号=XSCJ.课程编号
GROUP BY 课程名称;
```

查看修改视图的结果。

```
mysql> DESC avg_view;
+----------+-------------+------+-----+---------+-------+
| Field    | Type        | Null | Key | Default | Extra |
+----------+-------------+------+-----+---------+-------+
| 课程名   | char(20)    | NO   |     | NULL    |       |
| 平均成绩 | decimal(7,4)| YES  |     | NULL    |       |
+----------+-------------+------+-----+---------+-------+
2 rows in set (0.02 sec)
```

任务 1-5　删除视图

当一个视图基于的基本表或视图不存在时，这个视图不再可用，但这个视图依然存在于数据库中，删除视图是指将视图从数据库中去除，数据库中不再存储这个对象，除非重新创建它。当不再需要某个视图时，应该将它删除。

使用 SQL 语句删除视图的语法格式如下。

```
DROP  VIEW [IF EXISTS] view_NAME [,…n]
```

其中，view_NAME 是需要删除的视图的名称，当一次删除多个视图时，视图名之间用逗号隔开。

【例 7-9】删除例 7-1 创建的少数民族视图 ssmz_view。

```
USE xs;
```

```
DROP VIEW ssmz_view;
```

【例 7-10】删除例 7-3 创建的学生平均成绩视图 avg_view。

当不能确认所操作的数据库对象一定存在时，可以先使用判断语句进行条件判断。

```
DROP VIEW IF EXISTS avg_view;
```

任务 1-6　使用视图操作表数据

视图虽然是一个虚拟表，但是对视图定义过后其将作为一个数据库对象存在，此时可以像对基本表一样对视图进行操作。对基本表的操作包括查询、插入、修改与删除，视图同样可以进行这些操作，且所使用的插入、修改和删除语句的语法格式与基本表的完全一样。

视图的创建可能基于一个基本表，也可能基于多个基本表。所以，在进行插入、修改与删除这些更新操作时一定要注意，每一次更新操作只能影响一个基本表的数据，否则操作不能完成。

1. 查询数据

视图的一个重要作用是简化查询，为复杂的查询建立一个视图后，用户不必输入复杂的查询语句，只需针对此视图做简单的查询。查询视图的操作与查询基本表一样。

【例 7-11】创建学生平均成绩视图 xs_avg，通过视图 xs_avg 查询平均分在 70 分及以上学生的信息，并按平均分降序排列，当平均分相同时，按学号升序排列。

```
USE xs;
--创建视图 xs_avg
CREATE VIEW xs_avg
AS
SELECT XSDA.学号,姓名,AVG(成绩) AS 平均成绩
FROM XSDA JOIN XSCJ ON XSDA.学号=XSCJ.学号
GROUP BY XSDA.学号,姓名;
--按要求查询视图
SELECT *
FROM  xs_avg
WHERE 平均成绩>=70
ORDER BY 平均成绩 DESC,学号;
```

查询结果如图 7-1 所示。

【例 7-12】创建每门课程的平均成绩视图 kc_avg，通过视图 kc_avg 查询平均分在 75 分及以上的课程的信息，并按平均分降序排列。

```
USE xs;
--创建视图 kc_avg
CREATE VIEW kc_avg
AS
SELECT KCXX.课程编号,课程名称,AVG(成绩) AS 平均成绩
FROM KCXX JOIN XSCJ ON KCXX.课程编号=XSCJ.课程编号
GROUP BY KCXX.课程编号,课程名称;
--按要求查询视图
SELECT *
FROM  kc_avg
WHERE 平均成绩>=75
ORDER BY 平均成绩 DESC;
```

查询结果如图 7-2 所示。

2. 插入数据

向视图中插入数据使用 INSERT 语句。其语法格式与表数据插入操作的语法格式一致。

【例 7-13】向视图 ssmz_view 中插入一条新记录，各字段的值分别为 201699、白云、女、信息、1996-10-20、苗、58、NULL。

```
USE xs;
INSERT INTO ssmz_view
VALUES('201699','白云','女','信息','1996-10-20','苗',58,NULL);
```

查询插入记录后的视图和 XSDA 表。

```
--查询视图
SELECT *
FROM ssmz_view;
--查询原基本表
SELECT *
FROM XSDA;
```

查询结果如图 7-3 所示。

学号	姓名	平均成绩
201602	刘林	92.5000
201606	周新民	91.0000
201703	孔祥林	90.0000
201707	李刚	90.0000
201604	方平	84.5000
201601	王红	84.2500
201607	王丽丽	83.5000
201605	李伟强	75.5000
201701	孙燕	75.0000
201706	陈希	75.0000
201702	罗德敏	70.0000

11 rows in set (0.00 sec)

图 7-1 视图 xs_avg 的查询结果

课程编号	课程名称	平均成绩
207	数据库信息管理系统	86.2857
202	数据结构	84.7143
104	计算机文化基础	77.9286
108	C语言程序设计	77.7143

4 rows in set (0.01 sec)

图 7-2 视图 kc_avg 的查询结果

学号	姓名	性别	系名	出生日期	民族	总学分	备注
201604	方平	女	信息	1997-08-11	回	52	三好学生
201606	周新民	男	信息	1996-01-20	回	62	NULL
201699	白云	女	信息	1996-10-20	苗	58	NULL
201705	刘林	男	管理	1996-05-30	回	54	NULL

4 rows in set (0.00 sec)

学号	姓名	性别	系名	出生日期	民族	总学分	备注
201601	王红	女	信息	1996-02-14	汉	60	NULL
201602	刘林	男	信息	1996-05-20	汉	54	NULL
201603	曹红雷	男	信息	1995-09-24	汉	50	NULL
201604	方平	女	信息	1997-08-11	回	52	三好学生
201605	李伟强	男	信息	1995-11-14	汉	60	一门课不及格需补考
201606	周新民	男	信息	1996-01-20	回	62	NULL
201607	王丽丽	女	信息	1997-06-03	汉	60	NULL
201699	白云	女	信息	1996-10-20	苗	58	NULL
201701	孙燕	女	管理	1997-05-20	汉	54	NULL
201702	罗德敏	男	管理	1998-07-18	汉	64	获得一等奖学金
201703	孔祥林	男	管理	1996-05-20	汉	54	NULL
201704	王华	女	管理	1997-04-16	汉	60	NULL
201705	刘林	男	管理	1996-05-30	回	54	NULL
201706	陈希	女	管理	1997-03-22	汉	60	转专业
201707	李刚	男	管理	1998-05-20	汉	54	NULL

15 rows in set (0.00 sec)

图 7-3 查询 ssmz_view 视图的结果与查询 XSDA 表的结果

比较查询后的结果可以看出，向视图中插入记录真正影响的是基本表，原因就是视图是一个虚拟表，视图中的数据不存储。

> **注意** 当视图依赖的基本表有多个时，不能向该视图中插入数据。

【例 7-14】向学生成绩视图 xscj_view 中插入新记录，xscj_view 视图包括学生的学号、姓名及其所学课程的课程编号、课程名称和成绩。新记录各字段的值分别为 201688、江涛、男、104、计算机文化基础、65。

```
--xscj_view 视图中的字段分别来自 XSDA 表和 XSCJ 表
USE xs;
INSERT INTO xscj_view
VALUES('201688','江涛','男','104','计算机文化基础',65);
```

运行 SQL 语句后系统提示如下错误信息。

```
ERROR 1394 (HY000): Can not insert into join view 'xs.xscj_view' without fields list
```

3．修改数据

使用 UPDATE 语句可以通过视图修改基本表中的数据。其语法格式与表操作中的一致。

【例 7-15】通过 ssmz_view 视图将学号为"201699"的学生的姓名改为"白小云"，民族改为"满"。

```
USE xs;
UPDATE ssmz_view
SET 姓名='白小云',民族='满'
WHERE 学号='201699';
--查询结果
SELECT * FROM ssmz_view;
```

【例 7-16】通过学生成绩视图 xscj_view 将所有学生的"C 语言程序设计"课程的成绩都减去 2 分。

```
USE xs;
SELECT *
FROM xscj_view
WHERE 课程名称='C 语言程序设计';
--修改数据记录
UPDATE xscj_view
SET 成绩=成绩-2
WHERE 课程名称='C 语言程序设计';
--查询结果
SELECT *
FROM  xscj_view
WHERE 课程名称='C 语言程序设计';
```

例 7-16 对 xscj_view 视图中"成绩"字段的修改实际上仍作用于基本表 XSDA。当对视图的修改涉及一个基本表时，该修改能够成功执行；当修改涉及多个基本表时，修改失败。

思考：通过 xscj_view 视图将学号"201601"改为"201600"，观察 XSDA 表及 xscj_view 视图中相关数据的变化。该修改将导致数据库中 XSDA 表与 XSCJ 表中的学号字段不一致。表间数据的一致性可通过参照完整性实现。如果用外键在 XSDA 表和 XSCJ 表上定义了参照完整性，那么这种修改不会成功。

4．删除数据

使用 DELETE 语句可以通过视图删除基本表的数据。其语法格式与删除表数据操作的语法格式一致。

【例 7-17】通过视图 ssmz_view 删除姓名为"白小云"的记录。

```
USE xs;
SELECT * FROM XSDA;
--删除数据记录
DELETE FROM ssmz_view WHERE 姓名='白小云';
--查询结果
SELECT * FROM  XSDA;
```

当删除视图数据涉及多个基本表时，删除操作不会成功。

任务 1-7　完成综合任务

完成以下任务，巩固创建与使用视图的方法，具体任务如下。

（1）依据 XSDA 表创建 jsj_xs 视图，其内容包括所有信息系的学生。

```
USE xs;
CREATE VIEW jsj_xs
AS
SELECT *
FROM XSDA
WHERE 系名='信息';
```

（2）依据 XSDA 表和 XSCJ 表创建 avg_xs 视图，其内容包含每名学生的学号、姓名和平均成绩。

```
USE xs;
CREATE VIEW v_avg
AS
SELECT 学号,课程编号,AVG(成绩)  '平均成绩'
FROM XSCJ
GROUP BY 学号,课程编号;
CREATE VIEW avg_xs
AS
SELECT v_avg.学号,姓名,平均成绩
FROM XSDA,v_avg
WHERE XSDA.学号=v_avg.学号;
```

当然，也可以参照例 7-3 完成本任务。总之，要借助一个中间视图才能完成本任务。

（3）向 jsj_xs 视图中插入一条新记录，其各字段的值分别为 201610、李立、男、信息、1996-6-23、满、60、NULL。

```
INSERT INTO jsj_xs
VALUES('201610','李立','男','信息','1996-6-23','满',60,NULL);
```

（4）依据 jsj_xs 视图查询所有信息系的女生。

```
SELECT *
FROM jsj_xs
WHERE 系名='信息' AND 性别='女';
```

（5）依据 jsj_xs 视图为所有信息系学生的总学分加 2。

```
UPDATE jsj_xs SET 总学分=总学分+2;
--查询结果
SELECT * FROM jsj_xs;
```

（6）依据 jsj_xs 视图，删除步骤（3）中新添加的记录。

```
DELETE FROM jsj_xs WHERE 学号='201610';
```

（7）修改 avg_xs 视图，使其包含每名学生的学号、姓名、课程编号、课程名称和平均成绩。

```
ALTER VIEW avg_xs
AS
SELECT v_avg.学号,姓名,v_avg.课程编号,课程名称,平均成绩
FROM XSDA,v_avg,KCXX
WHERE XSDA.学号=v_avg.学号 and KCXX.课程编号=v_avg.课程编号;
```

（8）删除以上创建的两个视图。

```
DROP VIEW jsj_xs;
DROP VIEW avg_xs;
```

任务 2 创建与管理索引

7-2 创建与管理
索引

【任务目标】

- 学会使用 SQL 语句创建索引。
- 学会修改和删除索引。

【任务描述】

按要求在 xs 数据库中完成与索引相关的操作。

【任务分析】

使用 SQL 语句创建索引，并学会修改和删除索引。

任务 2-1 创建索引

索引是加快检索表中数据的方法。表的索引类似于图书的索引。图书的索引能帮助读者无须阅读全书就可以快速查找到所需的信息。

1．索引的用途

在数据库中，索引也允许数据库程序迅速找到所需的表数据，而不必扫描整个表。在图书中，索引就是内容和相应页码的清单；在数据库中，索引就是表中数据和相应存储位置的列表。索引可以大大减少数据库管理系统查找数据的时间。

在 MySQL 中，一个表的存储是由数据页和索引页两部分组成的，索引部分从索引码开始。数据页用来存放除了文本和图像数据以外的所有与表的某一行相关的数据，索引页包含组成特定索引的列中的数据。索引是一个单独的、物理的数据库结构，它是某个表中一列或若干列的值的集合和相应的指向表中物理标识这些值的数据页的逻辑指针清单，如表 7-1 所示。通常，索引页的数据量相对于数据页来说小得多。进行数据检索时，系统会先搜索索引页，从索引页中找到所需数据的指针，再通过指针从数据页中读取数据。

表 7-1 索引的构成

学生信息表							学号索引表	
序号	学号	姓名	性别	系名	出生日期	民族	索引码	指针
1	201601	王红	女	信息	1996-02-14	汉	11001	3
2	201602	刘林	男	信息	1996-05-20	汉	11002	11
3	201603	曹红雷	男	信息	1995-09-24	汉	11003	6
4	201604	方平	女	信息	1997-08-11	回	11004	9
5	201605	李伟强	男	信息	1995-11-14	汉	11005	2
6	201606	周新民	男	信息	1996-01-20	回	11006	1

续表

学生信息表							学号索引表	
序号	学号	姓名	性别	系名	出生日期	民族	索引码	指针
7	201607	王丽丽	女	信息	1997-06-03	汉	11007	7
8	201701	孙燕	女	管理	1997-05-20	汉	11008	10
9	201702	罗德敏	男	管理	1998-07-18	汉	11009	8
10	201703	孔祥林	男	管理	1996-05-20	汉	11010	4
11	201704	王华	女	管理	1997-04-16	汉	11011	5
数据页							索引页	

在数据库中创建索引可以极大地提升系统的性能，主要表现如下。

（1）快速存取数据。

（2）保证数据记录的唯一性。

（3）实现表与表之间的参照完整性。

（4）在使用分组和排序子句进行数据检索时，利用索引可以减少排序和分组的时间。

索引虽然可以提升系统性能，但是使用索引也是有代价的。例如，使用索引时，存储地址将占用磁盘空间，在执行数据的插入、修改和删除操作时，为了自动维护索引，MySQL 将花费一定的时间，因此要合理设计和使用索引。

2．索引的分类

MySQL 中的索引按组织方式可以分为聚集索引和非聚集索引。

创建聚集索引后，表中数据行的物理存储顺序与索引顺序完全相同，因此每个表只能创建一个聚集索引，且最好在其他非聚集索引创建前创建聚集索引，以免因物理顺序改变而使 MySQL 重新构造非聚集索引。

当表中保存有连续值的列时，在这些列上创建聚集索引最有效，因为当使用聚集索引快速找到一个值时，其他连续的值自然就在该值附近。

非聚集索引不改变表中数据行的物理存储顺序，数据与索引分开存储。在非聚集索引中仅包含索引值和指向数据行的指针。

3．索引使用注意事项

使用索引时，有以下注意事项。

（1）索引不包含有 NULL 值的列。

只要列中有 NULL 值，就不会被包含在索引中，复合索引中只要有一列含有 NULL 值，这一列数据对于此复合索引就是无效的。所以在设计数据库时，不要让字段的默认值为 NULL。

（2）使用短索引。

短索引是指对字符串列创建索引时，应该指定字符串列的前缀长度，而不是对整个字符串列进行索引。例如，有一个 char(255)的列，如果前 10 个或者 20 个字符内的多数值是唯一的，则不需要对整列进行索引。使用短索引不仅可以提高查询速度，还可以节省磁盘空间和减少 I/O 操作。

（3）索引列排序。

对列进行排序操作时，查询只会使用一个索引。例如，WHERE 子句中已经使用了索引，那么 ORDER BY 中涉及的列不会再使用索引。因此，在数据库中使用排序操作时，尽量不要对多列进行排序操作，如果需要进行多列排序，则需要先对多列创建复合索引，再进行排序操作。

（4）LIKE 语句操作。

一般情况下不推荐使用 LIKE 操作，如果非要使用，则需要注意 LIKE 的使用格式。LIKE "%keyword" 和 LIKE "%keyword%" 的格式会使索引失效，LIKE "keyword%" 格式才会使索引有效。

（5）不要在列上进行运算。

（6）不使用 NOT IN 和<>操作。

4. 使用 SQL 语句创建索引

可以使用 CREATE INDEX 语句创建索引，但该语句不能用于创建主键。

语法格式如下。

```
CREATE INDEX index_NAME ON {table|view}(column[ASC|DESC][,…n])
```

参数说明如下。

（1）index_NAME：用于指明索引名，索引名在一个表中必须唯一，但在数据库中不必唯一。

（2）table|view：用于指定创建索引的表或视图的名称。注意，视图必须是使用 SCHEMABINDING 选项定义过的。

（3）column[,…n]：用于指定要建立索引的字段，参数 n 表示可以为索引指定多个字段。使用两个或两个以上的字段组成的索引称为复合索引。

（4）ASC|DESC：用于指定索引的排序方式是升序还是降序，默认为 ASC。

【例 7-18】为 xs 数据库中 XSDA 表的"学号"字段创建索引。

```
USE xs;
CREATE INDEX xh_ind
ON XSDA(学号);
```

【例 7-19】根据 xs 数据库中 XSCJ 表的"学号"字段和"课程编号"字段创建复合索引。

```
USE xs;
CREATE INDEX xh_kcbh_ind
ON XSCJ(学号,课程编号);
```

【例 7-20】为 xs 数据库中 KCXX 表的"课程编号"字段创建唯一聚集索引。

```
USE xs;
CREATE UNIQUE CLUSTERED INDEX kcbh_ind
ON KCXX(课程编号);
```

任务 2-2　管理索引

1. 查看索引

可以使用 SHOW INDEX 语句查看索引。

语法格式如下。

```
SHOW INDEX FROM <表名> [ FROM <数据库名>]
```

下面通过示例查看 XSDA 表中的索引信息。

【例 7-21】查看 XSDA 表中的索引。

```
SHOW INDEX FROM XSDA;
```

查询结果如图 7-4 所示。

图 7-4　索引查询结果

图 7-4 中索引主要参数说明如表 7-2 所示。

表 7-2　索引主要参数说明

参数	说明
table	表示创建索引的数据表名，这里是 XSDA 表
non_Unique	表示该索引是否为唯一索引。若不是唯一索引，则该列的值为 1；若是唯一索引，则该列的值为 0
key_NAME	表示索引的名称
seq_In_Index	表示该列在索引中的位置，如果索引是单列的，则该列的值为 1；如果索引是组合索引，则该列的值为每列在索引定义中的顺序
column_NAME	表示定义索引的列字段
collation	表示列以何种顺序存储在索引中。在 MySQL 中，升序显示值为 "A"，若显示为 NULL，则表示无分类
cardinality	索引中唯一值数目的估计值。基数根据被存储为整数的统计数据计数，所以即使面对小型表，该值也没有必要是精确的。基数越大，进行联合时，MySQL 使用该索引的机会就越大
sub_Part	表示列中被编入索引的字符数。若列只是部分被编入索引，则该列的值为被编入索引的字符数；若整列被编入索引，则该列的值为 NULL
packed	指示关键字如何被压缩。若没有被压缩，则其值为 NULL
NULL	用于显示索引列中是否包含 NULL。若列中含有 NULL，则该列的值为 YES，否则该列的值为 NO
index_Type	显示索引使用的类型和方法（BTREE、FULLTEXT、HASH、RTREE）
comment	显示评注

2. 修改索引

在 MySQL 中，索引无法直接修改，可以通过先删除原索引，再根据需要创建一个同名的索引来实现修改索引的操作。

其原因在于 MySQL 在创建索引时会对字段创建关系长度，只有删除索引之后，创建新的索引才能创建新的关系，以保证索引的正确性。

3. 删除索引

当不再需要某个索引时，可以将其从数据库中删除，以回收它当前使用的存储空间，便于数据库中的其他对象使用此空间。可以使用 DROP INDEX 语句删除索引。

语法格式如下。

```
DROP INDEX <index_NAME> ON <table_NAME>
```

其中，table_NAME 是索引所在的表或视图，index_NAME 为要删除的索引的名称。

【例 7-22】删除 XSDA 表中的索引 xh_ind。

```
USE xs;
DROP INDEX xh_ind ON XSDA;
```

任务 2-3　完成综合任务

完成以下任务，巩固创建与管理索引的方法，具体任务如下。

（1）为 XSDA 表中的"学号"字段创建一个索引，索引名为 xsda_xh_idx。

```
USE xs;
CREATE   INDEX xsda_xh_idx
ON XSDA(学号);
```

（2）根据 XSDA 表中的"学号"和"姓名"字段创建一个复合索引，索引名为 xsda_xh_
xm_idx。

```
USE xs;
CREATE   INDEX xsda_xh_xm_idx
ON XSDA(学号,姓名);
```

（3）为 KCXX 表的"课程编号"字段创建唯一索引，索引名为 kc_kcbh_idx。

```
USE xs;
CREATE   UNIQUE INDEX kc_kcbh_idx
ON KCXX(课程编号);
```

（4）查看 XSDA 表中的索引信息。

```
SHOW INDEX FROM XSDA;
```

（5）删除 KCXX 表中的索引 kc_kcbh_idx。

```
DROP INDEX kc_kcbh_idx ON KCXX;
```

拓展阅读　国家最高科学技术奖

国家最高科学技术奖于 2000 年由国务院设立，由国家科学技术奖励工作办公室负责，是我国
5 个国家科学技术奖中最高等级的奖项，授予在当代科学技术前沿取得重大突破、在科学技术发展
中有卓越建树，或者在科学技术创新、科学技术成果转化和高技术产业化中创造巨大社会效益或
经济效益的科学工作者。

国家科学技术奖励工作办公室官网显示，国家最高科学技术奖每年评选一次，授予人数每次不
超过两名，由国家主席亲自签署并颁发荣誉证书、奖章和奖金。截至 2021 年 11 月，共有 35 位杰
出科学工作者获得该奖。其中，计算机科学家王选院士获此殊荣。

实训 7　为 sale 数据库创建视图和索引

（1）创建视图 v_sale1，显示销售日期、客户编号、客户姓名、产品编号、
产品名、单价、销售数量和销售金额。

（2）创建视图 v_sale2，显示每种产品的产品编号、产品名、单价、销售数
量和销售金额。

（3）创建视图 v_sale3，显示销售金额在 10 万元以下的产品清单。

（4）用户需要按照 CusName（客户姓名）查询客户信息，希望提高其查询
速度。

7-3　为 sale 数据库
创建视图和索引

（5）用户需要按照 ProName（产品名）查询产品信息，希望提高其查询速度。

（6）用户需要按照 SaleDate（销售日期）查询销售信息，希望提高其查询速度。

小结

本项目主要介绍了视图的概念、创建、修改与删除，以及通过视图来查询、插入、修改与删除表数据。此外，本项目还介绍了索引的概念、创建、查看与删除。

视图是数据库中一种独立的对象，它是一个虚拟表。视图的所有操作都可以用 SQL 语句来完成。使用视图进行数据操作涉及的 SQL 语句与操作表使用的语句基本相同，只是需要在语句中将表名改为视图名。需要注意的是，在进行插入、修改与删除视图操作时，每一次的新操作只能影响一个基本表中的数据。索引能加快检索表中的数据。

习题

一、选择题

1. 用于创建视图的 SQL 语句是（　　　）。

A. CREATE SCHEMA　　　　　　　　B. CREATE TABLE

C. CREATE VIEW　　　　　　　　　　D. CREATE INDEX

2. 视图是从（　　　）中导出来的。

A. 基本表　　　　　B. 视图　　　　　C. 基本表或视图　　　　D. 数据库

3. 在视图中不能完成的操作是（　　　）。

A. 更新视图数据　　　　　　　　　　B. 查询

C. 在视图中定义新的基本表　　　　　D. 在视图中定义新的视图

4. 用于创建视图的子句是（　　　）。

A. GROUP BY　　　　B. ORDER BY　　　　C. COMPUTE BY　　　　D. INTO

5. 下列关于视图的说法错误的是（　　　）。

A. 视图是一个虚拟表　　　　　　　　B. 视图中也保存了数据

C. 视图也可由视图派生出来　　　　　D. 视图就是保存 SELECT 查询的结果集

二、判断题

1. 视图是从一个或多个表（视图）中导出来的虚拟表，当它所基于的表（视图）被删除后，该视图也随之被删除。（　　　）

2. 通过视图可以修改表数据，但当视图是从多个表导出来时，不允许进行修改数据的操作。（　　　）

3. 视图本身没有保存数据，而是保存了视图的定义。（　　　）

4. 因为视图与它所基于的基本表的数据是同步的，所以当基本表增加或减少字段时，视图也会随之增加或减少字段。（　　　）

三、简答题

1. 什么是视图？它和表有何区别？

2. 使用视图的优势有哪些？

四、设计题

使用 SQL 语句完成下面的操作。

1. 创建学生成绩视图（学号、姓名、课程编号、课程名称、成绩）。

2. 创建信息系学生视图（学号、姓名、性别、系名、出生日期、民族、总学分、备注）。

3. 创建优秀学生视图（学号、姓名、平均成绩），优秀学生的标准是平均成绩在 80 分以上，且没有不及格的科目。

4. 从学生成绩视图中查询各科成绩的最高分（课程名称、最高成绩）。

5. 修改优秀学生视图，将标准改为平均成绩在 80 分以上，且单科成绩在 75 分以上。

6. 通过信息系学生视图插入一条记录（2017001、高强、男、信息、1998-10-20、苗、50、无）。

7. 通过信息系学生视图将所有信息系学生的备注内容修改为"对日外包"。

8. 通过少数民族学生视图删除"高强"的记录。

9. 删除前面创建的视图。

10. 建立各表以主键为索引项的索引。

项目8
实现数据完整性

08

【能力目标】

- 能描述数据完整性的含义及分类。
- 学会使用检查约束（CHECK 约束）、规则（RULE）、默认值约束（DEFAULT 约束）、默认值对象来保证字段的数据完整性（即域完整性）。
- 学会使用索引、PRIMARY KEY 约束、UNIQUE 约束和 IDENTITY 属性来保证记录的数据完整性（即实体完整性）。
- 学会使用从表的 FOREIGN KEY 约束与主表的 PRIMARY KEY 或 UNIQUE 约束（不允许为空）实现主表与从表之间的参照完整性。

【素养目标】

- 明确职业技术岗位所需的职业规范和精神。
- 为计算机事业做出过巨大贡献的王选院士应是青年学生的榜样。
- "大江歌罢掉头东，邃密群科济世穷。面壁十年图破壁，难酬蹈海亦英雄。"

【项目描述】

为 xs 数据库创建 CHECK 约束、规则、DEFAULT 约束、索引、PRIMARY KEY 约束、UNIQUE 约束、FOREIGN KEY 约束，以实现数据完整性。

【项目分析】

项目 4 在 xs 数据库中创建了数据表，在向表中输入数据时，由于种种原因，有时输入的数据可能是无效或错误的。例如，对不同的学生输入了相同的学号，"性别"字段的值是非法数据，相同的记录被多次输入，学生成绩表中出现了学生档案表中不存在的学号等。之所以会出现这些错误信息，是因为没有实现数据完整性。本项目将主要介绍如何通过实施数据完整性来解决上述问题，以保证数据输入的正确性、一致性和可靠性。

【职业素养小贴士】

数据完整性在数据库中尤为重要，在数据库的数据表中进行数据录入、删除和更新等操作时，要注意数据的完整性。此外，要学会从全局的角度去分析和解决问题，不要"脚疼医脚，头疼医头"。

【项目定位】

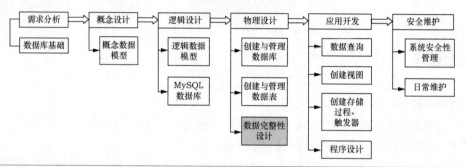

数据库系统开发

任务 1　实现域完整性

【任务目标】

- 能阐述数据完整性的概念。
- 能阐述数据完整性的分类。
- 学会使用 CHECK 约束、规则、DEFAULT 约束来实现域完整性。

【任务描述】

按需求在 xs 数据库中完成与域完整性相关的操作。

【任务分析】

练习域完整性的实现，包括 CHECK 约束、DEFAULT 约束和规则的创建。需要特别注意的是，使用规则和默认值对象之前要先定义，再将其绑定到字段或用户定义数据类型上；不需要时要先解除绑定，再删除规则。

任务 1-1　认识数据完整性的概念及分类

数据完整性就是数据库中的数据在逻辑上的一致性、正确性和可靠性。保证数据完整性可确保数据库中数据的质量。数据完整性一般包括 3 种类型：域完整性、实体完整性和参照完整性。

1. 域完整性

域完整性又称为字段完整性，是指给定字段的输入有效性，即保证给定字段

8-1　认识数据完整性概念及分类

的数据具有正确的数据类型、格式和有效的数据范围。域完整性可通过定义相应的 CHECK 约束、DEFAULT 约束、默认值对象、规则等来实现。另外，为表的字段定义数据类型和 NOT NULL 也可以实现域完整性。

例如，KCXX 表中每门课程的学分值应为 0～10，为了限制学分这一数据项输入的数据范围，可以在定义 KCXX 表结构的同时，通过定义学分的 CHECK 约束来实现。

2. 实体完整性

实体完整性又称为记录的完整性，用于保证数据表中每一个特定实体的记录都是唯一的。通过定义索引、UNIQUE 约束、PRIMARY KEY 约束和 IDENTITY 属性可以实现数据的实体完整性。

例如，对于 XSDA 表，学号作为主键，每名学生的学号都能唯一地标识该学生对应的记录信息，在输入数据时，不能有相同学号的记录，对"学号"字段建立 PRIMARY KEY 约束可以实现 XSDA 表的实体完整性。

3. 参照完整性

当增加、修改和删除数据表中的记录时，可以借助参照完整性来保证相关联的表之间数据的一致性。参照完整性可以保证主表中数据与从表中数据的一致性。在 MySQL 中，参照完整性是通过定义外键与主键之间或外键与唯一键之间的对应关系来实现的。参照完整性用于确保同一键值在所有表中一致。

例如，对于 xs 数据库中 XSDA 表中每名学生的学号，XSCJ 表中都有相关的课程成绩记录。将 XSDA 表作为主表并定义"学号"字段为主键，将 XSCJ 表作为从表并定义该表的"学号"字段为外键，从而创建主表和从表之间的联系，这样即可实现参照完整性。

XSDA 表和 XSCJ 表的对应关系如表 8-1 和表 8-2 所示。

表 8-1　XSDA 表

学号（主键）	姓名	性别	系名	出生日期	民族	总学分	备注
201601	王红	女	信息	1996-02-14	汉	60	NULL
201602	刘林	男	信息	1996-05-20	汉	54	NULL

表 8-2　XSCJ 表

学号（外键）	课程编号	成绩
201601	104	81
201601	108	77
201601	202	89
201601	207	90
201602	104	92
201602	108	95
201602	202	93
201602	207	90

如果定义了两个表之间的参照完整性，就有以下要求。

（1）从表不能引用不存在的键值。例如，XSCJ 表的记录中出现的学号必须是 XSDA 表中已经存在的学号。

（2）如果更改了主表中的键值，那么在整个数据库中，对从表中该键值的所有引用都要进行一致的更改。例如，修改了 XSDA 表中的某一学号，则 XSCJ 表中所有对应学号也要进行相应的修改。

（3）如果主表中没有关联的记录，就不能将记录添加到从表中。

（4）如果要删除主表中的某一记录，就应先删除从表中与该记录匹配的相关记录。

任务 1-2　CHECK 约束

CHECK 约束实际上是字段输入内容的验证规则，表示一个字段的输入内容必须满足 CHECK 约束的条件，如果不满足，数据就无法正常输入。

CHECK 约束可以作为表定义的一部分在创建表时创建，也可以添加到现有表中。表和字段可以包含多个 CHECK 约束，并允许修改或删除现有的 CHECK 约束。

8-2　CHECK
约束

1. 使用 SQL 语句在创建表时定义 CHECK 约束

使用 SQL 语句创建表结构时，可以定义 CHECK 约束。

语法格式如下。

```
CREATE TABLE table_NAME                          /*指定表名
(column_NAME  datatype  NOT NULL | NULL          /*定义字段名、数据类型、是否为空值
[[CONSTRAINT check_NAME] CHECK (logical_expression)][,…n])   /*定义 CHECK 约束
```

> **说明**　关键字 CHECK 表示定义 CHECK 约束，其后的 logical_expression 是逻辑表达式，称为 CHECK 约束表达式。

【例 8-1】在 xs 数据库中创建 XSXX 表，并定义 CHECK 约束。

```
USE xs;
CREATE TABLE XSXX
(
    学号 char(6),
    姓名 char(8),
    性别 char(2) CHECK (性别 IN ('男','女')),
    入学日期 datetime
);
```

2. 使用 SQL 语句在修改表时定义 CHECK 约束

对于已经存在的表，也可以定义 CHECK 约束。在现有表中添加 CHECK 约束时，该约束可以仅作用于新数据，也可以同时作用于已有数据和新数据。

语法格式如下。

```
ALTER TABLE table_NAME  [WITH CHECK | WITH NOCHECK]
ADD CONSTRAINT check_NAME CHECK (logical_expression)
```

> **说明**　（1）ADD CONSTRAINT：表示在已经定义的 table_NAME 表中增加一个约束定义，约束名由 check_NAME 指定，约束表达式为 logical_expression。
>
> （2）WITH CHECK：表示 CHECK 约束同时作用于已有数据和新数据；当省略该选项，取默认设置时，也表示 CHECK 约束同时作用于已有数据和新数据。
>
> （3）WITH NOCHECK：表示 CHECK 约束仅作用于新数据，对已有数据不强制约束检查。

【例 8-2】修改 xs 数据库中的 XSCJ 表，为"成绩"字段添加 CHECK 约束。

```
USE xs;
ALTER TABLE XSCJ
ADD CONSTRAINT CK_CJ CHECK (成绩>=0 and 成绩<=100);
```

3. 使用 SQL 语句删除 CHECK 约束

对于表中已经存在的 CHECK 约束，可以使用 SQL 语句删除该约束。

语法格式如下。

```
ALTER TABLE table_NAME
DROP CONSTRAINT check_NAME
```

 说明 在 table_NAME 指定的表中删除名为 check_NAME 的约束。

【例 8-3】删除 XSCJ 表中"成绩"字段的 CHECK 约束。

```
USE xs;
ALTER TABLE XSCJ
DROP CONSTRAINT CK_CJ;
```

任务 1-3　DEFAULT 约束

对于某些字段，可以为其定义默认值，以方便用户使用。为一个字段定义默认值可通过在创建表或修改表时定义 DEFAULT 约束来实现。

DEFAULT 约束是在用户未提供某些字段的数据时，数据库系统为用户提供的默认值，这样可以简化应用程序代码并提高系统性能。

表的每一个字段都可包含一个默认值定义，可以修改或删除现有的默认值定义。默认值必须与默认定义适用的字段的数据类型相一致，每一个字段只能定义一个默认值。

8-3　DEFAULT
约束

（1）定义 DEFAULT 约束

在创建表或修改表时，可以为字段定义 DEFAULT 约束。DEFAULT 约束的定义可以通过 SQL 语句来实现，下面介绍如何使用 SQL 语句为字段定义 DEFAULT 约束。

① 在创建表时定义 DEFAULT 约束。

在创建表时定义 DEFAULT 约束，指的是将一条新的记录插入表中时，没有为字段明确赋值，如果定义了字段的默认值，则自动得到默认值；如果没有，则为 NULL。

语法格式如下。

```
CREATE TABLE table_NAME                    /*指定表名
(column_NAME datatype NOT NULL | NULL      /*定义字段名、数据类型、是否为空值
[CONSTRAINT default_NAME][DEFAULT constraint_expression] [,…n])
                                           /*定义 DEFAULT 约束
```

 说明 （1）table_NAME：创建的表名。

（2）column_NAME：字段名。

（3）datatype：对应字段的数据类型。

（4）DEFAULT：表示其后的 constraint_expression 表达式为 DEFAULT 约束表达式，此表达式只能是常量、系统函数或 NULL。

【例 8-4】在创建 XSDA1 表时为"性别"字段定义 DEFAULT 约束。

```
USE xs;
CREATE TABLE XSDA1
( 学号 char(6) NOT NULL,
  姓名 char(6) NOT NULL,
  专业名 char(10) NULL,
  性别 char(2) NOT NULL DEFAULT '男'
);
```

② 在修改表时定义 DEFAULT 约束。

在修改表时定义 DEFAULT 约束有两种情况：一种是为表中已存在的字段添加 DEFAULT 约束；另一种是当表增加新字段时，为新字段定义 DEFAULT 约束。

为表中已存在的字段添加 DEFAULT 约束的语法格式如下。

```
ALTER TABLE table_NAME              /*指定表名
CHANGE column_NAME datatype  DEFAULT default_VALUES;    /*定义 DEFAULT 约束
```

当表增加新字段时，为新字段定义 DEFAULT 约束的语法格式如下。

```
ALTER TABLE table_NAME                            /*指定表名
 ADD column_NAME datatype NOT NULL | NULL    /*为增加的新字段定义字段名、数据类型、是否为空值
 CONSTRAINT default_NAME][DEFAULT constraint_expression] [,…n]  /*定义 DEFAULT 约束
```

【例 8-5】在修改表时为 XSDA 表中已存在的"民族"字段定义 DEFAULT 约束"汉"。

```
USE xs;
ALTER TABLE XSDA    ALTER   COLUMN  民族 DROP  DEFAULT;
ALTER TABLE XSDA    ALTER   COLUMN  民族 SET    DEFAULT  '汉';
```

【例 8-6】在修改 XSDA 表时增加一个新字段"政治面貌"，并为其定义 DEFAULT 约束。

```
ALTER TABLE XSDA
ADD COLUMN 政治面貌 char(4) NOT NULL DEFAULT '团员';
```

（2）删除 DEFAULT 约束

如果已知一个 DEFAULT 约束对应的字段名，则可以通过 SQL 语句将其删除，使用方法如例 8-7 所示。

【例 8-7】删除例 8-6 定义的 DEFAULT 约束。

```
USE xs;
ALTER TABLE XSDA    ALTER   COLUMN  政治面貌 DROP   DEFAULT;
```

任务 1-4　完成综合任务

完成以下任务，巩固实现数据完整性的知识，具体任务如下。

使用 CREATE 语句创建表 BOOK [书号 char（6）、书名 char（20）、类型 char（20）、价格 int]。为"价格"字段定义一个名为 max_price 的 CHECK 约束，使得价格不超过 200。

```
USE xs;
CREATE TABLE BOOK
(
    书号 char(6),
    书名 char(20),
    类型 char(20),
    价格 int CONSTRAINT max_price CHECK( 价格 <=200));
```

8-4　完成综合任务

任务 2　实现实体完整性

【任务目标】

- 学会使用索引、PRIMARY KEY 约束来保证记录的数据完整性（即实体完整性）。
- 学会使用 UNIQUE 约束或 IDENTITY 属性来保证记录的数据完整性。

【任务描述】

按需求在 xs 数据库中完成以下与实体完整性相关的操作。

（1）修改 XSDA 表，在"学号"（如果该字段上已经有约束，则需把已有约束删除）字段上创建 PRIMARY KEY 约束。

（2）在 BOOK 表的"书名"字段上创建 UNIQUE 约束。

【任务分析】

练习使用 SQL 语句实现实体完整性，包括 UNIQUE 约束、PRIMARY KEY 约束的使用。

任务 2-1　PRIMARY KEY 约束

PRIMARY KEY 约束可以在表中定义一个主键，用以唯一地标识表中的记录。主键可以是一个字段或字段的组合，PRIMARY KEY 约束中的字段不能取空值和重复值，如果 PRIMARY KEY 约束是由多字段组合定义的，某一字段的值就可以重复，但 PRIMARY KEY 约束定义中所有字段的组合值必须唯一。一个表只能有一个 PRIMARY KEY 约束，且每个表都应有一个主键。

8-5　PRIMARY
KEY 约束

PRIMARY KEY 约束能确保数据的唯一性，因此经常用来定义标识字段。当为表定义 PRIMARY KEY 约束时，MySQL 为主键字段创建唯一索引，从而实现数据的唯一性。在查询中使用主键时，该索引可用来对数据进行快速访问。

如果已有 PRIMARY KEY 约束，则可对其进行修改或删除操作。但要修改 PRIMARY KEY 约束必须先删除现有的 PRIMARY KEY 约束，再重新创建该约束。

当向表中的现有字段添加 PRIMARY KEY 约束时，MySQL 检查字段中现有的数据以确保现有数据遵从主键的规则（无空值和重复值）。如果将 PRIMARY KEY 约束添加到具有空值或重复值的字段上，则 MySQL 不会执行该操作并返回错误信息。

当 PRIMARY KEY 约束由另一个表的 FOREIGN KEY 约束引用时，不能删除被引用的 PRIMARY KEY 约束，要想删除它，必须先删除引用的 FOREIGN KEY 约束。

另外，image、text 数据类型的字段不能设置为主键。

当用户在表中创建 PRIMARY KEY 约束或 UNIQUE 约束时，MySQL 将自动在创建这些约束的字段上创建唯一索引。当用户从该表中删除主键索引或唯一索引时，创建在这些字段上的唯一索引会被自动删除。

可以使用 SQL 语句定义和删除 PRIMARY KEY 约束。

（1）创建表时定义 PRIMARY KEY 约束

可以在创建表时创建单个 PRIMARY KEY 约束作为表定义的一部分。如果表已存在，且没有 PRIMARY KEY 约束，则可以添加 PRIMARY KEY 约束。一个表只能有一个 PRIMARY KEY 约束。

语法格式如下。

```
CREATE TABLE table_NAME                     /*指定表名
(column_NAME datatype NOT NULL| NULL        /*定义字段名、数据类型、是否为空值
[CONSTRAINT constraint_NAME]                /*指定约束名
PRIMARY KEY                                  /*定义约束类型
[ CLUSTERED | NONCLUSTERED]                 /*定义约束的索引类型
```

【例 8-8】在创建 XSDA2 表时对"学号"字段创建 PRIMARY KEY 约束。

```
CREATE  TABLE  XSDA2
    ( 学号 char(6) NOT NULL PRIMARY KEY,
      姓名 char(8)  NOT  NULL,
      性别 char(2) NOT NULL,
      系名 char(10) NOT NULL,
      出生日期 datetime NOT NULL,
      民族 char(4) NOT NULL
    );
```

（2）修改表时定义 PRIMARY KEY 约束

如果已存在 PRIMARY KEY 约束，则可以修改它。

语法格式如下。

```
ALTER TABLE table_NAME
ADD [CONSTRAINT constraint_NAME] PRIMARY KEY
[ CLUSTERED | NONCLUSTERED]
( column )
```

说明　（1）ADD CONSTRAINT：用于说明对 table_NAME 表增加一个约束，约束名由 constraint_NAME 指定，约束类型为 PRIMARY KEY。

（2）column：指定索引字段。

（3）CLUSTERED、NONCLUSTERED：指定创建的索引类型。

【例 8-9】假设已经在 xs 数据库中创建了 KCXX 表，通过修改表对"课程编号"字段创建 PRIMARY KEY 约束。

```
USE xs;
ALTER TABLE KCXX ADD CONSTRAINT kcbh_pk  PRIMARY KEY(课程编号);
```

（3）删除 PRIMARY KEY 约束

如果已存在 PRIMARY KEY 约束，则可以删除它。

语法格式如下。

```
ALTER TABLE table_NAME
DROP CONSTRAINT constraint_NAME[,…n]
```

【例 8-10】删除例 8-9 创建的 PRIMARY KEY 约束 kcbh_pk。

```
USE xs;
ALTER TABLE KCXX DROP CONSTRAINT kcbh_pk;
```

任务 2-2 UNIQUE 约束

如果要确保一个表中的非主键字段没有重复值，就应在该字段上定义 UNIQUE 约束。在允许为空值的字段上保证唯一性时，应使用 UNIQUE 约束而不是 PRIMARY KEY 约束，该字段中只允许有一个 NULL。FOREIGN KEY 约束也可引用 UNIQUE 约束。

8-6 UNIQUE
约束

1. PRIMARY KEY 约束与 UNIQUE 约束的区别

PRIMARY KEY 约束与 UNIQUE 约束的主要区别如下。

（1）一个数据表只能定义一个 PRIMARY KEY 约束，但可在一个表中根据需要对不同的字段定义若干个 UNIQUE 约束。

（2）PRIMARY KEY 字段的值不允许为 NULL，而 UNIQUE 字段的值可为 NULL。

（3）一般在创建 PRIMARY KEY 约束时，系统会自动生成索引，索引的默认类型为簇索引；而在创建 UNIQUE 约束时，系统会自动生成一个 UNIQUE 索引，索引的默认类型为非簇索引。

PRIMARY KEY 约束与 UNIQUE 约束的相同点在于，二者均不允许表中对应字段存在重复值。

2. 定义和删除 UNIQUE 约束

可以使用 SQL 语句定义和删除 UNIQUE 约束。

（1）创建表时定义 UNIQUE 约束

创建表时，可以创建 UNIQUE 约束作为表定义的一部分。

语法格式如下。

```
CREATE TABLE table_NAME                  /*指定表名
(column_NAME datatype NOT NULL| NULL     /*定义字段名、数据类型、是否为空值
[CONSTRAINT constraint_NAME]             /*约束名
UNIQUE                                   /*定义约束类型
[ CLUSTERED | NONCLUSTERED]              /*定义约束的索引类型
[,…n])                                   /*n 表示可定义多个字段
```

【例 8-11】在创建 XSDA3 表时对"身份证号码"字段定义 UNIQUE 约束。

```
CREATE   TABLE   XSDA3
( 学号 char(6) NOT NULL PRIMARY KEY,
  姓名 char(8)  NOT  NULL,
  性别 char(2) NOT NULL,
  身份证号码 char(18) UNIQUE,
  系名 char(10) NOT NULL,
  出生日期 datetime NOT NULL,
  民族 char(4) NOT NULL
);
```

（2）修改表时定义 UNIQUE 约束

如果 UNIQUE 约束已经存在，则可以修改它。

语法格式如下。

```
ALTER TABLE table_NAME
ADD [CONSTRAINT constraint_NAME] UNIQUE
```

```
[ CLUSTERED | NONCLUSTERED]
  (column[,…n])
```

 说明 各项参数的说明同 PRIMARY KEY 约束。

【例8-12】为 KCXX 表中的"课程编号"字段定义 UNIQUE 约束。

```
USE xs;
ALTER TABLE KCXX
ADD CONSTRAINT kcbh_uk UNIQUE NONCLUSTERED (课程编号);
```

（3）删除 UNIQUE 约束

如果 UNIQUE 约束已经存在，则可以删除它。

语法格式如下。

```
ALTER TABLE table_NAME
DROP CONSTRAINT constraint_NAME[,…n]
```

【例8-13】删除例8-12创建的 UNIQUE 约束 kcbh_uk。

```
USE xs;
ALTER TABLE KCXX
DROP CONSTRAINT kcbh_uk;
```

任务2-3 完成综合任务

完成以下任务，巩固实现数据完整性的知识，具体任务如下。

（1）修改 XSDA 表，在"学号"（如果该字段已经有约束，则需把已有约束删除）字段上创建 PRIMARY KEY 约束。

8-7 完成综合任务

```
ALTER TABLE XSDA
ADD CONSTRAINT XSDA_pk PRIMARY KEY CLUSTERED (学号);
ALTER TABLE XSDA
DROP CONSTRAINT XSDA_pk;
```

（2）在 BOOK 表的"书号"字段上创建 UNIQUE 约束。

```
USE xs;
ALTER TABLE BOOK
ADD CONSTRAINT book_uk UNIQUE NONCLUSTERED (书号);
```

任务3 实现参照完整性

【任务目标】

学会使用从表的 FOREIGN KEY 约束与主表的 PRIMARY KEY 或 UNIQUE 约束（不允许为空）实现主表与从表之间的参照完整性。

【任务描述】

（1）设 KCXX 表为主表，XSCJ 表为从表，通过修改表来定义两个表之间的参照关系。

（2）阐述数据完整性的作用、分类，以及各类完整性由哪些约束实现。

【任务分析】

练习参照完整性的实现。设置参照完整性的意义简单地说就是控制数据的一致性，尤其是控制不同表之间关系的规则。"参照完整性生成器"可以帮助用户创建规则，以控制记录如何在相关表中被插入、更新和删除，这些规则将被写到相应的表触发器中。例如，若主表中没有"张三"，则不能在从表中为"张三"对应的这条记录添加相关的内容；如果在主表中将"张三"删除，那么从表中和"张三"有关的内容也会被删除。

任务 3-1　FOREIGN KEY 约束

对两个相关联的表（主表与从表）插入和删除数据时，通过参照完整性保证它们之间数据的一致性。

8-8　FOREIGN KEY 约束

可使用 FOREIGN KEY 约束定义从表的外键，使用 PRIMARY KEY 或 UNIQUE 约束定义主表的主键或唯一键（不允许为空），从而实现主表与从表之间的参照完整性。

定义表之间的参照关系：先定义主表 PRIMARY KEY 约束（或 UNIQUE 约束），再对从表定义 FOREIGN KEY 约束。

1. 使用 SQL 语句定义表之间的参照关系

定义表间参照关系需要先定义主表主键（或唯一键），再对从表定义 FOREIGN KEY 约束。前面已经介绍了定义 PRIMARY KEY 约束及 UNIQUE 约束的方法，在此将介绍通过 SQL 命令定义 FOREIGN KEY 约束的方法。

（1）创建表时定义 FOREIGN KEY 约束

在创建表的同时可以定义 FOREIGN KEY 约束。

语法格式如下。

```
CREATE TABLE table_NAME                    /*指定表名
(column_NAME  datatype  [CONSTRAINT constraint_NAME] [FOREIGN KEY]
REFERENCES ref_table (ref_column) [ON DELETE CASCADE|ON UPDATE CASCADE]
)
```

说明　（1）table_NAME 为所建从表的表名，column_NAME 为定义的字段名，字段类型由参数 datatype 指定。

（2）FOREIGN KEY：用于指明该字段为外键，且该外键与参数 ref_table 指定的主表的主键对应，主表的主键字段由参数 ref_column 指定。

（3）ON DELETE CASCADE：表示级联删除，当在主表中删除外键引用的主键记录时，为防止产生孤立外键，将同时删除从表中引用它的外键记录。

（4）ON UPDATE CASCADE：表示级联更新，当在主表中更新外键引用的主键记录时，从表中引用它的外键记录也一起更新。

【例 8-14】在 xs 数据库中创建主表 XSDA4，并定义其"学号"字段为主键，创建从表 XSCJ4，并定义其"学号"字段为外键。

```
CREATE   TABLE   XSDA4
( 学号 char(6) NOT NULL PRIMARY KEY,
  姓名 char(8)  NOT  NULL,
  性别 char(2) NOT NULL ,
  系名 char(10) NOT NULL,
  出生日期 datetime NOT NULL,
  民族 char(4) NOT NULL,
  总学分 tinyint NULL,
  备注 text NULL
);
--定义外键
CREATE TABLE XSCJ4
( 学号 char(6) NOT NULL,
  课程编号 char(3) NOT NULL,
  成绩 tinyint,
 CONSTRAINT fk_xsda FOREIGN KEY(学号) REFERENCES XSDA4(学号)
)
ENGINE=INNODB  DEFAULT  CHARSET= UTF8;
```

（2）修改表时定义 FOREIGN KEY 约束

对于已经存在的表，可以通过修改表的方式定义 FOREIGN KEY 约束。

语法格式如下。

```
ALTER TABLE table_NAME
ADD [CONSTRAINT constraint_NAME]
FOREIGN KEY (column [,…n])
REFERENCES ref_table (ref_column[,…n])
[ON DELETE CASCADE|ON UPDATE CASCADE]
```

说明　（1）table_NAME：被修改的从表名。

（2）column：从表中外键的字段名，当外键由多个字段组合而成时，字段之间用逗号分隔。

（3）ref_table：主表的表名。

（4）ref_column：主表中主键的字段名，当主键由多个字段组合而成时，字段名之间用逗号分隔。

（5）n：表示可指定多个字段。

【例 8-15】假设 xs 数据库的 KCXX 表为主表，其"课程编号"字段已经被定义为主键；XSCJ 表为从表，要求将其"课程编号"字段定义为外键。

```
USE xs;
ALTER TABLE XSCJ
ADD CONSTRAINT kc_foreign
FOREIGN KEY(课程编号)
REFERENCES KCXX(课程编号);
```

2. 使用 SQL 语句删除表之间的参照关系

删除表之间的参照关系实际上删除从表的 FOREIGN KEY 约束即可。

【例 8-16】删除例 8-15 中对"课程编号"字段定义的 FOREIGN KEY 约束 kc_foreign。

```
USE xs;
ALTER TABLE XSCJ
DROP CONSTRAINT kc_foreign;
```

任务 3-2　完成综合任务

（1）设 KCXX 表为主表，XSCJ 表为从表，通过修改表来定义两个表之间的参照关系。

① 定义 KCXX 表中的"学号"字段为主键。

② 选择【数据库关系图】命令并单击鼠标右键，选择【新建数据库关系图】→【添加表】命令。

③ 选择 KCXX 表与 XSCJ 表，单击【添加】菜单中的【关闭】按钮。

④ 将主表 KCXX 表的主键拖动到从表中。

⑤ 单击【确定】按钮，保存设置并退出，这样便创建了主表与从表之间的参照关系。

（2）阐述数据完整性的作用、分类，以及各类完整性由哪些约束实现。

保证数据完整性可确保数据库中数据的质量。数据完整性一般包括 3 种类型：域完整性、实体完整性和参照完整性。

域完整性可以通过定义 CHECK 约束、规则、DEFAULT 约束等来实现。

实体完整性可以通过定义索引、PRIMARY KEY 约束、UNIQUE 约束或 IDENTITY 属性来实现。

参照完整性是指在对两个相关联的表（主表与从表）进行数据插入和删除时，保证它们之间数据的一致性。可以使用 FOREIGN KEY 约束在从表中定义外键，它与主表的主键可实现主表与从表之间的参照完整性。定义表间参照关系应先定义主表 PRIMARY KEY 约束（或 UNIQUE 约束），再对从表定义 FOREIGN KEY 约束。

拓展阅读　为计算机事业做出过巨大贡献的王选院士

王选院士为我国的计算机事业做出过巨大贡献，并因此获得国家最高科学技术奖。

王选院士（1937—2006 年）是享誉国内外的著名科学家，汉字激光照排技术创始人，北京大学王选计算机研究所主要创建者。

王选院士发明的汉字激光照排系统两次获国家科学技术进步奖一等奖（1987 年、1995 年），两次被评为全国十大科技成就（1985 年、1995 年），并获国家重大技术装备成果奖特等奖。王选院士一生荣获了国家最高科学技术奖、联合国教科文组织科学奖、陈嘉庚科学奖、美洲中国工程师学会个人成就奖、何梁何利基金科学与技术进步奖等二十多项重大成果和荣誉。

1975 年，以王选院士为首的科研团队决定跨越当时日本流行的光机式二代机和欧美流行的阴极射线管式三代机阶段，开创性地研制当时国外尚无商品的第四代激光照排系统。针对汉字印刷的特点和难点，他们发明了高分辨率字形的高倍率信息压缩技术和高速复原方法，率先设计出相应的专用芯片，在世界上首次使用控制信息（参数）描述笔画特性。第四代激光照排系统获 1 项欧洲专利和 8 项中国专利，并获第 14 届日内瓦国际发明展金奖、中国专利发明创造金奖，2007 年入选"首届全国杰出发明专利创新展"。

实训 8　实现 sale 数据库完整性

（1）根据你的理解，简述 sale 数据库需要设置哪些主键，写出 SQL 语句。

（2）在开发时需要保证 ProOut 表与 Product 表之间的参照完整性，即向 ProOut 表中录入或修改产品编号 ProNo 时，该产品编号 ProNo 必须在 Product 表中存在。

（3）根据你的理解，简述 sale 数据库还需要设置哪些外键，写出 SQL 语句。

（4）在 ProOut 表中对 Quantity（销售数量）字段的值进行限制，使其值大于或等于 1 时有效。

（5）在 ProOut 表中对 SaleDate（销售日期）字段进行设定，当不输入其值时，系统默认其值为当前日期。

小结

本项目主要介绍了数据完整性技术，内容包括数据完整性的概念、分类，以及域完整性、实体完整性、参照完整性的实现。数据完整性就是数据库中的数据在逻辑上的一致性、正确性和可靠性。保证数据完整性可确保数据库中数据的质量。数据完整性一般包括 3 种类型：域完整性、实体完整性和参照完整性。

域完整性是指给定字段输入的有效性，即保证指定字段输入的数据具有正确的数据类型、格式和有效的数据范围。实体完整性用于保证数据表中每一个特定实体的记录都是唯一的。通过定义索引、UNIQUE 约束、PRIMARY KEY 约束或 IDENTITY 属性可以实现数据的实体完整性。对两个相关联的表（主表与从表）进行数据更新和删除操作时，通过参照完整性可以保证它们之间数据的一致性。

习题

一、填空题

1. _____完整性是指保证指定字段的数据具有正确的数据类型、格式和有效的数据范围。

2. _____完整性用于保证数据库中数据表的每一个特定实体的记录都是唯一的。

3. 数据完整性分为_____完整性、_____完整性和_____完整性。

4. UNIQUE 和 PRIMARY KEY 都为数据提供了_____约束。

5. 约束可以在创建表的同时定义，也可以在表创建好以后通过_____表来定义。

6. 当向表中现有的字段添加 PRIMARY KEY 约束时，必须确保该字段数据无_____值和无_____值。

7. 若在现有字段上添加 CHECK 约束，不检查现有数据，则需要添加 WITH_____。

8. 将规则绑定到字段或用户定义数据类型的系统存储过程是_____。

二、判断题

1. 在一个表中定义 PRIMARY KEY 约束后就不能再在任何字段上定义 UNIQUE 约束了。（　　）

2. 规则必须使用一次就定义一次。（　　）

3. 如果规则当前绑定到某字段或用户定义数据类型上，则不解除绑定时不能直接删除规则。（　　）

4．当增加、删除或修改数据表中的记录时，可以借助实体完整性来保证相关联表之间数据的一致性。（　　　）

三、简答题

说明数据完整性的含义及用途。

四、设计题

使用 SQL 语句完成下面的操作。

1．创建 BOOK 表，BOOK 表包括书名、书号、类型、价格、入库时间等字段。为"入库时间"字段定义一个名为 min_time 的 CHECK 约束，使入库时间在 2000-1-1 之后。

2．创建一个名为 num_rule 的规则，并将其绑定到 BOOK 表的"书号"字段上，以限制"书号"字段由 6 位字符组成，前两位字符由大写字母 A～Z 组成，后 4 位字符由数字 0～9 组成。

3．删除 1 题、2 题中定义的约束和规则。

4．对 BOOK 表的"书号"字段创建 PRIMARY KEY 约束。

5．对 BOOK 表的"书名"字段创建 UNIQUE 约束。

6．为 BOOK 表的"类型"字段设置 DEFAULT 约束，约束名为 booktype，默认值为 NEW BOOK。

7．在 BOOK 表中删除上述约束。

项目9
使用SQL编程

09

【能力目标】

- 能使用 SQL 的表达式和基本流程控制语句。
- 能使用各种常用的系统内置函数。
- 能自定义并调用函数。
- 能使用游标。

【素养目标】

- 了解国家战略性新兴产业。"雪人计划"服务于国家的"信创产业",可以大大激发青年学生的爱国情怀和求知求学的斗志。
- "三更灯火五更鸡,正是男儿读书时。黑发不知勤学早,白首方悔读书迟。"祖国的发展日新月异,唯有勤奋学习、惜时如金,才无愧盛世年华。

【项目描述】

使用 SQL 编写程序流程控制语句。练习 SQL 中函数和游标的使用。

【项目分析】

SQL 是用于数据库查询的结构化语言。目前,许多关系数据库管理系统支持 SQL,如 Access、Oracle、Sybase、DB2 等。

本项目主要介绍 SQL 程序设计基础知识。

【职业素养小贴士】

"基础不牢,地动山摇。"地基对于一个房屋的重要性不言而喻。对于本项目,SQL 语句就相当于地基。希望读者能抓住关键因素,打好基础,为建好"高楼大厦"做好坚实的"地基建设"。

【项目定位】

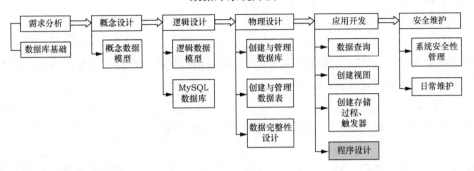

任务 1 SQL 编程基础

【任务目标】

- 了解 SQL 编程知识。
- 掌握 SQL 语法规则。
- 学会在 SQL 中使用常量、变量、标识符、运算符表达式。

【任务描述】

局部变量和全局变量的使用。

【任务分析】

MySQL 增加了一些语言元素，这部分不是 SQL 标准所包含的内容，而是为了用户编程方便增加的语言元素。这些语言元素包括变量、运算符、函数、流程控制语句和注释。本任务将介绍这些增加的语言元素。

任务 1-1 标识符与注释

SQL 语句中常常会使用标识符引用某数据库或构成元素，也会对一些注意事项或说明以注释标识，注释对 SQL 语句的运行没有任何影响。

1. 标识符

数据库对象的名称被看作该对象的标识符。在 MySQL 中，标识符可以分成两类：常规标识符与分隔标识符。分隔标识符不常用，因此下面只介绍常规标识符的使用。

常规标识符应符合如下规则。

（1）第一个字符必须是下列字符之一：ASCII 字符、Unicode 字符、下画线、@或#。在 MySQL

中，某些处于标识符开始位置的符号具有特殊意义，以@开头的标识符表示局部变量或参数，以一个数字符号开头的标识符表示临时表或过程，以##开头的标识符表示全局临时对象。

（2）后续字符可以是 ASCII 字符、Unicode 字符、下画线、@、美元符号\$或数字符号。

（3）标识符不能是 SQL 的保留字。

（4）不允许嵌入空格或其他特殊字符。

2. 注释

注释是指为 SQL 语句加上解释和说明文字，以说明该代码的含义，增加代码的可读性。SQL 语句支持使用以下 3 种方法来添加注释。

（1）使用"#"

使用"#"可进行单行注释，例如，#这段注释到行尾结束。

（2）使用"--"

使用"--"可进行单行注释。请注意，这种注释风格要求"--"后面至少跟一个空白符（如空格、Tab、换行符等）。该语法与标准 SQL 注释语法稍有不同。例如，--声明局部变量。

（3）使用"/*...*/"

使用/*...*/可进行多行注释。注释从"/*"序列开始到"*/"序列结束，序列不一定在同一行中，因此该语法允许注释跨越多行。例如，/*使用 GROUP BY 子句和聚合函数对数据进行分组后，再使用 HAVING 子句对分组数据做进一步筛选*/。

任务 1-2　常量

常量是指在程序运行过程中值不变的量。常量又称为标量值。

根据常量值的不同类型，常量分为字符串常量、整型常量、实型常量、日期时间常量等。常量的格式取决于它所表示的值的数据类型。MySQL 中常量的数据类型如表 9-1 所示。

表 9-1　MySQL 中常量的数据类型

数据类型		说明	示例
字符串常量	ASCII 字符串常量	用单引号引起来，由 ASCII 字符构成的字符串，每个字符用 1 字节存储	'山东'、'this is database'、'R"abc'（可使用两个单引号表示嵌入的单引号）
	Unicode 字符串常量	以大写字母 N 开头，后面同 ASCII 字符串常量格式，每个字符用 2 字节存储	N'山东'、N'How are you!'
整型常量	二进制	表示为数字 0 或 1，若使用一个大于 1 的数，则被转换为 1	0x54E（十六进制） 35、–83（十进制）
	十六进制	以 0x 开头，后跟十六进制数字串	
	十进制	不带小数点的十进制数	
实型常量	定点表示	12.8、–92.5
	浮点表示	+174E–2、–27E3
日期时间常量		用单引号将表示日期时间的字符串引起来	'3/8/09'、'11-11-06'、'19491001'、'11:13:45 PM'、'13:22:34'、'11-11-06 13:20:44'

任务 1-3　变量

变量是指在程序运行过程中值可以改变的量。变量有名称和数据类型两个属性，变量名用于标识该变量，且必须是合法的标识符。变量的数据类型确定了该变量存放值的格式及允许的运算。变量可分为局部变量和全局变量。

1. 局部变量

局部变量是用户定义的变量，用于保存单个数据值。局部变量常用于保存程序运行的中间结果或作为循环变量使用。在 MySQL 存储过程中，定义变量有两种方式。

（1）用 DECLARE 关键字定义变量

用 DECLARE 语句声明的局部变量只能在存储过程中使用，称为存储过程变量。

语法格式如下。

```
DECLARE  local_variable[,local_variable] data_type [DEFAULT value];
```

参数说明如下。

① local_variable：局部变量名，应为常规标识符。

② data_type：数据类型，用于定义局部变量的类型，可为系统类型或自定义类型。当同时定义多个局部变量时，它们只能是同一种数据类型。

③ DEFAULT：用于设置变量的默认值，省略时变量的初始值为 NULL。

④ 局部变量的作用范围仅限于它被声明的 BEGIN 和 END 语句之间，批处理或存储过程结束后，存储在局部变量中的信息将丢失。

（2）直接定义变量并为其赋值

可使用 SET 或 SELECT 语句直接为变量赋值。

使用 SET 语句为变量赋值的语法格式如下。

```
SET @local_variable=expression;
```

参数说明如下。

① local_variable：除 cursor、text、ntext、image 外的任意类型的变量。

② expression：任意有效的 MySQL 表达式。

【例 9-1】创建局部变量@var1、@var2，为它们赋值，并输出变量的值。

```
SET @var1='山东';
SET @var2='大学';
SELECT  @var1,@var2,concat(@var1,@var2);
```

【例 9-2】创建一个名为 xm 的局部变量，并在 SELECT 语句中使用该局部变量查找 XSDA 表中所有管理系学生的姓名、总学分。

```
USE xs;
SET  @xm='管理';
SELECT  姓名,总学分
FROM XSDA
WHERE 系名=@xm;
```

【例 9-3】使用查询语句为变量赋值。

```
USE xs;
SET @name=(SELECT 姓名 FROM XSDA LIMIT 1);
SELECT @name;
```

用 SELECT 语句为变量赋值的语法格式如下。

```
SELECT {@local_variable:=expression} [,…n];
```

参数说明如下。

① local_variable：除 cursor、text、ntext、image 外的任意类型的变量。

② expression：任意有效的 MySQL 表达式。

③ n：表示可为多个变量赋值。

SELECT 通常用于将单个值返回到变量中，当 expression 为表的字段名时，可使用子查询功能从表中一次返回多个值，此时将返回的最后一个值赋给变量。如果子查询没有返回值，则将变量设为 NULL。注意上面两种赋值方式，使用 SET 时可以使用"="或":="，但是使用 SELECT 时必须使用":="赋值。

如果省略了赋值号及后面的表达式，则可以将局部变量的值显示出来，起到了显示局部变量值的作用。

【例 9-4】创建局部变量@var1、@var2，为它们赋值，并输出变量的值。

```
SELECT @var1:='山东';
SELECT @var2:='大学';
SELECT  @var1,@var2,concat(@var1,@var2);
```

运行结果与例 9-1 相同。

【例 9-5】使用查询语句为变量赋值。

```
SELECT  @name:=姓名
FROM   XSDA;
SELECT @name;
```

2. 全局变量

全局变量是由系统提供并赋值，且预先声明的用来保存 MySQL 系统运行状态数据值的变量。用户不能定义全局变量，也不能用 SET 语句和 SELECT 语句修改全局变量的值。通常可以将全局变量的值赋给局部变量，以便保存和处理。全局变量在 MySQL 启动时由服务器自动将它们初始化为默认值，这些默认值可以通过 my.ini 文件更改。

【例 9-6】查询所有的全局变量。

```
SHOW GLOBAL variables;
```

任务 1-4　运算符与表达式

MySQL 提供的常用运算符有算术运算符、比较运算符和逻辑运算符 3 种，本任务将详细介绍这些运算符。有关一元运算符、位运算符、赋值运算符的使用请查阅相关资料。

1. 算术运算符

算术运算符包括 +（加）、-（减）、*（乘）、/（除）和 %（取模），参与运算的数据是数值类型的，其运算结果也是数值类型的。加、减运算符也可用于对日期类型数据进行运算，还可用于对数字字符数据与数值类型数据进行运算。在除法运算和取模运算中，如果除数为 0，则其为非法除数，返回结果为 NULL。

【例 9-7】算术运算符的使用。

```
SELECT  3+5,8-3,5/4,5.0/4,7%3;
```

2. 比较运算符

比较运算符（又称为关系运算符）及其含义如表 9-2 所示，用来对两个相同类型表达式的顺序、大小、相同与否进行比较。除了 text、ntext 或 image 数据类型的表达式外，比较运算符可以用于所有表达式，即用于数值大小的比较、字符串排列顺序的比较、日期数据的比较等。

比较结果为真时返回 1，为假时返回 0，比较结果不确定时返回 NULL。

表 9-2　比较运算符及其含义

运算符	含义
=	相等
>	大于
<	小于
>=	大于或等于
<=	小于或等于
<> 、!=	不等于
BETWEEN	在两值之间
NOT BETWEEN	不在两值之间
IN	在集合中
NOT IN	不在集合中
LIKE	模糊匹配
REGEXP、RLIKE	正则表达式匹配
IS NULL	为空
IS NOT NULL	不为空

【例 9-8】比较运算符的使用。

```
-- 比较数值大小
SELECT 2<3;
-- 结果为 1


-- 比较字符串顺序是否相同
SELECT 'asd' > 'abd';
-- 结果为 1


-- 判断是否在两值之间
SELECT 4 BETWEEN 5 AND 10;
-- 结果为 0
```

3. 逻辑运算符

逻辑运算符用于对某个条件进行测试，如表 9-3 所示。逻辑运算符和比较运算符一样，结果返回 1、0 或 NULL。

表 9-3　逻辑运算符及其含义

运算符	含义
AND	逻辑与
OR	逻辑或
NOT 或 !	逻辑非
XOR	逻辑异或

【例9-9】查询比信息系所有学生的年龄都小的学生的学号、姓名及出生日期。

分析与引导如下。

（1）求出信息系所有学生的出生日期。

（2）>ALL 表示大于信息系所有学生的出生日期（即大于最大日期，用子查询实现）。

（3）找出满足条件的记录（学号、姓名及出生日期）。

```
USE xs;
SELECT 学号,姓名，出生日期
FROM XSDA
WHERE 出生日期>ALL
(   SELECT 出生日期
    FROM XSDA
    WHERE 系名='信息'
);
```

【例9-10】查询成绩高于"方平"的最低成绩的学生的姓名、课程名称及成绩。

分析与引导如下。

（1）求出"方平"的所有成绩。

（2）>ANY 表示至少大于"方平"的一门课程的成绩（即高于最低成绩，用子查询实现）。

（3）找出满足条件的记录（姓名、课程名称及成绩，用连接查询实现）。

```
USE xs;
SELECT DISTINCT 姓名,课程名称,成绩
FROM XSDA JOIN XSCJ ON XSDA.学号=XSCJ.学号
JOIN KCXX ON XSCJ.课程编号=KCXX.课程编号
WHERE 成绩>ANY
(   SELECT  成绩
    FROM XSDA,XSCJ
    WHERE XSDA.学号=XSCJ.学号 AND 姓名='方平'
) AND 姓名<>'方平';
```

4. 运算符的优先级

当一个复杂的表达式中包含多个运算符时，运算符优先级将决定执行运算的先后次序。执行的顺序会影响得到的运算结果。

运算符优先级如表 9-4 所示。表达式要按先高（优先级高）后低（优先级低）的顺序进行运算。

表 9-4　运算符优先级

运算符	优先级
=（赋值）、:=	1
||、OR、XOR	2
&&、AND	3
NOT	4
BETWEEN、CASE、WHEN、THEN、ELSE	5
=（比较）、<=>、>=、>、<=、<、<>、!=、IS、LIKE、REGEXP、IN	6
|（位或）	7
&（位与）	8
<<、>>	9
+（加）、+（串联）、-（减）	10

续表

运算符	优先级
*（乘）、/（除）、%（取模）、DIV、MOD	11
^（位异或）	12
-(一元，负号)、～(一元，按位取反）	13
!	14

在表 9-4 中，同行的运算符具有相同的优先级，除赋值运算符从右到左运算外，其余相同级别的运算符在同一个表达式中出现时，运算顺序为从左到右。

在表达式中，可用括号改变运算符的优先级。先对括号内的表达式求值，再对括号外的运算符进行运算。若表达式中有嵌套的括号，则优先对最内层的圆括号中的表达式求值。

任务 1-5　完成综合任务

完成以下任务，巩固 SQL 编程基础的知识，具体任务如下。

（1）将字符串"China"赋给一个局部变量 chr，并输出 chr 的值。

9-1　完成综合任务

```
SET @chr='China';
SELECT  @chr;
```

（2）定义一个名为 func 的函数，声明一个整型的局部变量 num，为该变量赋值 50，再调用函数输出 num 的值。

```
-- 通过定义函数创建局部变量
USE xs;
DELIMITER $$
CREATE FUNCTION func() RETURNS int
BEGIN
    DECLARE num int DEFAULT 50;
    RETURN num;
END $$
SELECT func();-- 调用函数输出结果
```

 说明　运行上述 SQL 语句时，若开启了 bin-log，则必须为 function 指定一个参数，即在命令行模式下运行 set global log_bin_trust_function_creators=TRUE，否则会报 1418 错误。

（3）将 XSDA 表中第一个男生的姓名赋给局部变量 name。

```
USE xs;
SET @name=(SELECT 姓名 FROM XSDA WHERE 性别='男' LIMIT 1);
SELECT @name;
```

任务 2　编写程序流程控制语句

【任务目标】

- 学会编写程序流程控制语句。

9-2 编写程序流
程控制语句

【任务描述】

流程控制语句的使用：用循环语句编写求 2+4+6+8+10 之和的程序。

【任务分析】

MySQL 服务器端的程序通常使用 SQL 语句来编写。一般而言，一个服务器端的程序由注释、变量、流程控制语句、消息处理等组成。

任务 2-1　流程控制语句

设计程序时，常常需要使用各种流程控制语句改变计算机的执行流程，以满足程序设计的需要。MySQL 提供的主要流程控制语句如下。

1. IF 语句

MySQL 提供了两种 IF 语句，一种适用于 SQL 语句，另一种适用于复杂的 SQL 操作。

（1）适用于 SQL 语句的 IF 语句

其适用于 SQL 语句中的条件判断。

语法格式如下。

```
IF(expression1,expression2,expression3)
```

说明　上述语法中，当表达式 expression1 的值为 TRUE 时，IF 语句返回表达式 expression2 的值，否则返回 expression3 的值。

【例 9-11】在 XSDA 表中，如果某学生的总学分是 54，则输出其学号、姓名和系名。

```
USE xs;
SELECT 学号,姓名,系名 FROM XSDA WHERE IF(总学分=54,总学分,0);
```

（2）适用于复杂的 SQL 操作的 IF 语句

其用于实现函数、存储过程等程序中复杂的 SQL 操作。在程序中，如果要判定给定的条件，当条件为真或假时分别执行不同的 SQL 语句，就可用 IF…ELSE IF…ELSE 语句实现。

语法格式如下。

```
IF search_condition1 THEN statement_list1
    [ELSEIF search_condition2 THEN statement_list2]...
    [ELSE statement_list3]
END IF
```

说明　当条件表达式 search_condition1 为真时，运行对应 THEN 子句后的 statement_list1 列表；当 search_condition1 为假时，继续判断 search_condition2 是否为真，若为真，则运行对应 THEN 子句后的 statement_list2 列表，以此类推。若所有条件表达式都为假，则运行 ELSE 子句后的语句列表。

【例 9-12】如果"王红"的平均成绩高于 90 分，则显示"平均成绩优秀"；否则显示"平均成绩非优秀"。

```
DELIMITER $$
CREATE PROCEDURE pro_cj(IN xsxm varchar(20),OUT text1 varchar(20))  -- 创建存储过程
BEGIN
    DECLARE avg_score int;
    SELECT AVG(成绩) INTO avg_score FROM XSDA,XSCJ WHERE XSDA.学号=XSCJ.学号 AND 姓名
=xsxm;
    IF avg_score>90 THEN
        SET @text1='平均成绩优秀';
    ELSE
        SET @text1='平均成绩非优秀';
    END IF;
    SELECT xsxm,@text1;
END ;
$$
DELIMITER ;
CALL pro_cj('王红',@text1);  -- 调用存储过程
```

2. CASE 语句

CASE 语句用于计算条件列表并返回多个可能的结果之一。

（1）简单 CASE 函数

简单 CASE 函数使用简单 CASE 语句来检查表达式的值与一组唯一值的匹配情况。

语法格式如下。

```
CASE [condition_expression] WHEN expression1 THEN result1
   [WHEN expression2 THEN result2]…[ELSE result] END
```

> **说明**　condition_expression 是条件表达式，与 WHEN 子句中的表达式进行比较。直到与其中的一个表达式相等时，输出对应 THEN 子句后的结果。若 condition_expression 默认，则直接判断 WHEN 后的条件表达式，直到其中一个的判断结果为真时，输出相应 THEN 子句后的结果。如果 WHEN 子句的表达式都不满足，则运行 ELSE 子句后的结果。当 CASE 语句中不含 ELSE 子句时，判断结果直接返回 NULL。

【例 9-13】查询 XSDA 表中学生的姓名和系名，使用 CASE 语句进行判断，系名为"信息"时显示"信息工程学院"，系名为"管理"时显示"管理学院"，其余为"其他学院"。

```
USE xs;
SELECT 姓名,
  (CASE 系名
      WHEN '信息' THEN '信息工程学院'
      WHEN '管理' THEN '管理学院'
      ELSE '其他学院'
   END
    ) AS 系名全称
FROM XSDA;
```

（2）CASE 搜索函数

为了执行更复杂的匹配，如范围，可以使用 CASE 搜索函数。它的语法等同于 IF 语句，但它的构造可读性更强。

语法格式如下。

```
CASE [condition_expression] WHEN expression1 THEN result_expression1
    [WHEN expression2 THEN result_expression2]...[ELSE result_expression] END
```

【例 9-14】判断"王丽丽"的成绩等级：当成绩大于或等于 90 时，成绩等级为"优秀"；当成绩大于或等于 80 时，成绩等级为"良好"；当成绩大于或等于 70 时，成绩等级为"中等"；当成绩大于或等于 60 时，成绩等级为"及格"；否则为"不及格"，并输出姓名、成绩、课程编号和成绩等级。

```
USE xs;
SELECT 姓名,成绩,课程编号,
        (CASE WHEN 成绩>=90 THEN '优秀'
          WHEN 成绩>=80 THEN '良好'
          WHEN 成绩>=70 THEN '中等'
          WHEN 成绩>=60 THEN '及格'
          ELSE '不及格' END) AS '成绩等级'
FROM XSDA,XSCJ
WHERE XSDA.学号=XSCJ.学号 AND 姓名='王丽丽';
```

3. LOOP 语句

LOOP 语句通常用于实现一个简单的循环。

语法格式如下。

```
[label:] LOOP
    statement_list
END LOOP [label]
```

参数说明如下。

（1）label：标签，它的定义只要符合 MySQL 标识符的定义规则即可。通常使用判断语句进行条件判断，使用 LEAVE label 语句退出循环。

（2）LOOP 语句会重复运行 statement_list，因此在 statement_list 中要给出结束循环的条件，否则会出现死循环。

【例 9-15】计算 1~10 中整数之和。

```
DELIMITER $$
CREATE PROCEDURE proc_sum()   -- 定义一个存储过程计算 1~10 中整数之和
BEGIN
DECLARE i,sum int DEFAULT 0; -- 变量 i 和 sum 的初始值为 0
  SIGN:LOOP
    IF i>10 THEN              -- 判断 i 是否大于 10，若是，则输出当前 i 和 sum 的值并退出循环
      SELECT i,sum;
        LEAVE sign;
    ELSE        -- 若 i 小于或等于 10，则将 i 的值累加到 sum 中，i 自增 1，再次运行 LOOP 中的语句
    SET sum=sum+i;
          SET i=i+1;
    END IF;
  END LOOP SIGN;
END ;
$$
DELIMITER ;
CALL proc_sum(); -- 调用存储过程
```

4. WHILE 语句

WHILE 语句用于创建一个带条件判断的循环过程。只有满足条件表达式的要求时，才会运行

对应的语句列表。

语法格式如下。

```
WHILE expression DO
    statement_list
END WHILE
```

【例 9-16】使用 WHILE 语句实现例 9-15 的要求。

```
DELIMITER $$
CREATE PROCEDURE proc_while_sum()
BEGIN
DECLARE i,sum int DEFAULT 0;
    WHILE i<=10 DO
    SET sum=sum+i;
    SET i=i+1;
    END WHILE;
    SELECT i,sum;
END;
$$
DELIMITER ;
CALL proc_while_sum(); -- 调用存储过程
```

任务 2-2　完成综合任务

使用循环语句编写求 2+4+6+8+10 之和的程序。

```
USE xs;
DELIMITER $$
CREATE PROCEDURE proc_even()
BEGIN
DECLARE i,sum int DEFAULT 0;
    WHILE i<=10 DO
    IF i%2=0
    THEN SET sum=sum+i;
    END IF;
    SET i=i+1;
    END WHILE;
    SELECT i,sum;
END;
$$
DELIMITER ;
CALL proc_even(); -- 调用存储过程
```

任务 3　使用系统内置函数

【任务目标】

9-3　使用系统
内置函数

- 学会测试各系统内置函数的功能。
- 能在实际编程中运用内置函数。

【任务描述】

系统内置函数的使用。

（1）使用 CONVERT 函数将表达式 2.8/-1.4 的结果以有符号整型返回。

（2）使用 CAST 函数将表达式 0.5/1 的结果以无符号整型返回。

（3）写出下列函数的返回值。

① ABS（-5）。

② REPLACE（'ABCDEF'，'CD'，'UI'）。

③ SUBSTRING（'中国人民'，3，2）。

④ ASCII（'SQL'）。

【任务分析】

函数是 MySQL 提供的用以完成某种特定功能的程序。在 MySQL 中，函数可分为系统内置函数和用户自定义函数。本任务主要介绍系统内置函数中常用的数学函数、字符串函数、日期和时间函数、聚合函数、数据类型转换函数和系统信息函数等。

任务 3-1　数学函数

数学函数用于对数字表达式进行数学运算并返回运算结果。下面介绍几个常用的数学函数。

1. ABS 函数

ABS 函数是绝对值函数，用于返回给定数字型表达式的绝对值。

语法格式如下。

```
ABS ( numeric_expression )
```

 说明　参数 numeric_expression 为数字型表达式（bit 数据类型除外），函数的返回值类型与 numeric_expression 相同。

2. ROUND 函数

ROUND 函数用于数据的四舍五入，返回一个数学表达式，并四舍五入为指定的长度或精度。

语法格式如下。

```
ROUND ( numeric_expression , length )
```

 说明　参数 numeric_expression 为数字型表达式（bit 数据类型除外）。函数的返回值类型与 numeric_expression 相同。

length 是 numeric_expression 将要四舍五入的精度，length 必须是 tinyint、smallint 或 int 类型的值。当 length 为正数时，numeric_expression 四舍五入为 length 指定的小数位数；当 length 为负数时，numeric_expression 按 length 指定的精度在小数点的左边四舍五入。

3. RAND 函数

RAND 函数用于产生 0（含）～1 的随机 float 类型的值。

语法格式如下。

```
RAND ( )
```

【例 9-17】使用 SELECT 语句查询数学函数。

```
SELECT ABS(-5), ABS(0.0), ABS(6.0);
SELECT ROUND(123.456, 2),ROUND(123.456, -2);
SELECT RAND();
```

任务 3-2 字符串函数

字符串函数用于对字符串进行操作，并返回一个字符串或数字值。下面介绍几个常用的字符串函数。

1. ASCII 函数

ASCII 函数用于返回字符型表达式最左端字符的 ASCII 值。

语法格式如下。

```
ASCII ( character_expression )
```

> **说明**　参数 character_expression 是字符型表达式，函数返回值的类型为整型。

2. LENGTH 函数

LENGTH 函数用于获取字符串占用的字节数。使用 UTF-8 编码字符集时，一个汉字占用 3 字节，一个数字或字母占用 1 字节。

语法格式如下。

```
LENGTH ( character_expression )
```

> **说明**　参数 character_expression 是字符型表达式，函数返回值为整型。

【例 9-18】使用 SELECT 语句查询字符串函数。

```
SELECT ASCII('A'), ASCII('a'), ASCII('中国') , ASCII('5');
SELECT LENGTH('努力的你'),LENGTH('A');
```

3. LEFT 函数

LEFT 函数用于返回从字符串左边开始指定个数的字符。

语法格式如下。

```
LEFT ( character_expression , integer_expression )
```

> **说明**　参数 character_expression 为字符型表达式。
>
> integer_expression 为整型表达式，表示字符个数。
>
> 函数返回值的类型为 varchar。

4. RIGHT 函数

RIGHT 函数用于返回从字符串右边开始指定个数的字符。

语法格式如下。

```
RIGHT ( character_expression , integer_expression )
```

 说明 其参数说明与 LEFT 函数相同。

5. SUBSTRING 函数

SUBSTRING 函数是文本处理函数，可以用于截取字符串。

语法格式如下。

```
SUBSTRING ( expression , start , length )
```

 说明 参数 expression 可为字符串、二进制串、text、image 字段或表达式。

start 是一个整数，指定子串的开始位置。

length 是一个整数，指定子串的长度（要返回的字符数或字节数）。如果 expression 是字符类型和 binary 类型，则返回值的类型与 expression 的类型相同。

【例 9-19】使用 SELECT 语句查询字符串函数。

```
SELECT LEFT('山东职业学院',2);
SELECT RIGHT('山东职业学院',3);
SELECT SUBSTRING('山东职业学院',3,2);
```

6. REPLACE 函数

REPLACE 函数是 MySQL 中处理字符串时比较常用的函数，它可以用于替换字符串中的内容，不需要再编写函数替换。

语法格式如下。

```
REPLACE ( 'string_expression1' , 'string_expression2' , 'string_expression3' )
```

 说明 用第 3 个字符串表达式替换第 1 个字符串表达式中包含的所有第 2 个字符串表达式，并返回替换后的表达式。参数'string_expression1'、'string_expression2'、'string_expression3'均为字符串型表达式。函数的返回值为字符型。

7. REVERSE 函数

REVERSE 函数用于将字符串中的字符顺序反转。

语法格式如下。

```
REVERSE ( character_expression )
```

 说明 参数 character_expression 为字符型表达式。

【例 9-20】使用 SELECT 语句查询字符串函数。

```
SELECT REPLACE('计算机软件专业','软件','应用');
```

```
SELECT REVERSE('计算机软件专业');
```

任务 3-3　日期和时间函数

为了方便日期和时间的处理与转换，常常需要借助日期和时间函数。下面介绍几个常用的日期和时间函数。

1. NOW 函数

NOW 函数用于获取 MySQL 服务器的当前日期和时间，返回值类型为 datetime。

语法格式如下。

```
NOW()
```

2. DAY 函数

DAY 函数用于返回指定日期的日期值。

语法格式如下。

```
DAY ( date )
```

 说明　参数 date 为 datetime 或 smalldatetime 类型的表达式。函数的返回值类型为 int。

3. MONTH 函数

MONTH 函数用于返回指定日期的月份。

语法格式如下。

```
MONTH ( date )
```

 说明　参数 date 是 datetime 或 smalldatetime 类型的表达式。函数的返回值类型为 int。

4. YEAR 函数

YEAR 函数用于返回指定日期的年份。

语法格式如下。

```
YEAR ( date )
```

 说明　参数 date 是 datetime 或 smalldatetime 类型的表达式。函数的返回值类型为 int。

【例 9-21】使用 SELECT 语句查询日期和时间函数。

```
SELECT NOW() AS '当前系统日期时间';
SELECT YEAR('2022-2-1');
SELECT MONTH('2022-2-1');
SELECT DAY('2022-2-1');
```

任务 3-4　聚合函数

聚合函数用于计算表中的数据并返回单个计算结果。常用的聚合函数包括 MAX、MIN、SUM、

AVG、COUNT，在项目 5 中已介绍，此处不再赘述。

任务 3-5　数据类型转换函数

数据类型转换函数用于将某种数据类型转换为指定的另一种数据类型。

1. CAST 函数

CAST 函数用于将值从一种数据类型转换为表达式中指定的另一种数据类型。

语法格式如下。

```
CAST(expression AS data_type)
```

> **说明**　参数 expression 可为任意有效的表达式。
>
> data_type 可为系统提供的基本类型，不能是用户自定义类型。如果 data_type 为 nchar、nvarchar、char、varchar、binary、varbinary 等数据类型，就通过 length 参数指定长度。

2. CONVERT 函数

CONVERT 函数和 CAST 函数实现的功能类似，都是进行数据类型转换，但二者语法格式不同。

语法格式如下。

```
CONVERT (data_type[(length)],expression[,style])
```

> **说明**　各参数的说明同 CAST 函数。参数 style 一般取默认值，详细用法请参阅相关资料。

【例 9-22】使用 SELECT 语句查询数据类型转换函数。

```
SET @StringTest='数据结构成绩=',@intTest=80;
SELECT  CONCAT(@StringTest,CAST(@intTest AS char(4))) AS 考试成绩1,
        CONCAT(@StringTest,CONVERT(@intTest,char(4))) AS 考试成绩2;
```

任务 3-6　系统信息函数

系统信息函数用于查看 MySQL 服务器的系统信息，如 MySQL 版本号、登录服务器的用户名、主机地址等。

1. VERSION 函数

VERSION 函数用于获取当前 MySQL 服务实例使用的 MySQL 版本号。

语法格式如下。

```
VERSION( )
```

2. USER 函数

USER 函数用于获取登录服务器的主机地址及用户名，与 SYSTEM_USER 和 SESSION_USER 函数等价。

语法格式如下。

```
USER ( )
```

【例 9-23】使用 SELECT 语句查询系统信息函数。

```
SELECT VERSION();
SELECT USER();
```

任务 3-7　完成综合任务

完成以下任务，巩固 MySQL 中使用系统内置函数的知识点，具体任务如下。

（1）使用 CONVERT 函数将表达式 2.8/-1.4 的结果以有符号整型返回。

```
mysql> SELECT CONVERT(2.8/-1.4,SIGNED) res1;
+------+ss
| res1 |
+------+
|   -2 |
+------+
1 row in set (0.00 sec)
```

（2）使用 CAST 函数将表达式 0.5/1 的结果以无符号整型返回。

```
mysql> SELECT CAST(0.5/1 AS UNSIGNED) res2;
+------+
| res2 |
+------+
|    1 |
+------+
1 row in set (0.00 sec)
```

（3）写出下列函数的返回值。

① ABS（-5）	5
② REPLACE（'ABCDEF', 'CD', 'UI'）	ABUIEF
③ SUBSTRING（'中国人民', 3, 2）	人民
④ ASCII（'SQL'）	83

任务 4　编写用户自定义函数

【任务目标】

- 学会创建和删除用户自定义函数。
- 在设计数据库时能灵活使用用户自定义函数。

9-4　编写用户自
定义函数

【任务描述】

创建一个自定义函数 average（num char（20）），能使用该函数计算某门课程的平均分，并试着使用这个函数计算出编号为 202 的课程的平均成绩。

【任务分析】

在 MySQL 中，除了系统提供的内置函数外，用户还可以根据需要在数据库中自定义函数。用户自定义函数是由一条或多条 SQL 语句组成的子程序，可以反复调用。而每条语句都是一个符合语句定义规范的个体，需要使用语句结束符（;）。

任务 4-1 定义与调用用户自定义函数

函数是一个整体，只有在被调用时才会被执行。因此，在定义函数时需要临时修改语句结束符。语法格式如下。

```
DELIMITER  新结束符号
    自定义函数
新结束符号
DELIMITER;
```

 说明 自定义的新结束符号推荐使用系统非内置的符号，如$$。在使用 DELIMITER 修改语句结束符后，在自定义函数中可以正常使用分号结束符。

1. 自定义函数语法

MySQL 不仅提供了一些常用的函数，还支持自定义函数，以满足用户的需求。
语法格式如下。

```
CREATE  FUNCTION function_NAME                              /*函数名部分*/
([parameter_NAME  scalar_parameter_data_type ][,…n])       /*形参定义部分*/
RETURNS scalar_return_data_type                            /*返回值类型*/
[ BEGIN ]
  function_body                                            /*函数体部分*/
  RETURN scalar_expression                                 /*返回语句*/
[ END ]
```

参数说明如下。

（1）function_NAME：用户自定义函数名。函数名必须符合 MySQL 的语法规定，推荐使用字母、数字和下画线。

（2）parameter_NAME：用户自定义函数的形参名。可以声明一个或多个参数，不区分字母大小写。多个参数之间使用逗号分隔。即使没有可选参数，在定义函数时，函数名也必须跟上一个空的圆括号"( )"。

（3）scalar_parameter_data_type：参数的数据类型。形参名和数据类型之间用空格分隔。

（4）scalar_return_data_type：返回值类型。若返回值类型与指定的类型不相同，则进行自动类型转换。

（5）function_body：由 SQL 语句序列构成的函数体。

（6）当自定义函数体内含有多条语句时，必须使用复合语句 BEGIN...END 包裹函数体。

【例 9-24】定义一个函数 average，求某学生选修的所有课程的平均成绩。

```
USE xs;
DELIMITER $$
DROP FUNCTION IF EXISTS average$$
CREATE  FUNCTION  average(num  char(6))  RETURNS  int DETERMINISTIC
BEGIN
  DECLARE aver int DEFAULT 0;
  SET @tableName=num;
  SELECT AVG(成绩) INTO aver
  FROM  XSCJ
  WHERE 学号=@tableName;
```

```
    RETURN aver;
END $$
DELIMITER ;
```

2. 调用函数

函数定义完成后需要调用才能使其生效。自定义函数的调用与 MySQL 内置函数的调用相同。语法格式如下。

```
SELECT 函数名（实参 1,…,实参 n）;
```

 说明 实参可为已赋值的局部变量或表达式。

【例 9-25】用 SELECT 语句调用例 9-24 定义的函数，求学号为 201601 的学生的平均成绩。

```
USE xs;
SELECT average('201601') AS '学号为 201601 的学生的平均成绩';
```

任务 4-2　删除用户自定义函数

MySQL 为删除数据库中的函数提供了专门的 SQL 语句。

语法格式如下。

```
DROP  FUNCTION [IF EXISTS] function_NAME;
```

参数说明如下。

（1）IF EXISTS：如果函数已经存在。

（2）function_NAME：指要删除的用户自定义函数的名称。

【例 9-26】删除例 9-24 中定义的 average 函数。

```
DROP  FUNCTION  average;
```

任务 4-3　完成综合任务

查询编号为 202 的课程的平均成绩。

```
USE xs;
DELIMITER $$
DROP FUNCTION IF EXISTS average$$              -- 如果函数存在，则删除
CREATE FUNCTION average(num char(20)) RETURNS  int DETERMINISTIC
BEGIN
 DECLARE aver int DEFAULT 0;
    SET @tableName=num;
 SELECT
 ( SELECT AVG(成绩)
        FROM XSCJ
        WHERE 课程编号=@tableName
 ) INTO aver;
  RETURN aver;
END $$
DELIMITER ;
-- 调用函数
SELECT average('202') AS '202 号课程的平均成绩';
```

9-5　使用游标

任务 5　使用游标

【任务目标】

- 学会使用游标。
- 能配合其他 SQL 语句（如流程控制语句等）灵活使用游标。

【任务描述】

声明一个名为 xs_CUR1 的动态游标，对"总学分"字段进行修改，并使用该游标。

【任务分析】

关系数据库中的操作会对整个记录集产生影响。使用 SELECT 语句能返回所有满足条件的记录，这一完整的记录集被称为结果集。但是在实际开发应用程序时，往往需要每次处理结果集中的一条记录或一部分记录。游标是提供结果集扩展的一种机制。

游标支持以下功能。

（1）定位在结果集的特定行。

（2）从结果集的当前位置检索一条记录或多条记录。

（3）支持修改结果集中当前行的数据。

（4）为由其他用户对显示在结果集中的数据库数据所做的更改提供不同级别的可见性支持。

（5）提供脚本、存储过程和触发器中使用的访问结果集中数据的 SQL 语句。

使用游标的步骤如下：声明游标、打开游标、数据处理、关闭游标。

任务 5-1　声明游标

在 SQL 中声明游标使用 DECLARE CURSOR 语句。

语法格式如下。

```
DECLARE cursor_NAME CURSOR
FOR select_statement                                /*SELECT 查询语句
```

参数说明如下。

（1）cursor_NAME：游标名，必须唯一。游标名是唯一用于区分不同游标的标识。

（2）select_statement：SELECT 查询语句，由该查询产生与所声明的游标相关联的结果集。该 SELECT 语句中不能出现 INTO 关键字。

【例 9-27】声明一个名为 xs_CUR1 的游标，查询系名为"信息"的学生的学号、姓名和总学分。

```
USE xs;
DELIMITER $$
CREATE PROCEDURE xf_proc_cursor()
BEGIN
  DECLARE xs_CUR1 CURSOR
```

```
FOR
    SELECT 学号,姓名,总学分
    FROM XSDA
    WHERE 系名='信息';
END $$
DELIMITER ;
```

任务 5-2　打开游标

声明游标后,要使用游标并从中提取数据,就必须先打开游标。

语法格式如下。

```
OPEN cursor_NAME
```

一个游标可以打开多次,当用户打开游标时,其他用户或程序可能正在更新数据表,这样会导致用户每次打开游标后显示的结果不同。

【例 9-28】声明一个名为 xs_CUR2 的游标,统计 XSDA 表中的学生的人数。

```
USE xs;
DELIMITER $$
CREATE PROCEDURE count_proc_cursor()
BEGIN
 DECLARE xs_CUR2 CURSOR
 FOR
    SELECT count(*) AS 学生总人数
    FROM XSDA;
 OPEN xs_CUR2;  -- 打开游标
END $$
DELIMITER ;
```

任务 5-3　数据处理

游标打开以后,就可对数据进行处理,如读取数据、修改数据和删除数据。

1. 读取数据

可以使用 FETCH 语句从结果集中读取数据。

语法格式如下。

```
FETCH  [[NEXT] FROM]  cursor_NAME
INTO variable_NAME[,…n]
```

参数说明如下。

(1) cursor_NAME:要从中读取数据的游标名。

(2) NEXT:读取当前行的下一行,并将其置为当前行。如果 FETCH NEXT 是对游标的第 1 次提取操作,则读取的是结果集的第 1 行。NEXT 为默认的游标提取选项。

(3) INTO:将读取的游标数据存放到指定的变量中。

(4) variable_NAME:存放游标数据的变量,可以有多个。

> **说明**　使用 FETCH 语句从结果集中读取单行数据,并将每列中的数据移至指定的变量中,以便其他 SQL 语句引用这些变量来访问读取的数据值,根据需要,可以对游标中当前位置的行执行修改操作(更新或删除)。

【例9-29】从例9-27的游标xs_CUR1中提取数据。

```
USE xs;
DELIMITER $$
DROP PROCEDURE IF EXISTS xf_proc_cursor$$              -- 如果存在，则删除
CREATE PROCEDURE xf_proc_cursor()
BEGIN
 DECLARE row_xh char(6);
    DECLARE row_xm char(8);
    DECLARE row_zxf int;
 DECLARE xs_CUR1 CURSOR
 FOR
   SELECT 学号,姓名,总学分
   FROM XSDA
   WHERE 系名='信息';
 OPEN xs_CUR1;
 FETCH from xs_CUR1 INTO row_xh,row_xm,row_zxf;
 SELECT row_xh AS 学号,row_xm AS 姓名,row_zxf AS 总学分;
END $$
DELIMITER ;
CALL xf_proc_cursor;  -- 调用存储过程
```

2. 修改数据

可以使用游标修改游标基表中当前记录的字段值。用于游标时，一个UPDATE语句只能修改一行游标基表中的数据。使用FETCH语句检索所有数据需要结合循环语句实现，其中常与游标一起使用的是REPEAT语句。

【例9-30】使用游标更新XSDA1表中第2条总学分小于64的记录，并将总学分修改为40。

```
USE xs;
DROP TABLE IF EXISTS XSDA1;                    -- 如果XSDA1表存在，则删除该表
CREATE TABLE XSDA1 LIKE XSDA;                  -- 创建新表
INSERT INTO XSDA1 SELECT * FROM XSDA;          -- 复制旧表数据到新表中
DELIMITER $$
DROP PROCEDURE IF EXISTS xgzxf_proc_cursor$$
CREATE PROCEDURE xgzxf_proc_cursor()
BEGIN
    DECLARE cur_xh,cur_xingm,cur_xim CHAR(8);
    DECLARE cur_zxf int DEFAULT 0;
 DECLARE XGZXF_CUR CURSOR FOR SELECT 学号, 姓名,系名,总学分 FROM XSDA1 WHERE 总学分<64;
 OPEN XGZXF_CUR;
 FETCH NEXT FROM XGZXF_CUR INTO cur_xh,cur_xingm,cur_xim,cur_zxf;
 FETCH NEXT FROM XGZXF_CUR INTO cur_xh,cur_xingm,cur_xim,cur_zxf;
 UPDATE XSDA1 SET 总学分=40 WHERE 学号=cur_xh;    -- 修改数据
 SELECT * FROM XSDA1 WHERE 总学分<64;
END $$
DELIMITER;
CALL xgzxf_proc_cursor;   -- 调用存储过程
DROP TABLE XSDA1;          -- 上述语句运行完成后，可运行此条语句删除新表
```

3. 删除数据

可以使用游标删除游标基表中的当前记录。用于游标时，一个DELETE语句只能删除一个游标基表中的数据。

【例 9-31】使用游标删除 XSDA1 表中第 2 条总学分小于 64 的记录。

```
USE xs;
DROP TABLE IF EXISTS XSDA1;                              -- 如果 XSDA1 表存在，则删除该表
DROP PROCEDURE IF EXISTS xgzxf_proc_cursor;             -- 如果存在，则删除
CREATE TABLE XSDA1 LIKE XSDA;                            -- 创建新表
INSERT INTO XSDA1 SELECT * FROM XSDA;                    -- 复制旧表数据到新表中
DELIMITER $$
DROP PROCEDURE IF EXISTS xgzxf_proc_cursor$$
CREATE PROCEDURE xgzxf_proc_cursor()
BEGIN
    DECLARE cur_xh,cur_xingm,cur_xim CHAR(8);
    DECLARE cur_zxf int DEFAULT 0;
 DECLARE XGZXF_CUR CURSOR FOR SELECT 学号，姓名,系名,总学分 FROM XSDA1 WHERE 总学分<64;
 OPEN XGZXF_CUR;
 FETCH NEXT FROM XGZXF_CUR INTO cur_xh,cur_xingm,cur_xim,cur_zxf;
 FETCH NEXT FROM XGZXF_CUR INTO cur_xh,cur_xingm,cur_xim,cur_zxf;
 DELETE FROM XSDA1 WHERE 学号=cur_xh;
 SELECT * FROM XSDA1 WHERE 总学分<64;
END $$
DELIMITER ;
CALL xgzxf_proc_cursor;   -- 调用存储过程
DROP TABLE xsda1 ;         -- 上述语句运行完成后，可运行此条语句删除新表
```

任务 5-4　关闭游标

游标使用完以后需及时关闭，以释放游标占用的 MySQL 服务器的内存资源。关闭游标使用 CLOSE 语句。

语法格式如下。

```
CLOSE  cursor_NAME
```

【例 9-32】关闭游标 xs_CUR1。

```
CLOSE xs_CUR1;
```

拓展阅读　"雪人计划"

"雪人计划"（Yeti DNS Project）是基于全新技术架构的全球下一代互联网（IPv6）根服务器测试和运营实验项目，旨在打破现有的根服务器困局，为下一代互联网提供更多的根服务器解决方案。

"雪人计划"是 2015 年 6 月 23 日在国际互联网名称与数字地址分配机构（the Internet Corporation for Assigned Names and Numbers，ICANN）第 53 届会议上正式对外发布的。

发起者包括我国"下一代互联网关键技术和评测北京市工程中心"、日本 WIDE 机构（M 根运营者）、国际互联网名人堂入选者保罗·维克西（Paul Vixie）博士等组织和个人。

2019 年 6 月 26 日,中华人民共和国工业和信息化部同意中国互联网络信息中心设立域名根服务器及运行机构。"雪人计划"于 2016 年在中国、美国、日本、印度、俄罗斯、德国、法国等全球 16 个国家完成 25 台 IPv6 根服务器架设，其中 1 台主根服务器和 3 台辅根服务器部署在我国，事实上形成了 13 台原有根服务器加 25 台 IPv6 根服务器的新格局，为建立多边、透明的国际互联网治理体系打下了坚实基础。

实训 9　程序设计

（1）计算有多少个班级（假设为 x），并显示一条信息，即"共有 x 个班级"。

（2）编写计算 n!（n=20）的 SQL 语句，并显示计算结果。

（3）创建一个自定义函数，能够使用该函数计算出销售总金额（销售数量 Quantity×单价 Price）。

9-6　程序设计

小结

本项目主要讲述了 SQL 语句的标识符、常量、变量、运算符和表达式，基本流程控制语句，系统内置函数与用户自定义函数，以及游标的使用。本项目是学习 SQL 的基础，只有理解和掌握这些知识，才能正确编写 SQL 程序和深入理解 SQL。

学习本项目需要掌握 SQL 语法规则，学会在 SQL 中使用常量、变量、标识符、运算符表达式。设计程序时，要能灵活利用系统内置函数、各种流程控制语句。此外，使用游标需要执行以下几个步骤：声明游标、打开游标、数据处理、关闭游标。

习题

一、填空题

1. 在 MySQL 中，局部变量名以_____开头。

2. 在 MySQL 中，字符串常量用_____引起来，日期型常量用_____引起来。

3. 函数 ROUND（17.8361，2）和 ABS（-15.76）的值分别为_____和_____。

4. 函数 LENGTH（'I am a student'）、RIGHT（'chinese'，5）、SUBSTRING（'chinese'，3，2）和 LEFT（'chinese'，2）的值分别为_____、_____、_____和_____。

5. 函数 REPLACE（'计算机软件技术专业'，'软件'，'网络'）、REVERSE（'计算机软件技术专业'）的值分别为_____和_____。

6. 函数 YEAR（'1941-7-6'）、MONTH（'1941-7-6'）和 DAY（'1941-7-6'）的值分别为_____、_____和_____。

7. 语句 SELECT 15/2、SELECT 15/2.0、SELECT 17%4、SELECT '1000' - 15 和 SELECT '2000' + 15 的执行结果分别为_____、_____、_____、_____和_____。

8. 语句 SELECT（4+5）*2-17/（4-（5-3））+18%4 的执行结果是_____。

9. 对于多行注释，必须使用_____进行注释。

二、简答题

1. 在 SQL 中，什么是全局变量？什么是局部变量？

2. 使用游标读取数据需要执行哪几个步骤？

三、设计题

1. 使用 WHILE 循环语句编程求 1~100 的自然数之和。

2. 编写一个自定义函数，根据 XSDA 表中的"出生日期"字段计算某个学生的年龄。

项目10

创建、使用存储过程和触发器

【能力目标】

- 能理解存储过程和触发器的概念与分类。
- 能创建、执行、修改与删除存储过程。
- 能定义、修改与删除触发器。

【素养目标】

- 2022 年上半年，在全球浮点运算性能最强的 500 台超级计算机中，中国部署的超级计算机数量继续位列全球第一。这是中国的自豪，也是中国崛起的重要见证。
- "靡不有初，鲜克有终。""莫等闲，白了少年头，空悲切！"青年学生做事要善始善终，不负韶华。

【项目描述】

按照需求为 xs 数据库创建存储过程和触发器。

【项目分析】

在学生数据库 xs 的实际应用中，常需要重复执行一些数据操作。例如，查询某个系的学生情况；在增加某学生一门课程的及格成绩时，XSDA 表中自动在总学分中增加该课程的学分等。为了方便用户，也为了提高执行效率，可以使用 MySQL 中的用户自定义函数、存储过程和触发器来满足这些应用需求。它们是 MySQL 程序设计的"灵魂"，掌握和使用好它们对数据库的开发与应用非常重要。本项目主要介绍存储过程和触发器的使用。

【职业素养小贴士】

好的方法可以让问题变得很简单，达到"事半功倍"的效果。在数据库中常需要重复执行一些数据操作，用户自定义函数、存储过程和触发器可以满足这些应用需求。在解决问题前，需要找到合适的方法。

【项目定位】

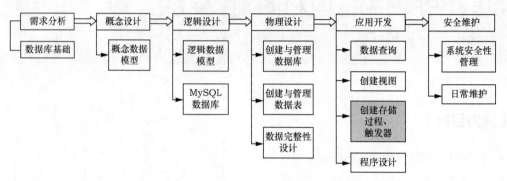

任务 1　创建与使用存储过程

【任务目标】

- 理解存储过程的作用。
- 学会根据需要创建、修改和删除存储过程（包含输入和输出参数）。
- 能够在开发实际应用时灵活运用存储过程来提高开发效率。

10-1　创建与使用
存储过程

【任务描述】

按需求为 xs 数据库创建以下存储过程。

（1）创建存储过程 xsda_xhxm_in，从 xs 数据库的 XSDA 表中查询信息系男生的学号和姓名。

（2）创建存储过程 xsda_query，从 xs 数据库的 3 个表中查询某学生某门课程的成绩和学分。

（3）创建存储过程 xsda_xm，从 XSDA 表中查询学生姓名中含"红"字的学生的姓名、性别和系名。

（4）创建存储过程 xsda_avg，计算指定学生的各课程的平均成绩。

（5）创建存储过程 p_CourseNum，根据用户给定的课程名称统计报名人数。

（6）创建存储过程 p_CourseName，根据用户给定的课程名称显示所有学生的姓名及系名。

【任务分析】

存储过程是 SQL 语句和流程控制语句的集合，存储过程能被编译和优化。为了理解什么是存储过程，先看下面的例子。为了查询 xs 数据库中信息系学生的总学分信息，可以使用下列 SQL 语句。

```
USE xs;
SELECT 学号,姓名,系名,总学分 FROM XSDA
WHERE 系名='信息'
ORDER BY 总学分 DESC;
```

尽管这个查询不大，只有 4 行文本，可是如果网络中有 5000 个用户执行同一查询，从客户机通过网络向服务器发送这个查询就会增加大量网络通信流，这可能造成拥塞。要避免拥塞，让网络全速运行，应减少从客户机通过网络向服务器发送的代码量，从而减少网络通信流。为此，可以将代码以一定的形式存放在服务器中，而不是存放在客户机上。如果将上面的这段代码存放在服务器中，并将其命名为 EX，那么执行该查询时，执行 EX 即可。

执行上述存储过程，查看执行结果，比较存储过程与用户自定义函数有何异同。

任务 1-1　存储过程概述

存储过程就是在 MySQL 数据库中存放的查询，是存储在服务器中的一组预编译过的 SQL 语句，而不是在客户机的前端代码中存放的查询。

存储过程除了可以减少网络通信流之外，还有如下优点。

（1）存储过程在服务器端运行，执行速度快。存储过程是预编译过的，第一次调用以后就驻留在内存中，以后调用时不必再编译，因此，它的运行速度比独立运行同样的程序要快。

（2）简化数据库管理。例如，如果需要修改现有查询，而查询存放在用户机器上，则要在所有的用户机器上进行修改。而如果在服务器中集中存放查询并作为存储过程，就只需要在服务器中改变一次。

（3）提供安全机制，增强数据库安全性。授予对存储过程的执行权限而不是授予数据库对象的访问权限，可以限制对数据库对象的访问，在用户通过存储过程处理数据库中数据的同时，保证了用户不能直接访问存储过程中涉及的表及其他数据库对象，从而保证了数据库数据的安全性。另外，存储过程的调用过程隐藏了访问数据库的细节，因此也提高了数据库中数据的安全性。

（4）减少网络流量。如果直接使用 SQL 语句完成一个模块的功能，那么每次执行程序时都需要通过网络传输全部 SQL 语句。如果将其组织成存储过程，用户仅仅发送一条单独的语句就实现了一个复杂的操作，这样需要通过网络传输的数据量将大大减少。

任务 1-2　创建存储过程

简单的存储过程类似于给一组 SQL 语句命名，并可以在需要时反复调用该组 SQL 语句；复杂一些的存储过程则需要输入和输出参数。

创建存储过程前，应注意下列事项。

① 存储过程只能定义在当前数据库中。

② 存储过程的名称必须遵循标识符命名规则。

语法格式如下。

```
CREATE PROCEDURE <过程名> ( [过程参数[,…] ] ) <过程体>
[过程参数[,…] ]格式
[ IN | OUT | INOUT ] <参数名> <类型>
```

参数说明如下。

（1）过程名：存储过程的名称，默认在当前数据库中创建。若需要在特定数据库中创建存储过程，则要在名称前面加上数据库的名称，即db_NAME.sp_NAME。

需要注意的是，应当尽量避免选取与MySQL内置函数相同的名称，否则会发生错误。

（2）过程参数：存储过程的参数列表。其中，<参数名>为参数名，<类型>为参数的类型（可以是任意有效的MySQL数据类型）。当有多个参数时，各参数在参数列表中用逗号分隔。存储过程可以没有参数（此时存储过程的名称后仍需加上一对括号），各参数也可以有一个或多个参数。

MySQL存储过程支持3种类型的参数，即输入参数、输出参数和输入/输出参数，分别用IN、OUT和INOUT这3个关键字标识。其中，输入参数可以传递给一个存储过程；输出参数用于存储过程需要返回一个操作结果的情形；而输入/输出参数既可以充当输入参数，又可以充当输出参数。

需要注意的是，参数的命名不要与数据表的字段名相同，否则尽管不会返回出错信息，但是存储过程的SQL语句会将参数名看作字段名，从而引发不可预知的结果。

（3）过程体：存储过程的主体部分，也称为存储过程体，包含在过程调用时必须运行的SQL语句中。这个部分以关键字BEGIN开始，以关键字END结束。若存储过程体中只有一条SQL语句，则可以省略BEGIN和END标志。

在存储过程的创建中经常会用到一条十分重要的MySQL语句，即DELIMITER语句，特别是对于通过命令行的方式来操作MySQL数据库的使用者，更是要学会使用该语句。

在MySQL中，服务器处理SQL语句默认是以分号作为语句结束符的。然而，在创建存储过程时，存储过程体可能包含多条SQL语句，这些SQL语句如果仍以分号作为语句结束符，那么MySQL服务器在处理时会以遇到的第一条SQL语句结尾处的分号作为整个程序的结束符，而不再去处理存储过程体中第一个分号后面的SQL语句，这样显然不行。

为了解决以上问题，通常使用DELIMITER语句将结束符修改为其他字符。

语法格式如下。

```
DELIMITER //
```

//是用户定义的结束符，通常这个符号可以是一些特殊的符号，如两个"?"或两个"￥"等。

使用DELIMITER语句时，应该避免使用反斜杠"\"字符，因为它是MySQL的转义字符。

在MySQL命令行工具中输入如下SQL语句。

```
mysql > DELIMITER //
```

成功运行这条SQL语句后，任何命令、语句或程序的结束符就换为"//"了。

若希望换回默认的分号";"作为结束符，则在MySQL命令行工具中输入下列语句即可。

```
mysql > DELIMITER ;
```

注意，DELIMITER和分号";"之间一定要有一个空格。

1. 创建简单的存储过程

使用SQL语句创建一个不带参数的简单存储过程。

【例 10-1】创建一个存储过程 stu_inf，从 XSDA 表中查询管理系总学分大于 55 的学生的信息。

```
USE xs;
DELIMITER //
CREATE PROCEDURE stu_inf()
BEGIN
SELECT  *  FROM XSDA WHERE 系名='管理' AND 总学分>55;
END //
DELIMITER ;
```

2. 创建带参数的存储过程

在例 10-1 中，存储过程只能查询管理系学生的信息，为了提高程序的灵活性，可创建带输入参数或输出参数的存储过程。下面的两个例子是创建带参数的存储过程。

【例 10-2】创建带输入参数的存储过程 stu_per，根据学生姓名查询该学生的信息。

```
USE xs;
DELIMITER //
CREATE PROCEDURE stu_per(IN name char(8))
BEGIN
SELECT * FROM XSDA WHERE 姓名=name;
END //
DELIMITER ;
```

输出参数用于在存储过程中返回值，使用 OUT 声明输出参数。

【例 10-3】创建带输出参数的存储过程 kc_avg，查询所有学生指定课程的平均成绩，并将该平均成绩返回。

```
USE xs;
DELIMITER //
CREATE PROCEDURE kc_avg (IN kcname char(20),OUT kcavg decimal(3,1))
BEGIN
SELECT AVG(成绩) INTO kc_avg FROM XSCJ JOIN KCXX ON XSCJ.课程编号=KCXX.课程编号
WHERE   课程名称=kcname;
END //
DELIMITER ;
```

任务 1-3　查看存储过程

MySQL 的存储过程的状态信息可以使用 SHOW STATUS 语句或 SHOW CREATE 语句查看，也可以直接从系统的 information_schema 数据库中查询，本任务主要讲解 SHOW STATUS 语句或 SHOW CREATE 语句的用法。

1. 使用 SHOW STATUS 语句查看存储过程的状态信息

MySQL 中通过 SHOW STATUS 语句查看存储过程的状态信息。

语法格式如下。

```
SHOW {PROCEDURE | FUNCTION} STATUS [LIKE 'pattern']\G
```

这条语句是一个 MySQL 扩展。它返回一个存储过程或者函数的特征，如数据库、名称、类型、字符集信息、创建者及其创建和修改日期。PROCEDURE 和 FUNCTION 分别表示查看存储过程和函数，LIKE 语句表示匹配的名称，加 "\G" 参数可以使显示的结果更加直接。

【例 10-4】使用 SHOW STATUS 语句查看例 10-1 创建的存储过程 stu_inf。

```
USE xs;
SHOW PROCEDURE STATUS LIKE 'stu_inf'\G;
```

运行结果如下。

```
*************************** 1. row ***************************
                 Db: xs
               Name: stu_inf
               Type: PROCEDURE
            Definer: root@localhost
           Modified: 2022-04-04 10:46:37
            Created: 2022-04-04 09:19:47
      Security_type: INVOKER
            Comment:
character_set_client: gbk
collation_connection: gbk_chinese_ci
  Database Collation: utf8_general_ci
1 row in set (0.00 sec)
```

2. 使用 SHOW CREATE 语句查看存储过程的状态信息

除了使用 SHOW STATUS 语句外，MySQL 还可以通过 SHOW CREATE 语句查看存储过程的状态信息。

语法格式如下。

```
SHOW CREATE {PROCEDURE | FUNCTION} sp_NAME
```

类似于 SHOW CREATE TABLE，它返回一个已经创建的存储过程或者函数的信息。

【例 10-5】使用 SHOW CREATE 语句查看例 10-1 创建的存储过程 stu_inf。

```
USE xs;
SHOW CREATE PROCEDURE xs.stu_inf\G;
```

运行结果如下。

```
*************************** 1. row ***************************
           Procedure: stu_inf
            sql_mode: STRICT_TRANS_TABLES,NO_ENGINE_SUBSTITUTION
    Create Procedure: CREATE DEFINER='root'@'localhost' PROCEDURE 'stu_inf'()
    MODIFIES SQL DATA
    SQL SECURITY INVOKER
BEGIN
SELECT  *  FROM XSDA WHERE 系名='管理' AND 总学分>55;
END
character_set_client: gbk
collation_connection: gbk_chinese_ci
  Database Collation: utf8_general_ci
1 row in set (0.00 sec)
```

任务 1-4   执行存储过程

存储过程创建成功后保存在数据库中。在 MySQL 中可以使用 CALL 语句直接执行存储过程。

语法格式如下。

```
CALL procedure_NAME  [value|@variable OUT][,…]
```

参数说明如下。

（1）CALL：用于执行存储过程的关键字，如果此语句是批处理的第 1 条语句，就可以省略此关键字。

（2）procedure_NAME：用于指定存储过程的名称。

（3）value 为输入参数提供实值，@variable 为一个已定义的变量，OUT 紧跟在变量后，说明该变量用于保存输出参数返回的值。

（4）当有多个参数时，彼此用逗号分隔。

【例 10-6】执行例 10-1 创建的存储过程 stu_inf。

```
USE xs;
CALL stu_inf();
```

【例 10-7】执行例 10-2 创建的存储过程 stu_per，查询学生"王红"的个人信息。

```
USE xs;
CALL stu_per('王红');
```

【例 10-8】执行例 10-3 创建的存储过程 kc_avg，查询"数据结构"课程的平均成绩。

```
USE xs;
CALL kc_avg('数据结构',@AVG);
SELECT @AVG AS '数据结构平均分';
```

任务 1-5　修改与删除存储过程

根据数据表的数据变化，有些存储过程需要修改与删除，这时需要使用 SQL 语句进行对应的操作，以便正确查询数据，提高查询效率。

1. 使用 SQL 语句修改存储过程

存储过程的修改是由 ALTER 语句来完成的。

语法格式如下。

```
ALTER {PROCEDURE | FUNCTION} proc_or_func [characterustic…]
```

其中，characterustic 指定了存储过程的特性，可能的取值有以下几种。

（1）CONTAINS SQL：表示子程序包含 SQL 语句，但不包含读或写数据的语句。

（2）NO SQL：表示子程序中不包含 SQL 语句。

（3）READS SQL DATA：表示子程序中包含读数据的语句。

（4）MODIFIES SQL DATA：表示子程序中包含写数据的语句。

（5）SQL SECURITY { DEFINER |INVOKER }：指明谁有权限执行该存储过程。

（6）DEFINER：表示只有定义者自己才能够执行该存储过程。

（7）INVOKER：表示调用者可以执行该存储过程。

（8）COMMENT 'string'：表示注释信息。

【例 10-9】修改存储过程 stu_inf 的定义，将读写权限修改为 MODIFIES SQL DATA，并指明调用者可以执行该存储过程。

```
USE xs;
ALTER PROCEDURE  stu_inf
```

```
MODIFIES SQL DATA
SQL SECURITY INVOKER;
```

2. 使用 SQL 语句删除存储过程

删除存储过程也可以使用 DROP 语句，DROP 语句可以将一个或多个存储过程从当前数据库中删除。

语法格式如下。

```
DROP {PROCEDURE | FUNCTION} [IF EXISTS] procedure_NAME
```

参数说明如下。

（1）procedure_NAME 表示要删除的存储过程的名称。

（2）IF EXISTS 表示"如果不存在"，它可以避免发生错误，产生一个警告。该警告可以使用 SHOW WARNINGS 语句查询。

【例 10-10】删除 xs 数据库中的 stu_inf 存储过程。

```
USE xs;
DROP PROCEDURE stu_inf;
```

任务 1-6　完成综合任务

完成以下任务，巩固创建与使用存储过程的知识，具体任务如下。

（1）创建存储过程 xsda_xhxm_in，从 xs 数据库的 XSDA 表中查询信息系男生的学号和姓名。

```
USE xs;
DELIMITER //
CREATE PROCEDURE xsda_xhxm_in()
BEGIN
SELECT 学号,姓名
FROM XSDA
WHERE  系名='信息' AND 性别='男';
END //
DELIMITER;
CALL xsda_xhxm_in();
```

（2）创建存储过程 xsda_query，从 xs 数据库的 3 个表中查询指定课程名称学生的姓名、成绩和学分。

```
USE xs;
DELIMITER //
CREATE PROCEDURE xsda_query(IN kc char(20))
BEGIN
SELECT 姓名,成绩,学分
FROM XSDA,KCXX,XSCJ
WHERE 课程名称=kc AND XSDA.学号 =XSCJ.学号 AND XSCJ.课程编号 =KCXX.课程编号;
END //
DELIMITER ;
CALL xsda_query('计算机文化基础');
```

（3）创建存储过程 xsda_xm，从 XSDA 表中查询姓名中含"红"字的学生的姓名、性别和系名。

```
USE xs;
DELIMITER //
CREATE PROCEDURE xsda_xm()
BEGIN
SELECT 姓名,性别,系名
FROM XSDA
WHERE  姓名 LIKE '%红%';
END //
DELIMITER;
CALL xsda_xm();
```

（4）创建存储过程 xsda_avg，计算指定学生各课程的平均成绩。

```
USE xs;
DELIMITER //
CREATE PROCEDURE xsda_avg(IN xs char(8))
BEGIN
SELECT XSCJ.课程编号,AVG(成绩) 平均成绩
FROM XSDA,KCXX,XSCJ
WHERE 姓名=xs AND XSDA.学号 =XSCJ.学号 AND XSCJ.课程编号 =KCXX.课程编号
GROUP BY XSCJ.课程编号;
END //
DELIMITER;
CALL xsda_avg('王红');
```

（5）创建存储过程 p_CourseNum，根据用户给定的课程名称统计报名人数。

```
USE xs;
DELIMITER //
CREATE PROCEDURE p_CourseNum(IN kc char(20),OUT kccou int)
BEGIN
SELECT COUNT(XSDA.姓名)INTO kccou
FROM XSDA,KCXX,XSCJ
WHERE 课程名称=kc AND XSDA.学号 =XSCJ.学号 AND XSCJ.课程编号 =KCXX.课程编号
GROUP BY XSCJ.课程编号;
END //
DELIMITER ;
CALL p_CourseNum('数据结构',@kccou);
SELECT @kccou AS '数据结构人数';
```

（6）创建存储过程 p_CourseName，根据用户给定的课程名称显示学习这门课程的所有学生的姓名及系名。

```
USE xs;
DELIMITER //
CREATE PROCEDURE p_CourseName(IN kc char(20))
BEGIN
SELECT XSDA.姓名,系名
FROM XSDA,KCXX,XSCJ
WHERE 课程名称=kc AND XSDA.学号 =XSCJ.学号
       AND XSCJ.课程编号 =KCXX.课程编号;
END //
DELIMITER ;
CALL p_CourseName('数据结构');
```

任务2　创建与使用触发器

【任务目标】

- 理解触发器的作用。
- 能熟练创建、修改和删除触发器。
- 在开发实际应用时，能够灵活运用触发器完成业务要求，以达到简化系统整体设计的目的。

10-2　创建与使用
触发器

【任务描述】

按需求在 xs 数据库中创建以下触发器。

（1）定义一个触发器 XSDA_update，无论对 XSDA 表进行何种更新操作，这个触发器都将显示一条语句"Stop update XSDA, now!"，并取消所做的修改。

（2）定义一个触发器 XSCJ_insert，当在 XSCJ 表中插入一条记录时，检查该记录的学号在 XSDA 表中是否存在，如果该记录的学号在 XSDA 表中不存在，则不允许插入该记录，并提示"错误代码1，违背数据的一致性，不允许插入!"。

（3）定义一个触发器 KCXX_delete，当从 KCXX 表中删除一条记录时，检查该记录的课程编号在 XSCJ 表中是否存在，如果该记录的课程编号在 XSCJ 表中存在，则不允许执行删除操作，并提示"错误代码2，违背数据的一致性，不允许删除!"。

【任务分析】

触发器是一类特殊的存储过程，它是一种在运行某些特定的 SQL 语句时可以自动执行的存储过程。根据任务要求定义触发器的条件，查看触发器的效用。比较存储过程与触发器有何异同。

任务2-1　触发器概述

MySQL 包含对触发器的支持。触发器是一种与表操作有关的数据库对象，当触发器所在表出现指定事件时，将调用该对象，即表的操作事件触发表的触发器的执行。

1. 触发器的概念

触发器作为一个对象存储在数据库中。触发器为数据库管理人员和程序开发人员提供了一种保证数据完整性的方法。触发器是定义在特定的表或视图上的。当有操作影响到触发器保护的数据时，例如，数据表发生了 INSERT、UPDATE 或 DELETE 操作时，如果该表有对应的触发器，这个触发器就会自动激活并执行。

2. 触发器的功能

MySQL 提供了两种方法来保证数据的有效性和完整性：约束和触发器。触发器是针对数据库和数据表的特殊存储过程，它在指定的表中的数据发生改变时自动生效，并可以包含复杂的 SQL

语句，用于处理各种复杂的操作。MySQL 将触发器和触发它的语句作为可在触发器内回滚的单个事务对待，如果检测到严重错误，整个事务就自动回滚，恢复为原来的状态。

3. 触发器的类型

在 MySQL 中，根据激活触发器执行的 SQL 语句类型，可以把触发器分为两类：DML 触发器和 DDL 触发器。

（1）DML 触发器

DML 触发器是当数据库服务器中发生数据操作语言事件（如 INSERT、UPDATE 或 DELETE 等）时执行的特殊存储过程。

DML 触发器根据其引发的时机不同又可以分为 AFTER 触发器和 INSTEAD OF 触发器两种类型。

① AFTER 触发器。在执行 INSERT、UPDATE 或 DELETE 操作之后执行 AFTER 触发器。它主要用于记录变更后的处理或检查，一旦发现错误，就可以使用 ROLLBACK TRANSACTION 语句来回滚本次的操作。

② INSTEAD OF 触发器。这类触发器一般用来取代原本要进行的操作，是在记录变更之前发生的，它并不执行原来 SQL 语句中的操作，而是执行触发器本身定义的操作。

（2）DDL 触发器

DDL 触发器是当数据库服务器中发生数据定义语言事件（如 CREATE、ALTER 等）时执行的特殊存储过程。DDL 触发器一般用于执行数据库中的管理任务，如审核和规范数据库操作，防止数据表结构被修改等。

4. inserted 表和 deleted 表

每个触发器都有两个特殊的表：inserted 表和 deleted 表。这两个表则建在数据库服务器的内存中，是由系统管理的逻辑表，而不是真正存储在数据库中的物理表。对于这两个表，用户只有读取的权限，没有修改的权限。

这两个表的结构与触发器所在数据表的结构是完全一致的，当触发器的工作完成之后，这两个表也将从内存中删除。

（1）inserted 表中存放的是更新前的记录。对于插入记录操作来说，inserted 表中存储的是要插入的数据；对于更新记录操作来说，inserted 表中存放的是要更新的记录。

（2）deleted 表中存放的是更新后的记录。对于更新记录操作来说，deleted 表中存放的是更新前的记录；对于删除记录操作来说，deleted 表中存放的是被删除的旧记录。

由此可见，在进行 INSERT 操作时，只影响 inserted 表；在进行删除操作时，只影响 deleted 表；在进行 UPDATE 操作时，既影响 inserted 表，又影响 deleted 表。

任务 2-2　创建触发器

在理解触发器的概念、功能和类型之后，接下来介绍如何使用 SQL 语句创建触发器，具体内容如下。

1. 使用 SQL 语句创建触发器

触发器与表（视图）是紧密相关的。在创建触发器时，需要指定触发器的名称、包含触发器的表、引发触发器的条件及触发器启动后要运行的 SQL 语句等内容。

语法格式如下。

```
CREATE
    [DEFINER = { user | CURRENT_USER }]
TRIGGER trigger_NAME
trigger_time trigger_event
ON tbl_NAME FOR EACH ROW
    [trigger_order]
trigger_body

trigger_time: { BEFORE | AFTER }
trigger_event: { INSERT | UPDATE | DELETE }
trigger_order: { FOLLOWS | PRECEDES } other_trigger_NAME}
```

参数说明如下。

（1）trigger_NAME：触发器的名称。trigger_NAME 必须遵循标识符命名规则，但 trigger_NAME 不能以#或##开头，且不能与其他数据库对象同名。

（2）trigger_time：触发时间。它有两种取值——AFTER 和 BEFORE，表明在每一条记录被修改之后或之前触发动作。

（3）trigger_event：触发的语句类型。

① INSERT：无论什么方式的记录插入都会触发。

② UPDATE：无论什么方式的记录更新都会触发。

③ DELETE：无论什么方式的记录删除都会触发。但是 DROP TABLE、TRUNCATE TABLE 和 DROPPING A PARTITION 不会触发，因为它们没有使用 DELETE 语句。

（4）FOR EACH ROW：任何一条记录上的操作满足触发事件都会触发该触发器，也就是说，触发器的触发频率是针对每条记录触发一次。

（5）trigger_body：触发器运行的语句。可使用 BEGIN...END 语句。

注意，创建触发器有下列限制。

① 触发器只能创建在永久表（Permanent Table）上，不能对临时表（Temporary Table）创建触发器。

② 只有使用 SQL 语句触发的修改才会激活触发器；对于不将 SQL 语句传输到 MySQL 服务器的 API 所做的更改，触发器不会被激活。

③ 级联的外键操作不会激活触发器。

④ 不能在触发器中使用以显式或隐式方式开始或结束事务的语句，如 START TRANSACTION、COMMIT 或 ROLLBACK。

2. NEW 与 OLD 解析

MySQL 定义了 NEW 和 OLD 来引用触发器中发生变化的记录内容，具体说明如下。

（1）在 INSERT 型触发器中，NEW 用来表示将要（BEFORE）或已经（AFTER）插入的新数据。

（2）在 UPDATE 型触发器中，OLD 用来表示将要或已经被修改的原数据，NEW 用来表示将要或已经修改为的新数据。

（3）在 DELETE 型触发器中，OLD 用来表示将要或已经被删除的原数据。

语法格式如下。

```
NEW.column_NAME（column_NAME 为相应数据表的某一字段名）
```

另外，OLD 是只读的，而 NEW 可以在触发器中使用 SET 赋值，这样不会再次触发触发器，造成循环调用。

【例 10-11】创建 INSERT 触发器：在 xs 数据库中创建一个触发器，当向 XSCJ 表中插入一条记录时，检查该记录的学号在 XSDA 表中是否存在，检查课程编号在 KCXX 表中是否存在，如果有一项为"否"，则不允许插入。

```
USE xs;
DELIMITER //
CREATE TRIGGER check_trig
BEFORE INSERT
ON XSCJ FOR EACH ROW
BEGIN
IF NEW.学号 NOT IN (SELECT 学号 FROM XSDA) OR NEW.课程编号 NOT IN (SELECT 课程编号
FROM KCXX) THEN
    SIGNAL SQLSTATE '45000'
    SET MESSAGE_TEXT = "学生学号不存在或者课程编号不存在";
    END IF;
END//
DELIMITER ;
```

触发器创建完成后，在命令行工具中运行以下 SQL 语句。

```
INSERT XSCJ VALUES('110110','110',99);
```

在 XSDA 表中不存在学号为 110110 的学生或 KCXX 表中不存在课程编号为 110 的课程，因此出现图 10-1 所示的提示信息。

图 10-1　提示信息

【例 10-12】创建 UPDATE 触发器：在 xs 数据库中创建一个触发器，当在 XSDA 表中修改"学号"字段时，XSCJ 表中对应的"学号"字段随之修改。

```
USE xs;
DELIMITER //
CREATE TRIGGER xsdaxh_trig
AFTER UPDATE
ON XSDA FOR EACH ROW
BEGIN
UPDATE XSCJ
SET XSCJ.学号=NEW.学号 WHERE XSCJ.学号=OLD.学号;
END//
DELIMITER ;
```

读者可以尝试修改 XSDA 表中一名学生的"学号"字段，并查询 XSDA 表和 XSCJ 表中对应的"学号"字段是否同步更新。

【例 10-13】创建 DELETE 触发器：当从 xs 数据库的 XSDA 表中删除一条学生的记录时，相应地从 XSCJ 表中删除该学生对应的所有记录。

```
USE xs;
DELIMITER //
```

```
CREATE TRIGGER delete_trig
AFTER DELETE
ON XSDA FOR EACH ROW
BEGIN
DELETE FROM XSCJ
WHERE 学号= OLD. 学号;
END//
DELIMITER ;
```

任务 2-3 查看触发器

可以使用 SHOW TRIGGERS 语句查看触发器。因为 MySQL 创建的触发器保存在 information_schema 库的 triggers 表中，所以也可以通过查询此表来查看触发器。

```
-- 查看当前数据库的触发器
SHOW TRIGGERS;

-- 查看指定数据库的触发器
SHOW TRIGGERS FROM xs;
-- 通过 information_schema.triggers 表查看触发器:
SELECT * FROM information_schema.triggers;
```

任务 2-4 删除触发器

如果某个触发器已经失效或已经不再使用，则为了保证数据的高效性，需要将此触发器删除。语法格式如下。

```
DROP TRIGGER [ IF EXISTS ] [数据库名] <trigger_NAME>]
```

【例 10-14】删除例 10-11 创建的触发器。

```
DROP TRIGGER check_trig;
```

任务 2-5 完成综合任务

完成以下任务，巩固创建与使用触发器的知识，具体任务如下。

（1）定义一个触发器 XSDA_update，无论对 XSDA 表进行何种更新操作，这个触发器都将显示一条语句"Stop update XSDA, now!"，并取消所做的修改。

```
USE xs;
DELIMITER //
CREATE TRIGGER XSDA_update
BEFORE UPDATE
ON XSDA FOR EACH ROW
BEGIN
SIGNAL SQLSTATE '45001'
SET MESSAGE_TEXT = "Stop update XSDA, now!";
END//
DELIMITER ;
```

（2）定义一个触发器 XSCJ_ insert，当在 XSCJ 表中插入一条记录时，检查该记录的学号在

XSDA 表中是否存在，如果该记录的学号在 XSDA 表中不存在，则不允许插入该记录，并提示"错误代码 1，违背数据的一致性，不允许插入！"。

```
USE xs;
DELIMITER //
CREATE TRIGGER XSCJ_insert
BEFORE INSERT
ON XSCJ FOR EACH ROW
BEGIN
IF NEW.学号 NOT IN (SELECT 学号 FROM  XSDA) THEN
SIGNAL SQLSTATE '45002'
SET MESSAGE_TEXT = "错误代码 1，违背数据的一致性，不允许插入！";
END IF;
END//
DELIMITER ;
```

（3）定义一个触发器 KCXX_delete，当从 KCXX 表中删除一条记录时，检查该记录的课程编号在 XSCJ 表中是否存在，如果该记录的课程编号在 XSCJ 表中存在，则不允许执行删除操作，并提示"错误代码 2，违背数据的一致性，不允许删除！"。

```
USE xs;
DELIMITER //
CREATE TRIGGER KCXX_delete
BEFORE DELETE
ON KCXX FOR EACH ROW
BEGIN
IF OLD.课程编号  IN (SELECT 课程编号 FROM  XSCJ)  THEN
SIGNAL SQLSTATE '45003'
SET MESSAGE_TEXT = "错误代码 2，违背数据的一致性，不允许删除！";
END IF;
END//
DELIMITER ;
```

拓展阅读　我国的超级计算机

　　2020 年 6 月 23 日，由国际组织"TOP500"编制的新一期全球超级计算机 500 强榜单揭晓。该榜单显示，在全球浮点运算性能最强的 500 台超级计算机中，我国部署的超级计算机数量继续位列全球第一，达到了 226 台，总体所占份额超过 45%；"神威太湖之光"和"天河二号"分列榜单第四位和第五位。我国厂商联想、曙光、浪潮是全球前三的"超算"供应商，总交付数量达到 312 台，所占份额超过 62%。

　　全球超级计算机 500 强榜单始于 1993 年，每半年发布一次，是为全球已安装的超级计算机排名的知名榜单。

实训 10　为 sale 数据库创建存储过程和触发器

（1）创建存储过程 p_Sale1，显示每种产品的销售数量和销售金额。

（2）创建存储过程 p_Sale2，根据指定的客户统计汇总该客户购买的每种产品的数量和金额。

（3）创建存储过程 p_Sale3，根据指定的产品编号和销售日期，以输出参数的形式得到该销售日期下该产品的销售数量和销售金额。

（4）创建触发器，实现即时更新每种产品的库存数量的功能。

10-3 为 sale 数据库创建存储过程和触发器

小结

本项目主要介绍了存储过程和触发器的使用。存储过程是存储在服务器中的一组预编译的 SQL 语句的集合，而触发器可以看作特殊的存储过程。在数据库开发过程中，触发器在对数据库的维护和管理等任务中，特别是在维护数据完整性等方面具有不可替代的作用。

习题

一、选择题

1. 以下关于存储过程的描述中不正确的是（　　）。

A. 存储过程实际上是一组 SQL 语句

B. 存储过程被预先编译并存放在服务器的系统表中

C. 存储过程独立于数据库而存在

D. 存储过程可以完成某一特定的业务逻辑

2. 在 SQL 中，创建触发器的命令是（　　）。

A. CREATE TRIGGER　　　　　　B. CREATE RULE

C. CREATE DURE　　　　　　　　D. CREATE FILE

3. 从数据库中删除触发器应该使用的 SQL 语句是（　　）。

A. DELETE TRIGGER　　　　　　B. DROP TRIGGER

C. REMOVE TRIGGER　　　　　　D. DISABLE TRIGGER

4. 执行带参数的存储过程的正确语法为（　　）。

A. 存储过程名 参数　　　　　　　B. 存储过程名（参数）

C. 存储过程名 = 参数　　　　　　D. 以上 3 种都可以

5. 触发器创建在（　　）中。

A. 表　　　　　B. 视图　　　　　C. 数据库　　　　　D. 查询

6. 触发器在执行时会产生两个特殊的表，它们是（　　）。

A. deleted、inserted　　　　　　B. delete、insert

C. view、table　　　　　　　　　D. view1、table1

7. 下列关于触发器的描述中不正确的是（　　）。

A. 触发器是一种特殊的存储过程

B. 触发器可以实现复杂的商业逻辑

C. 数据库管理员可以通过 SQL 语句执行触发器

D. 触发器可以用来实现数据完整性

二、判断题

1. INSERT 操作能同时影响到 deleted 表和 inserted 表。（　　　）

2. 视图具有与表相同的功能，在视图中也可以创建触发器。（　　　）

3. 触发器是一类特殊的存储过程，它既可以通过表操作触发自动执行，又可以在程序中被调用执行。（　　　）

4. 触发器可以用来实现表间的数据完整性。（　　　）

5. 创建触发器的用户可以不是表的所有者或数据库的所有者。（　　　）

三、设计题

1. 创建带参数的存储过程，内容为选修某课程的学生（学号、姓名、性别、系名、课程名称、成绩、学分）。执行此存储过程，查询选修"计算机文化基础"课程的学生的情况。

2. 创建带参数的存储过程，执行该存储过程。

存储过程的功能：查询某门课程的最高分、最低分和平均分。

执行该存储过程，查询"专业英语"这门课程的最高分、最低分和平均分。

3. 创建存储过程 getDetailByName，通过输入参数学生姓名（如"张三"），筛选出该学生的基本信息，必须检测不存在此学生姓名的输入值，并输出信息"不存在此学生"。

4. 创建存储过程，通过输入参数@学号、@课程编号、@成绩，向 XSCJ 表插入一条记录，如果已存在相同学号与课程编号的记录，则修改该记录的成绩。

5. 创建触发器 test，要求当在 XSDA 表中修改数据时，显示一条"记录已修改"的消息。

6. 创建一个 DELETE 触发器 kcxxdel_trig，当在 KCXX 表中删除一条记录时，XSCJ 表中对应课程编号的记录随之删除，并将成绩及格的学号对应的 XSDA 表中的总学分减去该课程的学分。

第3单元
安全管理与日常维护

项目11
数据库安全性管理

11

【能力目标】

- 学会管理数据库用户账号和权限。
- 学会管理服务器角色。

【素养目标】

- 如果人生是一场奔赴，那么青春最好的"模样"就是昂首笃行、步履铿锵。"人无刚骨，安身不牢。"骨气是人的脊梁，是前行的支柱。新时代青年要有"富贵不能淫，贫贱不能移，威武不能屈"的气节，要有"自信人生二百年，会当水击三千里"的勇气，还要有"我将无我，不负人民"的担当。

【项目描述】

创建登录账户、数据库用户，并赋予其不同管理数据库的权限。

【项目分析】

xs 数据库创建好后，可供学生、教师、教务人员等不同用户访问。要使只有合法的用户才能访问 xs 数据库，就需要进行数据库安全性管理，以保证数据库中数据的安全。对于数据库来说，安全性是指保护数据库不被破坏和非法使用的性能。一种良好的安全模式能使用户的合法操作变得容易，同时使非法操作和意外破坏情况很难或不会发生。安全管理对于 MySQL 数据库管理系统而言是至关重要的。

本项目主要介绍 MySQL 用户账号、用户角色和权限的管理等内容。通过对本项目的学习，读者应对 MySQL 服务器和数据库角色的概念与管理等有清晰的了解，能够掌握用户账户的建立与管理、数据库用户的管理、权限的概念和种类等内容。

【职业素养小贴士】

网络安全已经上升到国家的高度，纳入了国家法律。而数据库的安全作为信息化网络安全的关键因素，其重要性不言而喻。保护数据信息安全已经成为每个公民必备的素质，作为学习计算机相关专业的我们，在进行数据库管理与开发时更要注意。

【项目定位】

数据库系统开发

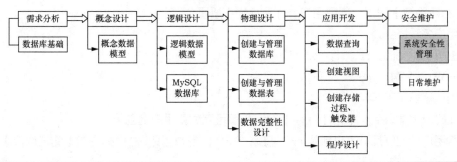

任务 1 用户账号管理

【任务目标】

- 会创建数据库用户。
- 会管理数据库用户。

【任务描述】

使用 SQL 语句创建、查看和删除数据库用户。

（1）创建数据库用户。

（2）查看和删除数据库用户。

11-1 用户账号
管理

【任务分析】

创建数据库用户主要是在保证数据库安全性的基础上完成的，它与登录账户的设置有所区别。另外，它们的权限也不同，登录账号属于服务器的层面，而登录者要使用服务器中数据库的数据时，必须有用户账号。

数据库用户账号分为普通用户与 root 用户，它们拥有不同的权限。

1. 用户管理

MySQL 用户主要包括普通用户和 root 用户，这两种用户的权限是不一样的。root 用户是超级管理员，拥有所有的权限。root 用户的权限包括创建用户、删除用户和修改普通用户的密码等管理权限；而普通用户只拥有创建该用户时赋予它的权限。

安装 MySQL 服务器时会自动安装一个名为"mysql"的数据库，MySQL 数据库中存储的表都是权限表。用户登录以后，MySQL 会根据这些权限表的内容为每个用户赋予相应的权限。这些权限表中最重要的是 user 表，MySQL 用户的信息都存储在 user 表中。

2. 创建用户

（1）使用 Navicat 创建用户

以创建一个用户名为"test1"、密码为"12345678"、主机名为"localhost"的新用户为例，使用 Navicat 创建用户的步骤如下。

① 以 root 用户登录后，在【Navicat for MySQL】窗口中单击【用户】按钮，再次单击工具栏中的【新建用户】按钮，创建用户，如图 11-1 所示。

- 用户名：test1。
- 主机：localhost。
- 密码：12345678。
- 确认密码：12345678。

② 完成以上输入后，单击【保存】按钮，即可完成新用户的创建。

③ 新用户创建好后，可以新建一个连接，单击【新建连接】对话框中的【测试连接】按钮，测试该用户是否连接成功。

图 11-1　创建用户

（2）使用 CREATE USER 语句创建用户

使用 CREATE USER 语句创建用户时，必须拥有 CREATE USER 权限。

语法格式如下。

```
CREATE USER<用户名@主机名>
[IDENTIFIED BY[WITH PASSWORD]'密码';
```

说明　（1）用户名：指连接数据库服务器使用的用户名。

（2）主机名：指允许用来连接数据库服务器的客户机地址，可以是 IP 地址，也可以是客户机名称。如果是本机，则使用"localhost"；如果允许在任何客户机上登录，则使用"%"。

（3）IDENTIFIED BY：用来设置用户的密码。

（4）PASSWORD：可选择 caching_sha2_password、mysql_native_password 中的一种，默认值为 caching_sha2_password。

【例 11-1】以 root 用户登录到 MySQL 控制台，使用 CREATE USER 语句创建一个新用户"test2"，密码为"12345678"，主机名为"localhost"。运行结果如图 11-2 所示。

```
CREATE USER 'test2'@'localhost' IDENTIFIED BY '12345678';
```

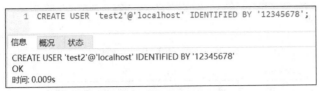

图 11-2　使用 CREATE USER 语句创建用户

说明　以上 SQL 语句成功运行以后，退出客户机，使用新用户"test2"登录，发现可成功登录，如图 11-3 所示。

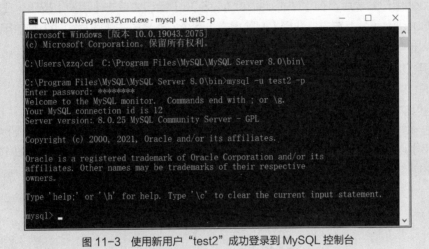

图 11-3　使用新用户"test2"成功登录到 MySQL 控制台

3. 修改用户密码

（1）使用 Navicat 修改用户密码

以将 test1 用户的密码修改为"87654321"为例，使用 Navicat 修改用户密码的步骤如下。

① 以 root 用户登录后，在【Navicat for MySQL】窗口中单击【用户】按钮，在用户列表中的"test1@localhost"上右击，选择【编辑用户】命令(或者单击工具栏中的【编辑用户】按钮)，修改用户密码，如图 11-4 所示。

② 修改完成后，单击【保存】按钮即可。

（2）使用 ALTER USER 语句修改用户密码

使用 ALTER USER 语句修改用户密码时，必须拥有 ALTER USER 权限。

语法格式如下。

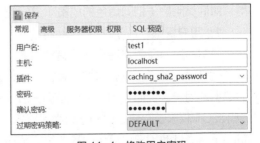

图 11-4　修改用户密码

```
ALTER USER<用户名@主机名>
[IDENTIFIED BY[WITH PASSWORD]'密码'];
```

【例 11-2】以 root 用户登录到 MySQL 控制台，将 test2 用户的密码更改为"87654321"。运行结果如图 11-5 所示。

```
ALTER USER 'test2'@'localhost' IDENTIFIED BY '87654321';
```

图 11-5　使用 ALTER USER 语句修改用户密码

4．删除用户

（1）使用 Navicat 删除用户

以删除 test1 用户为例，使用 Navicat 删除用户的步骤如下。

① 以 root 用户登录后，在【Navicat for MySQL】窗口中单击【用户】按钮，在用户列表中的"test1@localhost"上右击，选择【删除用户】命令（或者单击工具栏中的【删除用户】按钮）。

② 在弹出的【确认删除】对话框中单击【删除】按钮，即可删除当前用户。

（2）使用 DROP USER 语句删除用户

使用 DROP USER 语句删除用户时，必须拥有 DROP USER 权限。

语法格式如下。

```
DROP USER<用户名@主机名>[,…];
```

【例 11-3】以 root 用户登录到 MySQL 控制台，删除 test2 用户。运行结果如图 11-6 所示。

```
DROP USER 'test2'@'localhost';
```

图 11-6　使用 DROP USER 语句删除用户

任务 2　权限管理

用户权限赋予用户访问和使用数据库的权限，数据库角色将用户分为不同的类，对同类用户（相同角色的成员）进行统一管理，并赋予相同的操作权限。

1．用户权限

当数据库对象创建完后，只有拥有者可以访问该数据库对象。任何其他用户想访问该对象都必须先获得拥有者赋予他们的权限。拥有者可以将权限授予指定

11-2　权限管理

的数据库用户。例如，如果用户想浏览表中的数据，则必须先获得拥有者授予的 SELECT 权限。存储过程的拥有者可以将 EXECUTE 权限授予其他数据库用户。如果基本表的拥有者不希望其他用户直接访问基本表的数据，则可以在基本表中建立视图或创建访问基本表的存储过程，并将使用视图或存储过程的权限授予其他用户。这样就可以让用户在不直接访问基本表的基础上实现对基本表数据的有限访问。这是 MySQL 数据库不允许用户访问未授权数据的基本机制之一。

2. 数据库角色

角色是 MySQL 用来管理数据库或服务器权限的概念。角色可以理解为职位。MySQL 可以包括多个数据库，每个登录账号都可以在各数据库中拥有一个使用数据库的用户账号。而数据库中的用户也可以组成组，并被分配相同的权限，这种组称为数据库角色。数据库角色可以包括用户及其他的数据库角色。数据库管理员将操作数据库的权限赋予角色，就像把职权赋予某个职位。此后，数据库管理员可以将角色再赋给数据库用户或登录账户，就像将某个职位交给某个人一样。

在 MySQL 中，通过角色可将用户分为不同的类，对同类用户（相同角色的成员）进行统一管理，赋予相同的操作权限。

MySQL 给用户提供了预定义的数据库角色——固定数据库角色，固定数据库角色都是 MySQL 内置的，不能添加、修改和删除。用户可根据需要创建自己的数据库角色，以便对具有同样操作权限的用户进行统一管理。

（1）固定数据库角色

固定数据库角色是在 MySQL 的每个数据库中都存在的系统预定义用户组。它们提供了对数据库常用操作的权限。系统管理员可以将用户加入这些角色中，固定数据库角色的成员也可将其他用户添加到本角色中。但固定数据库角色本身不能被添加、修改和删除。

MySQL 中的固定数据库角色如表 11-1 所示。

表 11-1　固定数据库角色

角色名称	权限
db_owner	进行所有数据角色的活动，以及数据库中的其他维护和配置活动
db_accessadmin	允许在数据库中添加和删除用户、组和角色
db_datareader	可以查看来自数据库中所有基本表的全部数据
db_datawriter	有权添加、更改和删除数据库中所有基本表的数据
db_ddladmin	有权添加、修改和删除数据库对象，但无权授予、拒绝和废除权限
db_securityadmin	管理数据库角色和角色成员，并管理数据库中的对象和语句权限
db_backupoperator	具有备份数据库的权限
db_denydatareader	无权查看数据库中任何基本表或视图中的数据
db_denydatawriter	无权更改数据库中的数据
public	每个数据库用户都属于该角色

（2）自定义数据库角色

如果系统提供的固定数据库角色不能满足要求，那么用户也可自定义数据库角色，赋予该角色相应的权限，并将相应的用户加入该角色中。

3. 管理权限

在 MySQL 中使用 GRANT、DENY、REVOKE 这 3 条 SQL 语句来管理权限。

（1）GRANT 语句用于把权限授予某一用户，以允许该用户执行针对某数据库对象的操作或允许其运行某些语句。

【例 11-4】以"root"用户登录后，在"Navicat for MySQL"窗口，使用 GRANT 语句赋予用户权限。运行结果如图 11-7 所示。

```
1  GRANT SELECT,INSERT ON *.* TO 'test1'@'localhost' WITH GRANT OPTION;
```

信息	概况	状态

GRANT SELECT,INSERT ON *.* TO 'test1'@'localhost' WITH GRANT OPTION
Affected rows: 0
时间: 0.008s

图 11-7　使用 GRANT 语句赋予用户权限

（2）DENY 语句可以用来禁止用户对某一对象或语句的权限，它不允许该用户执行针对数据库对象的某些操作或不允许其运行某些语句。

（3）REVOKE 语句可以用来撤销用户对某一对象或语句的权限，使其不能执行相应操作，除非该用户是角色成员，且角色被授予权限。

【例 11-5】以"root"用户登录后，在"Navicat for MySQL"窗口，使用 REVOKE 语句撤销用户权限。运行结果如图 11-8 所示。

4. 查看用户权限

使用 SQL 可以查看数据库内用户的权限。

```
SHOW GRANTS FOR 用户名;
```

【例 11-6】以"root"用户登录后，在"Navicat for MySQL"窗口，使用 SHOW GRANTS 语句查询用户权限。运行结果如图 11-9 所示。

```
1  REVOKE SELECT,INSERT ON *.* FROM 'test1'@'localhost';
```

信息	概况	状态

REVOKE SELECT,INSERT ON *.* FROM 'test1'@'localhost'
Affected rows: 0
时间: 0.008s

图 11-8　使用 REVOKE 语句撤销用户权限

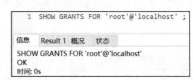

```
1  SHOW GRANTS FOR 'root'@'localhost' ;
```

信息	Result 1	概况	状态

SHOW GRANTS FOR 'root'@'localhost'
OK
时间: 0s

图 11-9　使用 SHOW GRANTS 语句查询用户权限

拓展阅读　我国的"龙芯"

通用处理器是信息产业的基础部件，是电子设备的核心器件。通用处理器是关系国家命运的战略产业之一，其发展直接关系到国家技术创新能力，关系到国家安全，是国家的核心利益所在。

"龙芯"是我国最早研制的高性能通用处理器系列，于 2001 年在中国科学院计算技术研究所开始研发，得到了"863""973""核高基"等项目的大力支持，完成了 10 年的核心技术积累。2010 年，中国科学院和北京市政府共同牵头出资成立了龙芯中科技术股份有限公司（简称龙芯中科），该公司开始市场化运作，旨在将龙芯处理器的研发成果产业化。

龙芯中科研制的处理器产品包括龙芯 1 号、龙芯 2 号、龙芯 3 号三大系列。为了将国家重大创新成果产业化，龙芯中科努力探索，在国防、教育、工业、物联网等行业取得了重大市场突破，龙芯产品取得了良好的应用效果。

目前龙芯处理器产品在各领域得到了广泛应用。在安全领域，龙芯处理器已经通过了严格的可靠性实验，作为核心元器件应用在几十种型号和系统中。2015 年，龙芯处理器成功应用于北斗二代导航卫星。在通用领域，龙芯处理器已经应用在个人计算机、服务器，高性能计算机、行业计算机终端，以及云计算终端等方面。在嵌入式领域，基于龙芯 CPU 的防火墙等网络安全系列产品已达到规模销售；应用于国产高端数控机床等系列工控产品上，显著提升了我国工控领域的自主化程度和产业化水平；龙芯提供了 IP 设计服务，在国产数字电视领域与国内多家知名厂家展开合作，其 IP 地址授权量已达百万以上。

实训 11　用户权限管理

（1）创建一个用户 user1，使其仅能访问 sale 数据库，没有操作 sale 数据库的其他任何权限。

（2）授予用户 user1 权限，使其可以对 Customer 表进行 SELECT 和 INSERT 操作。

（3）测试 user1 的权限，写出测试过程并验证测试结果。

小结

安全性管理对于一个数据库管理系统而言是至关重要的，是数据库管理的关键环节，是数据库中数据信息被合理访问和修改的基本保证。它涉及 MySQL 的账号、角色和存取权限。本项目主要介绍了 MySQL 提供的安全管理措施，包括 MySQL 数据库用户账号管理、权限管理和角色管理等。

MySQL 安全机制可分为 MySQL 的登录安全性、数据库的访问安全性、数据库对象的使用安全性 3 个等级。用户在使用 MySQL 时需要经过身份验证和权限验证两个安全性阶段。

习题

一、选择题

1. 在 MySQL 中，不能（　　　）。

A. 创建数据库角色　　B. 创建服务器角色　　C. 自定义数据类型　　D. 自定义函数

2. 以下关于用户账号的叙述，正确的是（　　　）。

A. 每个数据库都有 dbo 用户

B. 每个数据库都有 guest 用户

C. guest 用户只能由系统自动创建，不能手动创建

D. 可以在每个数据库中删除 guest 用户

3. 以下叙述正确的是（　　　）。

A. 如果没有明确授予用户某权限，该用户就肯定不具有该权限

B. 如果废除了一个用户的某权限，以后该用户就肯定不具有该权限

C. 如果一个用户拒绝了某权限，则它可通过其他角色重新获得该权限

D. 废除一个被用户拒绝的权限不表明该用户具有了该权限

二、填空题

1. MySQL 能识别的两种登录验证机制是_____和_____。

2. MySQL 中的权限有_____权限、_____权限和_____权限 3 种类型。

三、简答题

1. 简述 MySQL 安全性等级。

2. 简述 MySQL 登录账号和数据库用户账号的区别。

项目12
维护与管理数据库

12

【能力目标】

- 熟练掌握数据库的数据转移方法。
- 能在不同情况下灵活运用合适的方法转移数据库中的数据。

【素养目标】

- 国产操作系统的未来一片光明！只有瞄准核心科技埋头攻关，助力我国软件产业从价值链中低端向高端迈进，才能为高质量发展和国家信息产业安全插上腾飞的"翅膀"。
- "少壮不努力，老大徒伤悲。""劝君莫惜金缕衣，劝君惜取少年时。"盛世之下，青年学生要惜时如金，学好知识和技术，报效祖国。

【项目描述】

备份、还原数据库，配置 MySQL 日志文件，维护数据库的安全。

【项目分析】

数据库日常维护工作是系统管理员的重要职责，为了防止数据丢失或损坏，确保数据安全，需要定期对数据库进行备份。当遇到数据丢失的情况时，可对数据进行还原，最大限度地降低损失。本项目主要介绍数据库的备份、还原和日志文件的配置。

【职业素养小贴士】

"三分技术，七分管理。"这对我们的数据库学习同样适用。在使用数据库的过程中，应在绿色、环保的基础上争取做到保障数据信息的安全性。无论是本地还是异地的数据备份和还原、导入和导出，都要保证数据的安全性。

作为新时代的接班人，我们在日常学习、工作和生活中，要做好信息数据的安全存储、传输及使用，保证数据安全，争做优秀、懂法、守法、爱国的青年。

【项目定位】

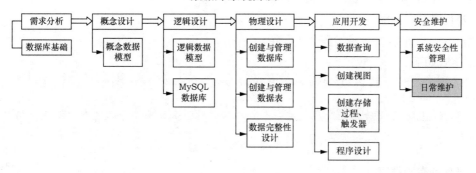

数据库系统开发

任务 1　备份数据库

【任务目标】

● 熟练进行数据库的备份操作。

【任务描述】

创建测试数据库，并用 mysqldump 工具备份数据库。

12-1　备份数据库

【任务分析】

数据库的数据安全对于数据库管理系统来说是至关重要的，数据丢失和损坏可能会带来严重的后果。数据库备份就是对 MySQL 数据库或事务日志进行复制。数据库备份记录了在进行备份这一操作时，数据库中所有数据的状态，以便在数据库遭到破坏时及时将其恢复。

本任务使用 mysqldump 工具备份数据库。

mysqldump 工具是 MySQL 用来备份数据库或在不同数据库之间进行数据迁移的客户端工具。它位于 MySQL 的 bin 目录下。mysqldump 用于将数据库导出为一个 SQL 脚本，其中包含重新创建数据库必需的命令（如 CREATE、TABLE、INSERT 等），以及表结构和数据等信息。

1. 备份单个数据库

使用 mysqldump 命令备份单个数据库。

语法格式如下。

```
mysqldump [options] db_NAME [tabel_NAME1 [tabel_NAME2…]]
```

参数说明如下。

（1）options：其可取的选项有 4 个，其中，--host 用于指定要导出的目标数据库所在的主机，默认是 localhost；--user 用于指定连接目标数据库的数据库用户名；--password

用于指定连接目标数据库的数据库密码；--port 用于指定连接目标数据库的端口。

（2）db_NAME：需要备份的数据库的名称。

（3）tabel_NAME1：数据库中的表名，可以指定一个或多个表，多个表名之间用空格分隔，如果不指定 tabel_NAME，则备份整个数据库。

2. 备份多个数据库

使用 mysqldump 命令备份多个数据库。

语法格式如下。

```
mysqldump [options] --databases db_NAME1 [db_NAME2…]
```

说明　参数--databases 后面至少应指定一个数据库名称，如果有多个数据库，则用空格分隔。

3. 备份所有数据库

使用 mysqldump 命令备份所有数据库。

语法格式如下。

```
mysqldump [options] --all-databases
```

说明　参数--all-databases 表示导出所有数据库的所有表。

【例 12-1】新建一个数据库 test_xs，创建 test_xsda 表，并向表中插入两条记录。用 mysqldump 命令完成数据表、单个数据库、多个数据库和所有数据库的备份，备份文件路径为 D:\bak。

```
# 打开命令行工具登录 MySQL，输入用户名和密码，这里的 root 和 123456 是编者数据库的用户名和密码
C:\Users\masword>mysql -uroot -p123456
# 创建数据库和表
mysql> CREATE DATABASE IF NOT EXISTS test_xs;
mysql> USE test_xs;
mysql> CREATE TABLE test_xsda(学号 char(6),姓名 char(8),性别 char(2),系名 char(10));
#插入两条记录
mysql> INSERT INTO test_xsda VALUES('202201','李小雷','男','信息');
mysql> INSERT INTO test_xsda VALUES('202202','张双','女','管理');
#检查数据是否已成功插入
mysql> SELECT * FROM test_xsda;
#退出数据库
mysql> EXIT
#切换路径到 D 盘的 bak 文件夹，备份的文件都放在此文件夹中
C:\Users\masword>D:
D:\>CD bak
#将数据库 test_xs 中的 test_xsda 表备份到 bak 文件夹中
D:\bak>mysqldump -uroot -p123456 test_xs test_xsda > test_xsda_bak.sql
#将数据库 test_xs 备份到 bak 文件夹中
D:\bak>mysqldump -uroot -p123456 test_xs > test_xs_bak.sql
#备份多个数据库到 bak 文件夹中
D:\bak>mysqldump -uroot -p123456 --databases test_xs sys > many_bak.sql
#备份所有数据库到 bak 文件夹中
D:\bak>mysqldump -uroot -p123456 --all-databases > all_bak.sql
```

部分备份语句如图 12-1 所示。

备份文件的结果已保存在 D:\bak 路径下,如图 12-2 所示。

```
D:\bak>mysqldump -uroot -p123456 test_xs test_xsda > test_xsda_bak.sql
mysqldump: [Warning] Using a password on the command line interface can be insecure.

D:\bak>mysqldump -uroot -p123456 test_xs > test_xs_bak.sql
mysqldump: [Warning] Using a password on the command line interface can be insecure.

D:\bak>mysqldump -uroot -p123456 --databases test_xs sys > many_bak.sql
mysqldump: [Warning] Using a password on the command line interface can be insecure.

D:\bak>mysqldump -uroot -p123456 --all-databases > all_bak.sql
mysqldump: [Warning] Using a password on the command line interface can be insecure.
```

名称	类型	大小
all_bak.sql	SQL Text File	1,201 KB
many_bak.sql	SQL Text File	298 KB
test_xs_bak.sql	SQL Text File	3 KB
test_xsda_bak.sql	SQL Text File	3 KB

图 12-1　部分备份语句　　　　　　　　　　图 12-2　备份文件的结果

任务 2　还原数据库

【任务目标】

12-2　还原数据库

- 熟练掌握还原数据库的方法。

【任务描述】

模拟数据库故障,还原数据库。

【任务分析】

数据库备份后,一旦系统崩溃或者执行了错误的数据库操作,就可以使用备份文件还原数据库。

任务 2-1　mysql 命令

将前面备份的数据库还原到当前数据库中,可还原整个数据库或还原表,下面分别讲解。

1. 还原整个数据库

mysql 命令可以使用输入重定向读取 SQL 脚本还原数据,在 mysql 命令的末尾加上 "<filename.sql" 即可。

语法格式如下。

```
mysql -uusername -ppassword [db_NAME] <filename.sql
```

参数说明如下。

(1)username:数据库的用户名。

(2)password:数据库的密码。

(3)db_NAME:数据库名称,指定数据库名称后,相当于执行了"USE 数据库名"语句。

(4)filename.sql:SQL 脚本文件,可以是已经备份好的数据库文件,文件名前可加路径。

 说明　若 SQL 脚本文件不包括创建和选择数据库的语句,则在还原数据库前应先创建数据库,并在 mysql 命令的参数中指定数据库名称。

【例 12-2】使用 mysql 命令还原物理文件 D:\bak\test_xs_bak.sql,数据库名称为 test_xs。

需要先删除数据库，模拟故障。

```
# 打开命令行工具登录 MySQL，输入用户名和密码，这里的 root 和 123456 是编者数据库的用户名和密码
C:\Users\masword>mysql -uroot -p123456
#删除数据库，模拟故障
mysql> DROP DATABASE test_xs;
#查看数据库，检查是否删除成功
mysql> SHOW DATABASES;
#备份文件 test_xs_bak.sql 未包含创建数据库的语句，故需要先创建数据库
mysql> CREATE DATABASE test_xs;
mysql> USE test_xs;
#查看创建的 test_xs 数据库中的表，结果显示为空，以便后面验证
mysql> SHOW TABLES;
mysql> EXIT
#还原数据库
C:\Users\masword>mysql -uroot -p123456 test_xs < d:/bak/test_xs_bak.sql
```

运行结果如图 12-3 所示。

再次登录 MySQL，查看数据库是否还原成功。

```
C:\Users\masword>mysql -uroot -p123456
mysql> SHOW DATABASES;
mysql> USE test_xs;
mysql> SHOW TABLES;
```

运行结果如图 12-4 所示，从图 12-4 中可以看出，还原的数据库中有 test_xsda 表，数据库还原成功。

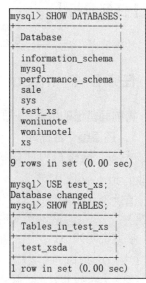

```
mysql> DROP DATABASE test_xs;
Query OK, 1 row affected (0.02 sec)

mysql> SHOW DATABASES;
+--------------------+
| Database           |
+--------------------+
| information_schema |
| mysql              |
| performance_schema |
| sale               |
| sys                |
| woniunote          |
| woniunotel         |
| xs                 |
+--------------------+
8 rows in set (0.00 sec)

mysql> CREATE DATABASE test_xs;
Query OK, 1 row affected (0.00 sec)

mysql> USE test_xs;
Database changed
mysql> SHOW TABLES;
Empty set (0.00 sec)

mysql> EXIT
Bye

C:\Users\masword>mysql -uroot -p123456 test_xs < d:/bak/test_xs_bak.sql
mysql: [Warning] Using a password on the command line interface can be insecure.
```

图 12-3　模拟数据库故障并还原数据库

```
mysql> SHOW DATABASES;
+--------------------+
| Database           |
+--------------------+
| information_schema |
| mysql              |
| performance_schema |
| sale               |
| sys                |
| test_xs            |
| woniunote          |
| woniunotel         |
| xs                 |
+--------------------+
9 rows in set (0.00 sec)

mysql> USE test_xs;
Database changed
mysql> SHOW TABLES;
+-------------------+
| Tables_in_test_xs |
+-------------------+
| test_xsda         |
+-------------------+
1 row in set (0.00 sec)
```

图 12-4　数据库还原成功

2. 还原表

mysql 命令不仅可以用来还原整个数据库，还能用来还原数据库中的某个表。

【例 12-3】使用 mysql 命令还原物理文件 D:\bak\test_xsda_bak.sql，需要先删除数据库中的 test_xsda 表，以模拟数据库出现故障。

```
C:\Users\masword>mysql -uroot -p123456
mysql> SHOW TABLES FROM test_xs;                    #查看表，存在
```

```
mysql> DROP TABLES test_xs.test_xsda;                    #删除表
mysql> SHOW TABLES FROM test_xs;                         #查看表，不存在
mysql> EXIT
#还原表
C:\Users\masword>mysql -uroot -p123456 test_xs < d:/bak/test_xsda_bak.sql
C:\Users\masword>mysql -uroot -p123456                   #再次登录查看验证
mysql> SHOW TABLES FROM test_xs;                         #查看表，已还原
```

任务 2-2　source 命令

source 是 MySQL 客户端提供的命令，是数据库导入命令。

语法格式如下。

source 文件路径

【例 12-4】使用 source 命令实现例 12-3。

```
C:\Users\masword>mysql -uroot -p123456
mysql> SHOW TABLES FROM test_xs;                         #查看表，存在
mysql> DROP TABLES test_xs.test_xsda;                    #删除表
mysql> SHOW TABLES FROM test_xs;                         #查看表，不存在
mysql> USE test_xs;
mysql> source d:/bak/test_xsda_bak.sql                   #还原表
mysql> SHOW TABLES FROM test_xs;                         #成功还原表
mysql> SELECT * FROM test_xsda;                          #查看数据是否还原
+--------+--------+------+------+
| 学号   | 姓名   | 性别 | 系名 |
+--------+--------+------+------+
| 202201 | 李小雷 | 男   | 信息 |
| 202202 | 张双   | 女   | 管理 |
+--------+--------+------+------+
2 rows in set (0.00 sec)
```

从查询结果可以看出，数据已经正确还原。

任务 3　导入与导出数据

【任务目标】

- 熟练掌握导入数据库的数据转移方法。
- 熟练掌握导出数据库的数据转移方法。

12-3　导入与
导出数据

【任务描述】

将 xs 数据库中的数据导出为 TXT 文件，再导入数据库。

【任务分析】

数据的导入和导出是数据库系统与外部进行数据交换的操作，即将其他数据库（如 Access 或

Oracle）中的数据转移到 MySQL 中，或者将 MySQL 中的数据转移到其他数据库中。当然，利用数据的导入和导出也可以实现数据库的备份和还原。

导入数据是从外部数据源（如 ASCII 文本文件）中检索数据，并将数据插入 MySQL 的过程。导出数据是将 MySQL 数据库中的数据转换为某些用户指定格式的过程。

任务 3-1　导出数据

在 MySQL 中可使用 SELECT...INTO OUTFILE 语句将数据导出到文本文件中。

语法格式如下。

```
SELECT … FROM table_NAME INTO OUTFILE 'filename'
FIELDS TERMINATED BY 'char';
```

参数说明如下。

（1）table_NAME：数据表名。

（2）OUTFILE：指定文件所在的路径需要有 MySQL 的访问权限，否则会报错。

（3）filename：导出的文本文件的名称。

（4）FIELDS TERMINATED：指定每条记录的数据之间的分隔符，默认以 Tab 分隔。

（5）char：每条记录的数据之间的分隔符。

（6）运行 SELECT...INTO OUTFILE 和任务 3-2 的 LOAD DATA INFILE 语句时都需要设置 secure_file_priv 参数，该参数可取以下 3 种值。

① secure_file_priv 值为 NULL，表示不允许执行文件的导入和导出操作。

② secure_file_priv 值为路径名，表示只允许在这个目录下执行文件的导入和导出操作。目录是必须存在的，MySQL 不会创建它。

③ secure_file_priv 值为空字符串（"），表示导出的文本文件可以导出到任意路径下。

【例 12-5】使用 SELECT...INTO OUTFILE 语句将 xs 数据库的 KCXX 表的数据导出到 D:\bak 文件夹中，文件名为 kcxx_bak.txt，字段之间的分隔符为 "，"。

```
C:\Users\masword>mysql -uroot -p123456
mysql> USE xs;
mysql> SELECT * FROM KCXX;
+----------+--------------------+----------+------+------+
| 课程编号  | 课程名称            | 开课学期  | 学时  | 学分 |
+----------+--------------------+----------+------+------+
| 104      | 计算机文化基础       |        1 |  60  |  3  |
| 108      | C 语言程序设计       |        2 |  96  |  5  |
| 202      | 数据结构            |        3 |  72  |  4  |
| 207      | 数据库信息管理系统    |        4 |  72  |  4  |
| 212      | 计算机组成原理       |        4 |  72  |  4  |
| 305      | 数据库原理          |        5 |  72  |  4  |
| 308      | 软件工程            |        5 |  72  |  4  |
| 312      | Java 应用与开发      |        5 |  96  |  5  |
| 506      | JSP 动态网站设计     |        5 |  72  |  4  |
+----------+--------------------+----------+------+------+
9 rows in set (0.00 sec)
mysql> SELECT * FROM KCXX INTO OUTFILE 'D:/bak/kcxx_bak.txt' FIELDS TERMINATED BY ',';
Query OK, 9 rows affected (0.00 sec)
```

此时，可在 D:\bak 文件夹中找到 kcxx_bak.txt 文件，可以看到导出的数据集和上述查询结果一致。

任务 3-2 导入数据

在 MySQL 中可以使用 LOAD DATA INFILE 语句将一个文本文件中的数据导入一个表中，它是 SELECT...INTO OUTFILE 语句的逆操作。

语法格式如下。

```
LOAD DATA [LOCAL] INFILE 'filename'
INTO TABLE table_NAME
FIELDS TERMINATED BY 'char';
```

参数说明如下。

（1）LOCAL：表明从客户端读文件。如果 LOCAL 未指定，则文件必须位于服务器中。

（2）table_NAME：数据表名。将数据导入表时，表需存在；若导入新表，则需先创建该表。

（3）FIELDS TERMINATED BY：根据要导入文件中各字段的数据之间的分隔符指定相应的分隔符；当使用 Tab 分隔字段的数据时，该参数可以省略。

 说明 使用 LOAD DATA INFILE 语句前，需启用本地加载功能：SET GLOBAL local_infile = 1。

【例 12-6】使用 LOAD DATA INFILE 语句将例 12-5 的文件 kcxx_bak.txt 导入 xs 数据库的新表 kcxx_new 中。

```
C:\Users\masword>mysql -uroot -p123456
mysql> USE xs;
mysql> SHOW GLOBAL VARIABLES LIKE 'local_infile';        #若值为 ON，则下一步不用执行
+----------------+-------+
| Variable_NAME  | Value |
+----------------+-------+
| local_infile   | OFF   |
+----------------+-------+
1 row in set, 1 warning (0.01 sec)
mysql> SET GLOBAL local_infile = 1;
mysql> CREATE TABLE kcxx_new(课程编号 char(3),课程名称 char(20),开课学期 tinyint(1),
学时 tinyint(1),学分 tinyint(1));
mysql> QUIT
#重新连接
C:\Users\masword>mysql -uroot --local-infile=1 -p123456
mysql> USE xs;
#导入数据至新表 kcxx_new 中
mysql> LOAD DATA LOCAL INFILE 'd:/bak/kcxx_bak.txt' INTO TABLE kcxx_new FIELDS
TERMINATED BY ',';
Query OK, 9 rows affected (0.01 sec)
Records: 9  Deleted: 0  Skipped: 0  Warnings: 0
#查看表，发现数据已导入
mysql> SELECT * FROM kcxx_new;
+----------+--------------------+----------+------+------+
```

```
| 课程编号    | 课程名称             | 开课学期    | 学时   | 学分  |
+-----------+--------------------+-----------+------+------+
| 104       | 计算机文化基础        |         1 |   60 |    3 |
| 108       | C 语言程序设计        |         2 |   96 |    5 |
| 202       | 数据结构             |         3 |   72 |    4 |
| 207       | 数据库信息管理系统     |         4 |   72 |    4 |
| 212       | 计算机组成原理        |         4 |   72 |    4 |
| 305       | 数据库原理           |         5 |   72 |    4 |
| 308       | 软件工程             |         5 |   72 |    4 |
| 312       | Java 应用与开发       |         5 |   96 |    5 |
| 506       | JSP 动态网站设计       |         5 |   72 |    4 |
+-----------+--------------------+-----------+------+------+
9 rows in set (0.00 sec)
```

任务 4　日志管理

【任务目标】

- 熟悉数据库日志的分类。
- 熟练掌握常用日志文件的启用、配置、查看和删除。

【任务描述】

MySQL 常用日志文件的启用、配置、查看和删除。

【任务分析】

日志是 MySQL 数据库的重要组成部分，记录了数据库运行期间的各种状态信息。MySQL 的日志主要包括错误日志、通用查询日志、慢查询日志和二进制日志。本任务将介绍这 4 种常见日志。

任务 4-1　错误日志

错误日志是 MySQL 中最重要的日志之一，主要记录 MySQL 服务器启动和停止时的详细信息，以及服务器运行过程中发生的故障和异常情况。当数据库出现任何故障导致无法正常使用时，错误日志是排查问题的首选日志文件。

1. 启动和设置错误日志

在 MySQL 数据库中，错误日志是默认开启的，并且错误日志无法被禁止。默认情况下，错误日志文件一般存放在 MySQL 服务器的数据文件夹（data）中，文件名为 host_name.err，其中，host_name 表示服务器主机名。例如，MySQL 服务器所在的主机名为 LAPTOP，那么错误日志文件名为 LAPTOP.err。

错误日志文件的名称和存储位置可通过修改配置文件 my.ini（Windows 操作系统中）或 my.cnf（Linux 操作系统中）的 log-error 选项来设置。在[mysqld]组下添加内容修改参数值，形式如下。

```
[mysqld]
log-error=path / [filename]
```

参数说明如下。

（1）path：错误日志文件的存放路径。

（2）filename：错误日志文件的名称，通常以文本文件形式存储。

【例 12-7】设置错误日志文件的存储路径为 D:\Program Files (x86)\MySQL\logs。

以 Windows 操作系统为例，首先在 MySQL 的安装路径下找到 my.ini 文件，使用记事本打开该文件，找到 log-error，如图 12-5 所示。在错误日志文件名前加入路径 D:\Program Files (x86)\MySQL\logs，如图 12-6 所示，并保存 my.ini 文件，重启 MySQL 服务。

图 12-5　修改 log-error 前

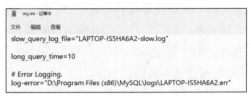
图 12-6　修改 log-error 后

2. 查看错误日志

因为 MySQL 中的错误日志文件是以文本文件形式存储的，所以在 Windows 操作系统中可以使用文本编辑器查看错误日志，在 Linux 操作系统中可以使用 vi 工具或者 gedit 工具来查看错误日志。

【例 12-8】使用 SQL 语句查看错误日志文件的存储路径，并使用记事本查看错误日志。

```
#登录 MySQL，使用 SQL 语句查看错误日志的存储路径
mysql> SHOW VARIABLES LIKE 'log_error';
+---------------+-----------------------------------------------------------+
| Variable_name | Value                                                     |
+---------------+-----------------------------------------------------------+
| log_error     | D:\Program Files (x86)\MySQL\logs\LAPTOP-IS5HA6A2.err      |
+---------------+-----------------------------------------------------------+
1 row in set, 1 warning (0.00 sec)
```

根据 Value 的值找到错误日志文件，使用记事本打开错误日志，其内容如图 12-7 所示。

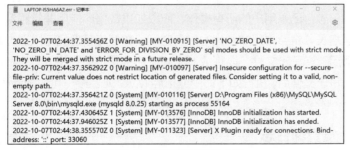
图 12-7　错误日志文件的内容

3.删除错误日志

数据库管理员可以删除很久以前的错误日志，以释放服务器的磁盘空间。但在数据库运行状态下删除日志后，MySQL 不会自动创建新的日志文件，此时需要执行命令重新创建日志文件，具体命令如下。

```
FLUSH ERROR LOGS;
```

> **说明** 在 MySQL 5.5.7 之前，执行该命令可将错误日志文件重命名为 filename.err_old，并创建新的错误日志文件。从 MySQL 5.5.7 开始，在错误日志文件存在的情况下，该命令只用于重新打开错误日志文件。

任务 4-2　通用查询日志

通用查询日志用来记录用户的所有操作，包括 MySQL 服务启动和关闭、所有用户的连接开始时间和截止时间、发给服务器的所有 SQL 指令等。当数据发生异常时，查看通用查询日志，还原操作时的具体场景，可以帮助我们准确定位问题。但是启用通用查询日志会产生很大的系统开销，一般只有在需要跟踪某些特殊的 SQL 性能问题时才会短暂启用该功能。

1. 启动和设置通用查询日志

默认情况下通用查询日志是关闭的，可在配置文件 my.ini 中修改 general_log 的值来使其启用。

```
#启用通用查询日志，0 表示关闭，1 表示开启
general_log=1
```

通用查询日志一般在 MySQL 服务器的数据文件夹（data）中，文件名为 host_name.log。需要注意的是，若未启用通用查询日志，则文件夹中是没有此日志文件的。若要更改它的位置和文件名称，则可修改配置文件 my.ini 中[mysqld]组下的 general_log_file 的参数值，形式如下。

```
[mysqld]
general_log_file=path / [filename]
```

其操作步骤可参考例 12-7。

2. 查看通用查询日志

用户的所有操作都会记录到通用查询日志中。如果希望了解某个用户最近的操作，则可以查看通用查询日志。查看通用查询日志是否启用及其存储路径的语法格式如下。

```
SHOW VARIABLES LIKE '%general%';
```

具体查看步骤可参考例 12-8。

3. 删除通用查询日志

因为通用查询日志会记录用户的所有操作，所以如果数据库使用非常频繁，那么通用查询日志文件的大小会快速增长，将会占用非常大的磁盘空间。数据库管理员可以通过直接删除文本文件的方式，定期删除通用查询日志文件，以释放 MySQL 服务器的磁盘空间。

删除通用查询日志文件后，执行如下命令或重启 MySQL 服务，可生成新的通用查询日志文件。

```
FLUSH GENERAL LOGS;
```

任务 4-3　慢查询日志

慢查询日志记录了 MySQL 服务器中影响数据库性能的相关 SQL 语句。通过对这些特殊的 SQL 语句进行分析、优化、改进，可以提高数据库的性能。

1. 常用配置参数

慢查询日志的常用配置参数如下。

（1）long_query_time：设定慢查询的阈值，如果 SQL 语句执行时间超出该值，则被记录到慢查询日志中，默认值为 10s。

（2）slow_query_log：指定是否启用慢查询日志。

（3）slow_query_log_file：指定慢查询日志文件存储路径，可以为空，系统会定义一个默认的文件 host_name-slow.log，host_name 为主机名。

（4）min_examined_row_limit：对于查询扫描行数小于此参数的 SQL 语句，将不会记录到慢查询日志中。

（5）log_queries_not_using_indexes：设置不使用索引的慢查询日志是否记录到索引中。

2. 启动和设置慢查询日志

默认情况下慢查询日志功能是关闭的，它对服务器性能的影响微乎其微，因此一般建议开启。设置配置文件 my.ini 的 slow_query_log 选项可以启用慢查询日志，并可以通过设置 long_query_time 选项指定记录阈值，以秒为单位。

慢查询日志一般在 MySQL 服务器的数据文件夹（data）中，文件名为 host_name-slow.log。修改配置文件 my.ini 中[mysqld]组下的 slow_query_log_file 参数、slow_query_log 参数和 long_query_time 参数，可分别为日志文件指定存储路径和文件名、启用或关闭慢查询日志及指定记录阈值，具体形式如下。

```
[mysqld]
#为日志文件指定存储路径和文件名
slow_query_log_file=path / [filename]
#1 表示启用慢查询日志，0 表示关闭慢查询日志
slow_query_log = 1
#指定记录阈值为 n s
long_query_time = n
```

3. 查看慢查询日志

慢查询日志同样以文本文件形式存储在文件系统中，可使用文本编辑器直接打开查看。查看慢查询日志是否启用及其存储路径的语法格式如下。

```
SHOW VARIABLES LIKE '%slow%';
```

【例 12-9】设置 long_query_time 的值为 0.005，运行一条 SQL 语句，并使用记事本打开 MySQL 慢查询日志。

（1）在 my.ini 文件中启用慢查询日志，设置 long_query_time=0.005。

```
slow_query_log = 1
#指定记录阈值为 0.005s
long_query_time = 0.005
```

（2）重新启动 MySQL 服务并登录 MySQL 数据库，查看步骤（1）的参数设置是否成功。

```
mysql> SHOW VARIABLES LIKE '%slow%';
+---------------------------+---------------------------+
| Variable_name             | Value                     |
+---------------------------+---------------------------+
| log_slow_admin_statements | OFF                       |
| log_slow_extra            | OFF                       |
| log_slow_slave_statements | OFF                       |
| slow_launch_time          | 2                         |
| slow_query_log            | ON                        |
| slow_query_log_file       | LAPTOP-IS5HA6A2-slow.log  |
```

```
+-------------------------+-------------------------+
6 rows in set, 1 warning (0.01 sec)
mysql> SHOW VARIABLES LIKE 'long_query_time';
+-----------------+----------+
| Variable_name   | Value    |
+-----------------+----------+
| long_query_time | 0.005000 |
+-----------------+----------+
1 row in set, 1 warning (0.01 sec)
```

从运行结果可看出，slow_query_log 参数值为 ON，表示已经启用慢查询日志，long_query_time 参数值为步骤（1）中指定的 0.005s。

（3）运行一次超过 long_query_time 参数所设置时间的查询语句。这里使用 SELECT sleep(N)增加此语句的运行时间，以方便验证结果。

```
mysql> SELECT sleep(0.01),学号,姓名 FROM XSDA;
+-------------+--------+--------+
| sleep(0.01) | 学号   | 姓名   |
+-------------+--------+--------+
|           0 | 201601 | 王红   |
|           0 | 201602 | 刘林   |
|           0 | 201603 | 曹红雷 |
|           0 | 201605 | 李伟强 |
|           0 | 201606 | 周新民 |
|           0 | 201607 | 王丽丽 |
|           0 | 201701 | 孙燕   |
|           0 | 201702 | 罗德敏 |
|           0 | 201703 | 孔祥林 |
|           0 | 201704 | 王华   |
|           0 | 201705 | 刘林   |
|           0 | 201706 | 陈希   |
|           0 | 201707 | 李刚   |
+-------------+--------+--------+
13 rows in set (0.22 sec)
```

（4）使用文本编辑器打开慢查询日志文件，其内容如图 12-8 所示，步骤（3）的 SQL 语句已经记录在慢查询日志文件中。

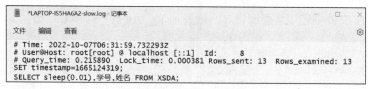

图 12-8　慢查询日志文件

从例 12-9 可以看出，通过慢查询日志可定位出执行效率比较低的 SQL 语句，从而有针对性地进行优化。

4. 删除慢查询日志

慢查询日志以文本文件形式存储，可以通过直接删除文本文件的方式删除慢查询日志文件。删除慢查询日志文件后，在不重启 MySQL 服务的情况下执行以下命令，可生成新的慢查询日志文件。

```
FLUSH SLOW LOGS;
```

任务 4-4 二进制日志

二进制日志用于记录 MySQL 数据库的所有变更信息，如表的创建、表数据的修改等信息。二进制日志只会记录导致数据库发生改变的操作，SELECT、SHOW 这种不修改数据库的操作是不会被记录的。二进制日志主要用于时间点恢复、进行主从复制和提供备份功能。

1. 启动和设置二进制日志

默认情况下二进制日志功能是关闭的，可修改配置文件 my.ini 来启用二进制日志功能。将 log-bin 选项添加到 my.ini 文件的[mysqld]中，并添加 binlog_format 参数。

语法格式如下。

```
[mysqld]
log-bin=path / [filename]
binlog_format=row
server-id=1
```

参数说明如下。

（1）log-bin：用于启用二进制日志。该参数下若没有指定存储路径和文件名，那么二进制日志将默认存储在 MySQL 服务器的数据文件夹（data）中，默认文件名为 host_name-bin.number。number 的值可以为 000001、000002、000003 等。

（2）path：指定二进制日志文件的存储路径。

（3）filename：指定二进制日志文件的名称。

（4）binlog_format：决定二进制日志的记录方式，其值可设置为 statement、row 和 mixed。

（5）server-id：指定服务器 ID，用于在复制架构中区分服务器，确保每个服务器的 ID 不同即可。

二进制日志文件的相关配置信息可使用 SHOW VARIABLES 语句查询。

语法格式如下。

```
SHOW VARIABLES LIKE '%bin%';
```

【例 12-10】修改 my.ini 配置文件中的[mysqld]，启用记录方式为 row 的二进制日志，指定二进制日志文件的存储路径和文件名为"D:\Program Files (x86)\MySQL\logs\mylog"。

```
[mysqld]
log-bin="D:\Program Files (x86)\MySQL\logs\mylog"
binlog_format=row
```

保存 my.ini 文件后，重启 MySQL 服务，可以在 D:\Program Files (x86)\MySQL\logs 目录下看到 mylog.000001 和 mylog.index 这两个文件，如图 12-9 所示。以后每次重启 MySQL 服务器都会生成一个新的二进制日志文件，文件名的序号也会递增。

2. 查看二进制日志文件内容

二进制日志文件采用二进制方式存储，不能直接打开，需要使用 mysqlbinlog 工具将其转换为文本文件格式的 SQL 脚本。

图 12-9 二进制日志文件

语法格式如下。

```
MYSQLBINLOG filename.number
```

其中，filename.number 是二进制日志文件的文件名。

二进制数据可能非常庞大，无法在屏幕上延伸，可以将其保存到文本文件中。

语法格式如下。

```
MYSQLBINLOG filename.number>path / [filename.txt]
```

其中，path 是文本文件存放的路径，filename 为文本文件的名称。

【例 12-11】使用 mysqlbinlog 命令查看 D:\Program Files (x86)\MySQL\logs 目录下的 mylog. 000001 文件。

（1）打开命令提示符窗口，输入图 12-10 所示的命令。

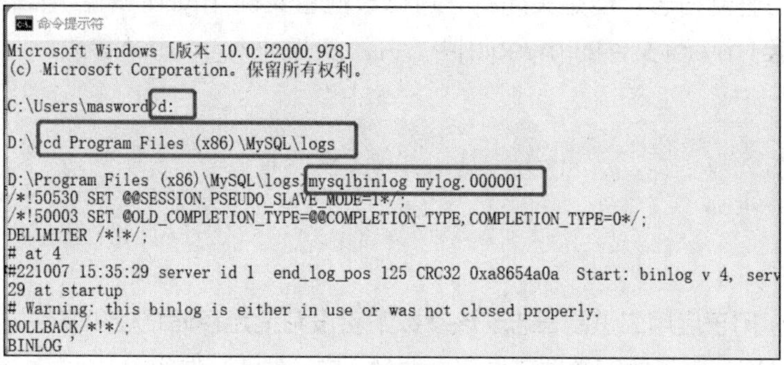

图 12-10　输入的命令

（2）登录 MySQL，修改数据库中任意一个表的某条记录。例如，将 xs 数据库 XSDA 表中王红的总学分修改为 64。

```
mysql> USE xs;
Database changed
mysql> UPDATE XSDA SET 总学分=64 WHERE 姓名='王红';
Query OK, 1 row affected (0.01 sec)
Rows matched: 1  Changed: 1 Warnings: 0
```

（3）再次查看二进制日志文件，如图 12-11 所示，可以看出该文件记录了该修改过程。

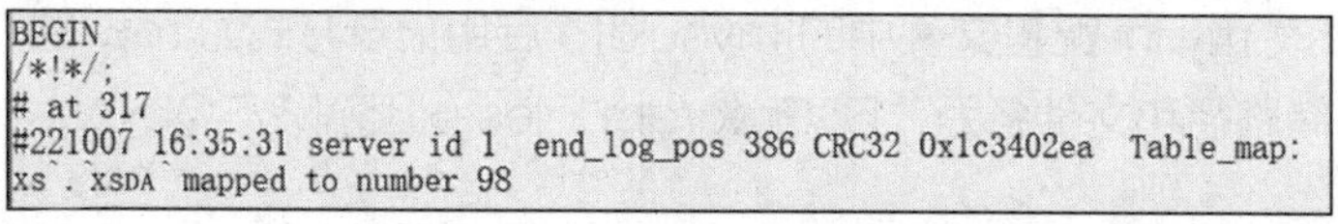

图 12-11　修改后的二进制日志文件

3.　删除二进制日志文件

二进制日志会记录大量的信息。如果长时间不清理二进制日志，则会浪费很多磁盘空间。

（1）删除所有日志文件

登录 MySQL 后，运行如下语句可以删除所有二进制日志文件。

```
mysql> RESET MASTER;
```

语句运行成功后，所有的二进制日志将被删除，MySQL 会重新创建二进制日志，新的日志文件后缀名将重新从"000001"开始编号。

（2）根据编号删除日志文件

在实际情况下，通常不会一次性删除所有二进制日志文件，可根据二进制日志文件的编号来删除指定的二进制日志文件。

语法格式如下。

```
PURGE {MASTER | BINARY} LOGS TO 'filename.number';
```

其中，MASTER 和 BINARY 是同义词。此种方式用于删除编号小于"number"的所有二进制日志文件，不包含 filename.number 日志文件本身。

（3）根据创建时间删除日志文件

```
PURGE {MASTER | BINARY} LOGS BEFORE 'date';
```

其中，date 是指定的日期。此种方式用于删除 date 之前的所有二进制日志文件。

删除二进制日志文件后，可通过 SHOW BINARY LOGS 语句查看删除结果。

4．暂停二进制日志

在配置文件中设置 log-bin 选项后，MySQL 服务器会一直启用二进制日志。删除该选项可以停止记录二进制日志。如果需要再次启用恢复记录二进制日志，则需要重新添加 log-bin 选项。MySQL 提供了暂停记录二进制日志的语句。如果用户不希望自己运行的某些 SQL 语句记录在二进制日志中，那么需要在运行这些 SQL 语句之前暂停记录二进制日志。暂停二进制日志的语句如下。

```
mysql> SET SQL_LOG_BIN=0;
```

上述操作只针对当前会话有效，退出客户端后，下次登录 MySQL 时会恢复记录二进制日志。

若需要立即恢复二进制日志的记录功能，则可以使用如下语句实现。

```
mysql> SET SQL_LOG_BIN=1;
```

拓展阅读　国产操作系统"银河麒麟"

国产操作系统银河麒麟 V10 的面世引发了业界和公众关注。这一操作系统不仅可以充分适应"5G 时代"需求，其独创的 kydroid 技术还能支持海量安卓应用，将 300 余万款安卓适配软/硬件无缝迁移到国产平台。银河麒麟 V10 作为国内安全等级最高的操作系统，是首款具有内生安全体系的操作系统，成功打破了相关技术的封锁与垄断，有能力成为承载国家基础软件的安全基石。

银河麒麟 V10 的推出让人们看到了国产操作系统与日俱增的技术实力和不断攀登科技高峰的坚实脚步。

核心技术必须依靠自主创新。从 2019 年 8 月华为发布自主操作系统鸿蒙，到 2020 年银河麒麟 V10 面世，我国操作系统正加速走向独立创新的发展新阶段。当前，银河麒麟操作系统在海关、交通、统计、农业等领域得到了规模化应用，采用这一操作系统的机构和企业已经有上万家。这一数字证明，银河麒麟操作系统已经获得了市场一定程度的认可。只有坚持开放兼容，让操作系统与更多产品适配，才能推动产品性能更新迭代，让用户拥有更好的使用体验。

操作系统的自主发展是一项重大而紧迫的课题。核心技术的突破需要多方齐心合力、协同攻关，为创新创造营造更好的发展环境。国务院印发的《新时期促进集成电路产业和软件产业高质量发展的若干政策》从财税政策、研究开发政策、人才政策等 8 个方面提出了 37 项举措。只有瞄准核心科技埋头攻关，不断释放政策"红利"，助力我国软件产业从价值链中低端向高端迈进，才能为高质量发展和国家信息产业安全插上腾飞的"翅膀"。

实训 12　维护与管理 sale 数据库

（1）先将 sale 数据库备份，再将其还原到 MySQL 中。

（2）将 Product 表导出为 TXT 文件。

（3）将 TXT 文件导入 sale 数据库，表名为 Pro1。

12-4　维护与管理
sale 数据库

小结

本项目介绍了数据库常用的日常维护和管理操作，主要是 MySQL 数据库的备份与还原、数据的导入和导出及数据库日志管理。mysqldump 命令可以备份单个、多个或所有数据库。mysql 命令不仅可以还原整个数据库，还能还原数据库中的某个表。source 是 MySQL 客户端提供的命令，可以还原数据库和某个表。数据的导入和导出能够实现数据库系统与外部进行数据交换的操作，即将其他数据库中的数据转移到 MySQL 中，或者将 MySQL 中的数据转移到其他数据库中。日志文件记录了 MySQL 数据库运行期间的各种状态信息，掌握常见日志的配置和使用有助于提高数据库管理能力。

习题

一、选择题

1. "保护数据库，防止未经授权的或不合法的使用造成数据泄露、更改或破坏"，这是指数据的（　　）。

A. 安全性　　　　　　B. 完整性　　　　　　C. 并发控制　　　　　D. 恢复

2. 数据库备份的作用是（　　）。

A. 保障安全性　　　　　　　　　　　　B. 一致性控制

C. 故障后的恢复　　　　　　　　　　　D. 数据的转存

3. 将所有数据库备份到 bak.sql 的语句是（　　）。

A. mysqldump −uroot −p123456 −−databases test_xs sys > bak.sql

B. mysqldump −uroot −p123456 −−all-databases > bak.sql

C. source −uroot −p123456 −databases test_xs sys > bak.sql

D. source −uroot −p123456 −xs > bak.sql

二、填空题

1. ＿＿＿＿＿备份工具可以在业务不中断时，将表结构和数据从表中备份出来，形成 SQL 语句的文件。

2. 在 MySQL 中可使用 SELECT＿＿＿＿＿语句将数据导出到文本文件中。

3. source 命令可以＿＿＿＿＿数据。

三、简答题

简述 MySQL 数据库备份与还原的常用方法。

第4单元
数据库应用系统开发训练

项目13
MySQL开发与编程

13

【能力目标】

- 学会连接和配置 ASP.NET 与 MySQL 数据源。
- 学会使用 SqlDataSource 控件。
- 学会使用 GridView 控件。
- 能熟练进行数据记录的选择、修改和删除操作。
- 能对数据记录进行分页。

【素养目标】

- 中国传统文化博大精深，学习和掌握其中的各种思想精华，对树立正确的世界观、人生观、价值观很有益处。
- "博学之，审问之，慎思之，明辨之，笃行之。"青年学生要讲究学习方法，珍惜现在的时光，做到不负韶华。

【项目描述】

开发一个数据库应用系统实例"学生信息管理系统"，开发环境是 ASP.NET 与 MySQL，连接的数据库是 xs 数据库。

【项目分析】

之前的各项目都围绕 xs 数据库来介绍数据库应用开发技术，本项目综合运用前面所学的数据库知识，利用 ASP.NET 与 MySQL 开发一个完整的数据库应用系统；同时介绍 ASP.NET 连接 MySQL 数据库的环境配置与操作步骤。

【职业素养小贴士】

"天下难事，必作于易；天下大事，必作于细"。数据库的应用已遍布于各行各业的信息系统中，在开发和维护数据库的过程中，ASP.NET 等相关软件必不可少，对于我们的整体要求是细心、耐心。希望每一位同学都能够脚踏实地刻苦钻研，早日实现自己的梦想。

【项目定位】

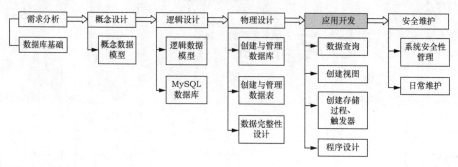

任务 1 ASP.NET 与 MySQL 开发

【任务目标】

- 了解数据源控件和数据绑定控件。
- 能熟练连接和配置 ASP.NET 与 MySQL 数据源。
- 能对数据记录进行分页。

13-1 ASP.NET
与 MySQL 开发

【任务描述】

使用 ASP.NET 连接和配置 MySQL 的 xs 数据库。

【任务分析】

随着计算机技术的迅猛发展，信息管理系统越来越多，这大大提高了人们学习和工作的效率。在这些应用系统中，数据库是必不可少的组成部分。通过前一阶段的学习，我们已经掌握了数据库的基本知识和操作。本项目主要介绍利用 ASP.NET 技术结合 MySQL，开发基于 B/S 模式的学生信息管理系统，让读者体会 MySQL 在实际应用中的强大功能。

任务 1-1 认识数据源控件和数据绑定控件

在 ASP.NET 页面中显示数据需要两种控件：数据源控件，提供页面和数据源之间的数据连接通道；数据绑定控件，在页面中显示数据。有了这两种控件，就可以快速简单地实现 ASP.NET 页面对 MySQL 数据库的访问。

常用的数据源控件包括 SqlDataSource 控件，主要用于访问 SQL Server 数据库、Oracle 数据库、MySQL 数据库等；AccessDataSource 控件，主要用于访问 Access 数据库。

数据绑定控件有以下几种：DropDownList、Repeater、GridView、DetailsView、DataList、ListView、FromView。

本项目将利用 GridView 控件将数据呈现在 Web 页面中。该数据绑定控件以多记录和多字段的表格形式表现，可以提供分页、排序、修改和删除数据的功能。

除了用数据绑定控件操作数据库中的数据之外，还可以用更加灵活的语句来实现相应的功能，在本项目中也将看到相应的实例。

任务 1-2　ASP.NET 与 MySQL 的连接

本任务主要讲解如何利用 ASP.NET 对 MySQL 数据库进行连接和简单操作，在本任务的最后将给出一个简单的学生信息管理系统的实现方案，实现对记录的选择、编辑、删除、排序、分页效果。如图 13-1 和图 13-2 所示。

图 13-1　学生档案管理显示界面　　　　　　　图 13-2　学生档案管理编辑界面

1. 建立与 MySQL 数据库 xs 的连接

下面利用【服务器资源管理器】连接数据库服务器上的 xs 数据库。

（1）启动 Visual Studio 2019，创建解决方案，编程语言采用 C#，程序以文件系统方式保存在本机的 E:\XS 目录下，单击【确定】按钮，开始创建网站。

（2）选择【视图】→【服务器资源管理器】命令，打开服务器资源管理器，如图 13-3 所示。

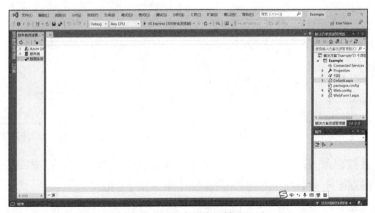

图 13-3　服务器资源管理器

（3）用鼠标右键单击【数据连接】节点，选择【添加连接】命令，在【添加连接】对话框中单击【更改】按钮，选择数据源为 MySQL Database，单击【确定】按钮，返回【添加连接】对话框，如图 13-4 所示。

（4）在【Server name】（服务器名）文本框中输入 MySQL Database 服务器的名称（也可以输入所在服务器的 IP 地址，如果服务器是本机，则可以输入"localhost"，代表该服务器要求已安装并正在运行），单击【测试连接】按钮，如果成功会弹出"测试连接成功"提示信息，如图 13-5 所示。

图 13-4　【添加连接】对话框

图 13-5　测试数据库连接

（5）在【选择或输入数据库名称】单选按钮右侧的文本框中输入 xs，单击【确定】按钮，服务器资源管理器中将出现 xs 数据库。

2. 建立数据绑定控件并绑定到数据源控件

（1）返回首页 Default.aspx 的设计视图，插入一个 Lable 控件，设置 Text 属性为"学生档案管理"，并设置 Font 属性和 ForeColor 属性，以调整文字的大小和颜色。

（2）从工具箱中拖入 GridView 控件，在【选择数据源】下拉列表中选择【<新建数据源...>】选项，如图 13-6 所示，会自动弹出【选择数据源类型】对话框。

（3）在【选择数据源类型】对话框中选择应用程序从"数据库"取得数据，并为数据源指定 ID 为 SqlDataSource1，如图 13-7 所示。单击【确定】按钮，弹出【配置数据源-SqlDataSource1】对话框。

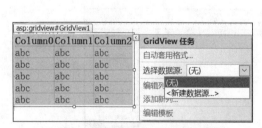

图 13-6　为 GridView 控件新建数据源

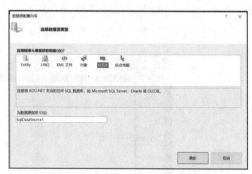

图 13-7　选择数据源类型并为数据源指定 ID

（4）在【配置数据源-SqlDataSource1】对话框的【应用程序连接数据库使用哪个数据连接】下拉列表中选择数据连接 localhost(xs)，并单击【下一步】按钮。

（5）在【将连接保存到应用程序配置文件中】对话框中勾选【是，将此连接另存为】复选框，在文本框中设置连接字符串名称为 xsConnectionString，单击【下一步】按钮。

（6）在【配置 Select 语句】对话框的【希望如何从数据库中检索数据？】选项组中选中【指定来自表或视图的列】单选按钮，并在其下拉列表中选择【XSDA】选项，在【列】列表框中勾选

【总学分】复选框，如图 13-8 所示，单击【高级】按钮。

（7）在【高级 SQL 生成选项】对话框中勾选【生成 INSERT、UPDATE 和 DELETE 语句】（如果需要在 GridView 控件中实现"编辑""删除"功能，则必须勾选此复选框）与【使用开放式并发】（为保证数据一致性和防止并发冲突）复选框，单击【确定】按钮，如图 13-9 所示。注意：必须选定所有主键字段才能勾选该复选项。

图 13-8 【配置 Select 语句】对话框

图 13-9 【高级 SQL 生成选项】对话框

（8）在【测试查询】对话框中单击【完成】按钮。（注意：可单击【测试查询】按钮预览返回的数据。）

Default.aspx 网页自动新增了一个 SqlDataSource 数据源控件（已配置好），GridView 控件也自动更新了显示效果。数据源绑定和配置后的效果如图 13-10 所示。

3．启用排序、分页、编辑、删除和选择功能

（1）在 GridView 控件中单击右上角的箭头，可以打开 GridView 的快捷菜单。在 GridView 的快捷菜单中选择【启用排序】【启用分页】【启用编辑】【启用删除】和【启用选定内容】命令。编辑、删除数据只需要在 GridView 快捷菜单中选择相应命令即可，但只有在数据源控件的【高级 SQL 生成选项】对话框中勾选【生成 INSERT、UPDATA 和 DELETE 语句】复选框，才可以使用插入、更新和删除功能。

学生档案管理				
学号	**姓名**	**性别**	**系名**	**总学分**
abc	abc	abc	abc	0
abc	abc	abc	abc	1
abc	abc	abc	abc	0
abc	abc	abc	abc	1
abc	abc	abc	abc	0
SqlDataSource - SqlDataSource1				

图 13-10 数据源绑定和
配置后的效果

（2）在 GridView 控件的【属性】面板中设置 PageSizs 为 5，即设置每页显示 5 条记录。

4．浏览结果

单击工具栏中的【运行】按钮，即可得到图 13-1 和图 13-2 所示的效果。

任务 2　学生信息管理系统开发

【任务目标】

- 能熟练连接和配置 ASP.NET 与 MySQL 数据源。
- 能熟练选择、修改和删除数据记录。
- 能对数据记录进行分页及排序操作。

13-2 学生信息管理系统开发

【任务描述】

开发实现学生信息管理系统。

【任务分析】

本任务利用 MySQL 和 Visual Studio 2019 设计一个学生信息管理系统。通过该系统的设计，读者将体会到 MySQL 与 ASP.NET 结合进行程序开发的强大功能。

任务 2-1　系统需求分析

系统需求分析是在系统开发总体任务调研的基础上完成的。本任务中的学生信息管理系统需要完成的主要功能如下。

（1）学生成绩信息的查询，包括学号、课程编号和成绩等信息。

（2）学生成绩信息的修改。

（3）学生成绩信息的添加。

（4）课程信息的查询，包括课程编号、课程名称、开课学期、学分和学时等信息。

（5）课程信息的修改。

（6）课程信息的添加。

（7）学生档案信息的查询，包括姓名、学号、性别、系名、民族和总学分等一系列信息。

（8）学生档案信息的修改。

（9）学生档案信息的添加。

（10）系统管理功能，包括用户登录验证、用户修改密码等功能。

任务 2-2　系统设计

1. 系统设计概述

对上述功能进行汇总、分析，按照结构化程序设计的要求，得到图 13-11 所示的系统功能模块图。

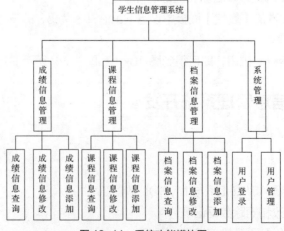

图 13-11　系统功能模块图

2. 数据库设计

数据库在信息管理系统中占有非常重要的地位，数据库结构设计的好坏将直接影响应用系统的效率以及实现的效果。合理的数据库结构设计可以提高数据存储的效率，保证数据的完整性和一致性。同时，合理的数据库结构有利于程序的实现。

设计数据库系统时应该首先了解用户各个方面的需求，包括现有的以及将来可能增加的需求。

用户的需求具体体现在各种信息的提供、保存、更新和查询上，这就要求数据库结构能充分满足各种信息的输出和输入，收集基本数据、数据结构以及数据处理的流程，组成一份详尽的数据字典，为后面的具体设计打下基础。针对一般学生信息管理系统的需求，对学生常见管理内容和数据流程进行分析，设计如下数据结构。

（1）XSDA 表。包括的数据项有学号[char(6) NOT NULL 主键]、姓名[char(8) NOT NULL]、性别[char(2) NOT NULL]、系名[char(10) NOT NULL]、出生日期（date NOT NULL）、民族[char(4) NOT NULL]、总学分（tinyint NOT NULL）、备注[text(16)]等。

（2）KCXX 表。包括的数据项有课程编号[char(3) NOT NULL 主键]、课程名称[char(20) NOT NULL]、开课学期（tinyint NOT NULL）、学时（tinyint NOT NULL）、学分（tinyint NOT NULL）等。

（3）XSCJ 表。包括的数据项有学号[char(6) NOT NULL 主键]、课程编号[char(3) NOT NULL 主键]、成绩（tinyint NOT NULL）等。

（4）USERS 表。包括的数据项有 username[varchar(10) NOT NULL 主键]、password[varchar (10) NOT NULL]等。

其中，前 3 个表的详细表结构和数据样本可参见附录 A。

任务 2-3　系统实现

1. 数据库实现

（1）创建数据库

打开 MySQL，登录名和密码都为 root（后面连接数据库时要用到）。在左边的树形目录上用鼠标右键单击【数据库】节点，选择【新建数据库】命令，在弹出的对话框的【数据库名称】文本框中输入 xs，其他采用默认值，单击【确定】按钮。这样数据库就创建好了。

（2）创建表

在树形目录中展开 xs 数据库，用鼠标右键单击【表】节点，选择【新建表】命令，按照数据库系统设计中数据表的结构创建 4 个数据表：XSDA 表、KCXX 表、XSCJ 表和 USERS 表。参照附录 A，在创建的数据表中输入一些样本数据。

2. 系统功能实现

下面利用 ASP.NET 开发学生信息管理系统的成绩信息管理模块、课程信息管理模块、档案信息管理模块、系统管理模块。为节省篇幅和突出主要知识点，这里略去了其中的美观修饰部分，只给出主要和必要部分的代码。

主要页面设计包括如下内容。

① Default.aspx 页面（首页）。如果未登录，则进入登录界面；如果已经登录，则显示各功能

模块入口的超链接。

② ScoreQuery.aspx 页面（成绩信息查询页面）。输入学生的学号可以从 XSCJ 表中得到学生选修的课程的编号及相应的成绩。

③ ScoreModify.aspx 页面（成绩信息修改页面）。根据学生的学号和相应的课程编号修改 XSCJ 表中对应的成绩。

④ ScoreAdd.aspx 页面（成绩信息添加页面）。输入学生的学号、课程编号和成绩，将其添加到 XSCJ 表中。

⑤ CourseQuery.aspx 页面（课程信息查询页面）。根据课程编号查询 KCXX 表，返回该课程的所有信息。

⑥ CourseModify.aspx 页面（课程信息修改页面）。根据课程编号，通过 KCXX 表修改课程名称、开课学期、学时和学分等信息。

⑦ CourseAdd.aspx 页面（课程信息添加页面）。根据课程编号，添加 KCXX 表中的课程名称、开课学期、学时和学分等信息。

⑧ ArchiveQuery.aspx 页面（档案信息查询页面）。根据学号查询 XSDA 表，返回学生的档案信息。

⑨ ArchiveModify.aspx 页面（档案信息修改页面）。通过学号对 XSDA 表进行修改。

⑩ ArchiveAdd.aspx 页面（档案信息添加页面）。向 XSDA 表添加新学生的档案信息。

⑪ PassModify.aspx 页面（用户密码修改页面）。通过修改 USERS 表更改学生的密码信息。

（1）主窗体的创建

该模块作为用户权限的审核界面，主要指 Default.aspx 页面。

> **说明** 在该页面中先创建一个 Connection 对象，用来建立与 xs 数据库的连接，数据库服务器的名称为 localhost，数据库的用户名为 root。创建一个 MySqlCommand 对象之后，调用 Command.ExecuteReader 方法再创建 MySqlDataReader 对象，就能够使用 Read 方法从数据源检索记录了。将取得的密码与用户输入的密码进行比较，如果一致，则说明登录成功，如图 13-12 所示；如果不一致，就给出出错的具体原因，如图 13-13 所示。需要着重指出的是，使用完 MySqlDataReader 对象后，应该显式关闭 MySqlDataReader 对象和 MySqlConnection 对象。在程序一开始不要忘记导入命名空间，这样才能引用 Framework 提供的丰富的数据库操作类库。Session 对象的作用是保证用户只有登录成功才能访问其他页面。

图 13-12　系统登录成功

图 13-13　登录不成功给出提示

该页面的主要代码如下。

```
<%@ Page Language="C#" %>
<%@ Import Namespace=" MySql.Data.MySqlClient " %>
<!DOCTYPE html PUBLIC "-//W3C//DTD XHTML 1.0 Transitional//EN" "http://www.w3*.
org/TR/ xhtml1/DTD/xhtml1-transitional.dtd">
<script runat="server">
    protected void button1_Click(object sender, EventArgs e)
    {
string connectionString = "server=localhost;User Id=root;password=root;Database=xs";
        MySqlConnection conn = new MySqlConnection (connectionString);
        conn.Open();
        string sqlString = "select * from users where username='" + username.
Text +"'";
        MySqlCommand cmd= new MySqlCommand(sqlString,conn);
        MySqlDataReader rdr;
        rdr = cmd.ExecuteReader();
        if (rdr.Read())
        {
            if (rdr.GetString(1) == password.Text)
            {
            Session.Contents["login"] = username.Text;
            Response.Write("<div>> <a href=ScoreQuery.aspx>成绩查询</a> <a
href=ScoreAdd.aspx>成绩增加</a><br><br> <a href=CourseQuery.aspx>课程查询</a> <a
href=CourseAdd.aspx>课程增加</a><br><br>> <a href=ArchiveQuery.aspx>档案查询</a> <a
href=ArchiveAdd.aspx>档案增加</a><br><br><a href=PassModify.aspx>修改密码</a></div>");
                msg.Text = "登录成功";
            }
            else
            { msg.Text = "密码不正确"; }
        }
        else
        {
            msg.Text = "用户不存在";
        }
    }
</script>
<html xmlns="http://www.w3*.org/1999/xhtml">
<head runat="server">
    <title></title>
</head>
<body>
    <form id="form1" runat="server">
用户: <asp:TextBox ID="username" runat="server"></asp:TextBox><br /><br />
密码: <asp:TextBox ID="password" runat="server" TextMode=Password></asp:TextBox>
<br /><br />
        <asp:Button ID="button1" runat="server" Text="登录" onclick=
"button1_Click"/>
        <asp:Label ID="msg" runat="server"></asp:Label>
        </form>
</body>
</html>
```

（2）成绩信息管理模块的创建

该模块实现对学生成绩的查询、修改和增加操作，主要包括以下3个页面。

① 成绩查询（ScoreQuery.aspx）页面。

该页面的前半部分代码与 Default.aspx 页面基本相同。rdr.FieldCount 代表 DataReader 对象的列数，在此处也就是 xs 数据库中 XSCJ 表的字段数；rdr.GetName 代表 DataReader 对象的列名；rdr.GetValue 代表 DataReader 对象每一行的值，也就是具体字段的值，其返回值是字符串类型。本任务将利用一个表格循环输出表中的所有记录。页面效果如图 13-14 所示。

图 13-14　成绩查询页面效果

该页面的主要代码如下。

```csharp
<%@ Page Language="C#" %>
<%@ Import Namespace=" MySql.Data.MySqlClient " %>
<%
    if (Session.Contents["login"] == NULL)
    {
        Response.Write("请先登录");
        Response.End();
    }
%>
<!DOCTYPE html PUBLIC "-//W3C//DTD XHTML 1.0 Transitional//EN" "http://www.w3*.org
/TR/ xhtml1/DTD/xhtml1-transitional.dtd">
<script runat="server">
    protected void Button1_Click(object sender, EventArgs e)
    {
        string connectionString = "server=localhost;User Id=root;password=root;
Database=xs";
        MySqlConnection conn = new MySqlConnection(connectionString);
        conn.Open();
        string sqlString = "select * from XSCJ where 学号='" + number.Text + "'";
        MySqlCommand cmd = new MySqlCommand(sqlString, conn);
        MySqlDataReader rdr;
        rdr = cmd.ExecuteReader();
        Response.Write("<table>");
        Response.Write("<tr>");
        for (int i = 0; i < rdr.FieldCount; i++)
        {
            Response.Write("<td>" + rdr.GetName(i) + "</td>");
        }
        Response.Write("<td>操作</td></tr>");
        while (rdr.Read())
        {
            Response.Write("<tr>");
            for (int i = 0; i < rdr.FieldCount; i++)
            {
                Response.Write("<td>"+rdr.GetValue(i)+"</td>");
            }
```

```
                    Response.Write("<td><a href=ScoreModify.aspx?sid=" + rdr.GetValue(0)
+ "&cid="+rdr.GetValue(1)+">修改</td></tr>");
            }
            Response.Write("</table>");
        }
    </script>

    <html xmlns="http://www.w3*.org/1999/xhtml">
    <head runat="server">
        <title></title>
    </head>
    <body>
        <form id="form1" runat="server">
        <div>
            请输入要查询成绩的学号: <asp:TextBox ID="number" runat="server"></asp:TextBox>
            <asp:Button ID="Button1" runat="server" onclick="Button1_Click" Text="查询" />
        </div>
        </form>
    </body>
    </html>
```

② 成绩修改（ScoreModify.aspx）页面。

该页面利用 cmd.ExecuteQuery 方法执行不返回记录的操作。注意，因为 XSCJ 表中的成绩字段是整数类型，而 score.Text 的返回值是字符串类型，所以需要利用 int.Parse 方法进行类型转换。注意 UPDATE 语句的写法。页面效果如图 13-15 所示。

该页面的主要代码如下。

图 13-15　成绩修改页面效果

```
<%@ Page Language="C#" %>
<%@ Import Namespace=" MySql.Data.MySqlClient " %>
<%
    if (Session.Contents["login"] == NULL)
    {
        Response.Write("请先登录");
        Response.End();
    }
%>

<!DOCTYPE html PUBLIC "-//W3C//DTD XHTML 1.0 Transitional//EN" "http://www.w3*.org
/TR/ xhtml1/DTD/xhtml1-transitional.dtd">
    <script runat="server">
        protected void Page_Load(object sender, EventArgs e)
        {
            sid.Text = Request.QueryString["sid"];
            cid.Text = Request.QueryString["cid"];
        }

        protected void Button1_Click(object sender, EventArgs e)
        {
            string connectionString = "server=localhost;User Id=root;password=root;
Database=xs";
```

```
                MySqlConnection conn = new MySqlConnection(connectionString);
                conn.Open();
                string sqlString = "update XSCJ set成绩= "+ int.Parse(score.Text) + "where
学号='" + sid.Text + "' and课程编号='" + cid.Text + "'";
                MySqlCommand cmd = new MySqlCommand(sqlString, conn);
                cmd.ExecuteNonQuery();
                Response.Write("修改成功! ");
        }
</script>
<html xmlns="http://www.w3*.org/1999/xhtml">
<head runat="server">
    <title></title>
</head>
<body>
    <form id="form1" runat="server">
    <div>
   你要修改的学号: <asp:Label ID="sid" runat="server"
  Text="" Width="60px"></asp:Label>
   其对应的课程号: <asp:Label ID="cid" runat="server" Text=""
   Width="50px"></asp:Label>
   要把成绩修改为: <asp:TextBox ID="score" runat="server" Width="30px"></asp:TextBox>
      <asp:Button ID="Button1" runat="server" Text="修改" onclick="Button1_Click" />
    </div>
    </form>
</body>
</html>
```

③ 成绩增加（ScoreAdd.aspx）页面。

该页面的功能是增加学生的成绩信息。页面效果如图 13-16 所示。

该页面的主要代码如下。

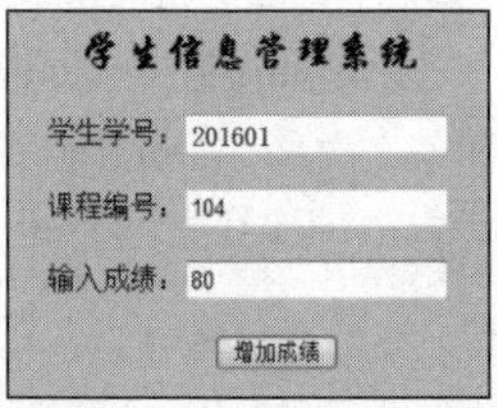

```
<%@ Page Language="C#" %>
<%@ Import Namespace=" MySql.Data.MySqlClient " %>
<%
    if (Session.Contents["login"] == NULL)
    {
        Response.Write("请先登录");
        Response.End();
    }
%>
<!DOCTYPE html PUBLIC "-//W3C//DTD XHTML 1.0 Transitional//EN" "http://www.w3*.org/
TR/xhtml1/DTD/xhtml1-transitional.dtd">
<script runat="server">
    protected void Button1_Click(object sender, EventArgs e)
    {
        string connectionString = "server=localhost;User Id=root;password=root;
Database=xs";
        MySqlConnection conn = new MySqlConnection(connectionString);
        conn.Open();
        string sqlString = "insert into XSCJ (学号,课程编号,成绩)values('"+ sid.
Text +"','"+ cid.Text +"',"+ int.Parse(score.Text) +")";
        MySqlCommand cmd = new MySqlCommand(sqlString, conn);
```

图 13-16　成绩增加页面效果

```
                cmd.ExecuteNonQuery();
                Response.Write("学生成绩插入成功！");
            }
    </script>

    <html xmlns="http://www.w3*.org/1999/xhtml">
    <head runat="server">
        <title></title>
    </head>
    <body>
        <form id="form1" runat="server">
        <div>
            学生学号: <asp:TextBox ID="sid" runat="server"></asp:TextBox>
            课程编号: <asp:TextBox ID="cid" runat="server"></asp:TextBox><br><br>
            输入成绩: <asp:TextBox ID="score" runat="server"></asp:TextBox>
                <asp:Button ID="Button1" runat="server" Text="增加成绩" onclick="
Button1 Click" style="height: 21px" />
        </div>
        </form>
    </body>
    </html>
```

（3）系统管理模块的创建

该模块主要实现对管理者密码的修改，包括密码修改（PassModify. aspx）页面。

该页面利用 cmd.ExecuteQuery 方法执行不返回记录的操作。注意 UPDATE 语句的写法。

该页面利用 Session 对象在各个页面间传递用户名。页面效果如图 13-17 所示。

该页面的主要代码如下。

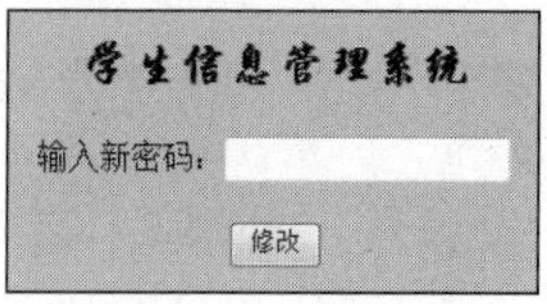

图 13-17　密码修改页面效果

```
<%@ Page Language="C#" %>
<%@ Import Namespace=" MySql.Data.MySqlClient " %>
<%
    if (Session.Contents["login"] == NULL)
    {
            Response.Write("请先登录");
            Response.End();
    }
%>
<!DOCTYPE html PUBLIC "-//W3C//DTD XHTML 1.0 Transitional//EN" "http://www.w3*.or
g/TR/ xhtml1/DTD/xhtml1-transitional.dtd">
    <script runat="server">
        protected void Button1_Click(object sender, EventArgs e)
        {
            string connectionString = "server=localhost;User Id=root;password=root;
Database=xs";
            MySqlConnection conn = new MySqlConnection(connectionString);
            conn.Open();
            string sqlString = "update users set password= " + pass.Text + "where
    username='" + Session.Contents["login"] + "'";
            MySqlCommand cmd = new MySqlCommand(sqlString, conn);
            cmd.ExecuteNonQuery();
            Response.Write("修改成功！");
        }
```

223

```
</script>
<html xmlns="http://www.w3*.org/1999/xhtml">
<head runat="server">
    <title></title>
</head>
<body>
    <form id="form1" runat="server">
    <div>
输入新密码: <asp:TextBox ID="pass" TextMode=Password  runat="server" ></asp:TextBox>
<asp:Button ID="Button1" runat="server" Text="修改" onclick="Button1_Click" />
    </div>
    </form>
</body>
</html>
```

（4）档案信息管理模块的创建

该模块包括对学生档案进行查询、修改和增加操作。该模块使用到的知识点和需要注意的问题
与步骤（2）大部分相同，只是操作的表名和生成的
SQL 语句不同而已，这里不再赘述，只给出相应的页
面效果和主要代码。

① 档案查询（ArchiveQuery.aspx）页面。

页面效果如图 13-18 所示。

该页面的主要代码如下。

图 13-18　档案查询页面效果

```
<%@ Page Language="C#" %>
<%@ Import Namespace="MySql.Data.MySqlClient " %>
<%
    if (Session.Contents["login"] == NULL)
    {
        Response.Write("请先登录");
        Response.End();
    }
%>
<!DOCTYPE html PUBLIC "-//W3C//DTD XHTML 1.0 Transitional//EN" "http://www.w3*.or
g/TR/ xhtml1/DTD/xhtml1-transitional.dtd">
<script runat="server">
    protected void Button1_Click(object sender, EventArgs e)
    {
        string connectionString = "server=localhost;User Id=root;password=root;
Database=xs";
        MySqlConnection conn = new MySqlConnection(connectionString);
        conn.Open();
        string sqlString = "select * from XSDA where 学号='" + number.Text + "'";
        MySqlCommand cmd = new MySqlCommand(sqlString, conn);
        MySqlDataReader rdr;
        rdr = cmd.ExecuteReader();
        Response.Write("<table border=1>");
        Response.Write("<tr>");
        for (int i = 0; i < rdr.FieldCount; i++)
        {
            Response.Write("<td>" + rdr.GetName(i) + "</td>");
```

```
            }
        Response.Write("<td>操作</td></tr>");
        while (rdr.Read())
        {
            Response.Write("<tr>");
            for (int i = 0; i < rdr.FieldCount; i++)
            {
                Response.Write("<td>"+rdr.GetValue(i)+"</td>");
            }
            Response.Write("<td><a href=ArchiveModify.aspx?sid=" + rdr.
GetValue(0) + ">修改</td></tr>");
        }
        Response.Write("</table>");
    }
</script>

<html xmlns="http://www.w3*.org/1999/xhtml">
<head runat="server">
    <title></title>
</head>
<body>
    <form id="form1" runat="server">
    <div>
        请输入要查询的学号: <asp:TextBox ID="number" runat="server"></asp:TextBox>
        <asp:Button ID="Button1" runat="server" onclick="Button1_Click" Text="查询" />
    </div>
    </form>
</body>
</html>
```

② 档案修改（ArchiveModify.aspx）页面。

页面效果如图 13-19 所示。

该页面的主要代码如下。

图 13-19　档案修改页面效果

```
<%@ Page Language="C#" %>
<%@ Import Namespace=" MySql.Data.MySqlClient " %>
<%
    if (Session.Contents["login"] == NULL)
    {
        Response.Write("请先登录");
        Response.End();
    }
%>
<!DOCTYPE html PUBLIC "-//W3C//DTD XHTML 1.0 Transitional//EN" "http://www.w3*.or
g/TR/ xhtml1/DTD/xhtml1-transitional.dtd">
<script runat="server">
    protected void Page_Load(object sender, EventArgs e)
    {
        sid.Text = Request.QueryString["sid"];
    }

    protected void Button1_Click(object sender, EventArgs e)
```

```
        {
            string connectionString = "server=localhost;User Id=root;password=root;
Database=xs";
            MySqlConnection conn = new MySqlConnection(connectionString);
            conn.Open();
            string sqlString = "update XSDA set 姓名= " + name.Text + ",性别=" + sex.
Text + ",系名=" + depart.Text + ",出生日期=" + DateTime.Parse(birth.Text) + ",民族="
+ nation.Text + ",总学分=" + int.Parse(score.Text) + ",备注=" + note.Text + "where
学号='" + sid.Text + "'";
            MySqlCommand cmd = new MySqlCommand(sqlString, conn);
            cmd.ExecuteNonQuery();
            Response.Write("修改成功! ");
        }
</script>
<html xmlns="http://www.w3*.org/1999/xhtml">
<head runat="server">
    <title></title>
</head>
<body>
    <form id="form1" runat="server">
    <div>
     学号: <asp:Label ID="sid" runat="server" Text="" Width="60px"></asp:Label><br>
     姓名: <asp:TextBox ID="NAME" runat="server"></asp:TextBox><br>
     性别: <asp:TextBox ID="sex" runat="server"></asp:TextBox><br>
     系名: <asp:TextBox ID="depart" runat="server"></asp:TextBox><br>
     出生日期: <asp:TextBox ID="birth" runat="server"></asp:TextBox><br>
     民族: <asp:TextBox ID="nation" runat="server"></asp:TextBox><br>
     总学分: <asp:TextBox ID="score" runat="server"></asp:TextBox><br>
     备注: <asp:TextBox ID="note" runat="server"></asp:TextBox><br><br>
     <asp:Button ID="Button1" runat="server" Text="修改档案" onclick="Button1_Click"
            style="height: 21px" />
    </div>
    </form>
</body>
</html>
```

③ 档案增加（ArchiveAdd.aspx）页面。

页面效果如图 13-20 所示。

该页面的主要代码如下。

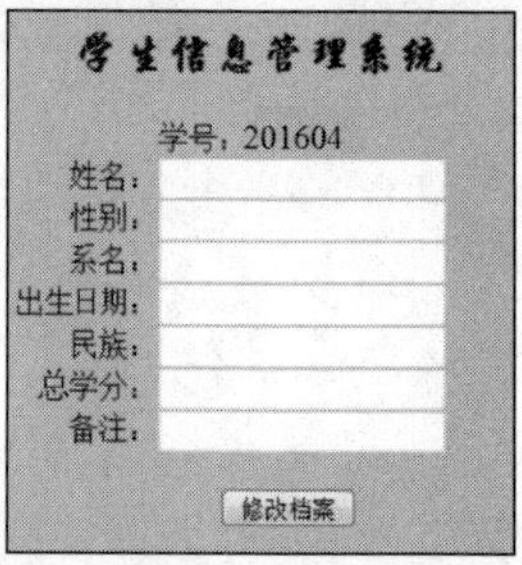

```
<%@ Page Language="C#" %>
<%@ Import Namespace=" MySql.Data.MySqlClient " %>
<%
    if (Session.Contents["login"] == NULL)
    {
        Response.Write("请先登录");
        Response.End();
    }
%>
<!DOCTYPE html PUBLIC "-//W3C//DTD XHTML 1.0 Transitional//EN" "http://www.w3*.or
g/TR/ xhtml1/DTD/xhtml1-transitional.dtd">
<script runat="server">
```

图 13-20　档案增加页面效果

```
        protected void Button1_Click(object sender, EventArgs e)
        {
            string connectionString = "server=localhost;User Id=root;password=root;
Database=xs";
            MySqlConnection conn = new MySqlConnection(connectionString);
            conn.Open();
            string sqlString = "insert into XSDA values('" + sid.Text + "','" + na
me.Text + "','" + sex.Text + "','" + depart.Text + "','" + DateTime.Parse(birth.Text
) + "','" + nation.Text + "','" + int.Parse(score.Text) + "','" + note.Text + "')";
            MySqlCommand cmd = new MySqlCommand(sqlString, conn);
            cmd.ExecuteNonQuery();
            Response.Write("学生档案插入成功! ");
        }
</script>
<html xmlns="http://www.w3*.org/1999/xhtml">
<head runat="server">
    <title></title>
</head>
<body>
    <form id="form1" runat="server">
    <div>
        学号: <asp:TextBox ID="sid" runat="server"></asp:TextBox><br>
        姓名: <asp:TextBox ID="NAME" runat="server"></asp:TextBox><br>
        性别: <asp:TextBox ID="sex" runat="server"></asp:TextBox><br>
        系名: <asp:TextBox ID="depart" runat="server"></asp:TextBox><br>
        出生日期: <asp:TextBox ID="birth" runat="server"></asp:TextBox><br>
        民族: <asp:TextBox ID="nation" runat="server"></asp:TextBox><br>
        总学分: <asp:TextBox ID="score" runat="server"></asp:TextBox><br>
        备注: <asp:TextBox ID="note" runat="server"></asp:TextBox><br><br>
    <asp:Button ID="Button1" runat="server" Text="增加档案" onclick="Button1_Click"
            style="height: 21px" />
    </div>
    </form>
</body>
</html>
```

（5）课程信息管理模块的创建

该模块实现对课程信息的查询、修改和增加操作。该模块使用的知识点和需要注意的问题与步骤（2）大部分相同，只是操作的表名和生成的 SQL 语句不同而已，这里不再赘述，只给出相应的页面效果和主要代码。

① 课程查询（CourseQuery.aspx）页面。

页面效果如图 13-21 所示。

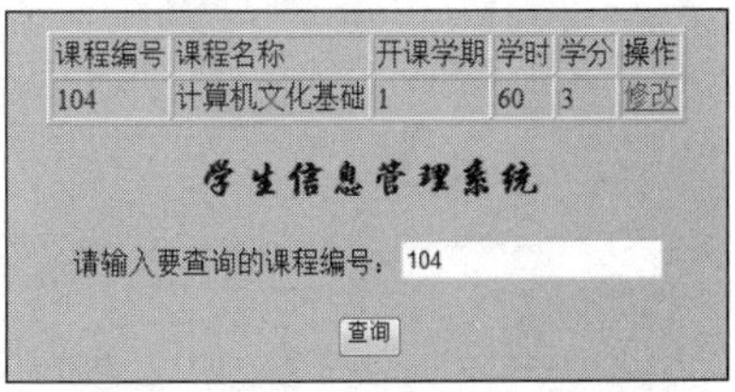

该页面的主要代码如下。

课程编号	课程名称	开课学期	学时	学分	操作
104	计算机文化基础	1	60	3	修改

学生信息管理系统

请输入要查询的课程编号: 104

查询

图 13-21 课程查询页面效果

```
<%@ Page Language="C#" %>
<%@ Import Namespace=" MySql.Data.MySqlClient " %>
<%
    if (Session.Contents["login"] == NULL)
    {
```

```
                Response.Write("请先登录");
                Response.End();
        }
    %>
    <!DOCTYPE html PUBLIC "-//W3C//DTD XHTML 1.0 Transitional//EN" "http://www.w3*.org
/TR/ xhtml1/DTD/xhtml1-transitional.dtd">
    <script runat="server">
        protected void Button1_Click(object sender, EventArgs e)
        {
            string connectionString = "server=localhost;User Id=root;password=root;
Database=xs";
            MySqlConnection conn = new MySqlConnection(connectionString);
            conn.Open();
            string sqlString = "select * from KCXX where 课程编号='" + number.Text + "'";
            MySqlCommand cmd = new MySqlCommand(sqlString, conn);
            MySqlDataReader rdr;
            rdr = cmd.ExecuteReader();
            Response.Write("<table border=1>");
            Response.Write("<tr>");
            for (int i = 0; i < rdr.FieldCount; i++)
            {
                Response.Write("<td>" + rdr.GetName(i) + "</td>");
            }
            Response.Write("<td>操作</td></tr>");
            while (rdr.Read())
            {
                Response.Write("<tr>");
                for (int i = 0; i < rdr.FieldCount; i++)
                {
                    Response.Write("<td>"+rdr.GetValue(i)+"</td>");
                }
                Response.Write("<td><a href=CourseModify.aspx?kcid=" + rdr.GetVal
ue(0) +">修改</td></tr>");
            }
            Response.Write("</table>");
        }
    </script>
    <html xmlns="http://www.w3*.org/1999/xhtml">
    <head runat="server">
        <title></title>
    </head>
    <body>
        <form id="form1" runat="server">
        <div>
        请输入要查询的课程编号: <asp:TextBox ID="number" runat="server"></asp:TextBox>
        <asp:Button ID="Button1" runat="server" onclick="Button1_Click" Text="查询" />
        </div>
        </form>
    </body>
    </html>
```

② 课程修改（CourseModify.aspx）页面。

页面效果如图 13-22 所示。

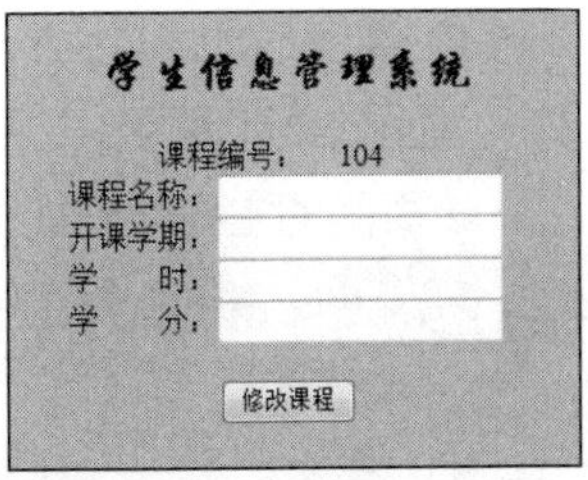

该页面的主要代码如下。

图 13-22 课程修改页面效果

```
<%@ Page Language="C#" %>
<%@ Import Namespace=" MySql.Data.MySqlClient " %>
<%
    if(Session.Contents["login"] == NULL)
    {
        Response.Write("请先登录");
        Response.End();
    }
%>
<!DOCTYPE html PUBLIC "-//W3C//DTD XHTML 1.0 Transitional//EN" "http://www.w3*.or
g/TR/ xhtml1/DTD/xhtml1-transitional.dtd">

<script runat="server">
    protected void Page_Load(object sender, EventArgs e)
    {
        kcid.Text = Request.QueryString["kcid"];
    }

    protected void Button1_Click(object sender, EventArgs e)
    {
        string connectionString = "server=localhost;User Id=root;password=root;
Database=xs";
        MySqlConnection conn = new MySqlConnection(connectionString);
        conn.Open();
        string sqlString = "update KCXX set 课程名称= "+ kcname.Text + ",开课学期
= "+ int.Parse(kcdate.Text) + ",学时= "+ int.Parse(kctime.Text) + ",学分= "+ int.Parse
(kcscore. Text) + "where 课程编号='" + kcid.Text + "'";
        MySqlCommand cmd = new MySqlCommand(sqlString, conn);
        cmd.ExecuteNonQuery();
        Response.Write("修改成功! ");
    }
</script>
<html xmlns="http://www.w3*.org/1999/xhtml">
<head runat="server">
    <title></title>
</head>
<body>
    <form id="form1" runat="server">
        <div>
课程编号: <asp:Label ID="kcid" runat="server" Text="" Width="60px"></asp:Label><br>
课程名称: <asp:TextBox ID="kcname" runat="server"></asp:TextBox><br>
开课学期: <asp:TextBox ID="kcdate" runat="server"></asp:TextBox><br>
学    时: <asp:TextBox ID="kctime" runat="server"></asp:TextBox><br>
学    分: <asp:TextBox ID="kcscore" runat="server"></asp:TextBox><br><br>
<asp:Button ID="Button1" runat="server" Text="修改课程" onclick="Button1_Click" />
        </div>
    </form>
</body>
</html>
```

③ 课程增加（CourseAdd.aspx）页面。

页面效果如图 13-23 所示。

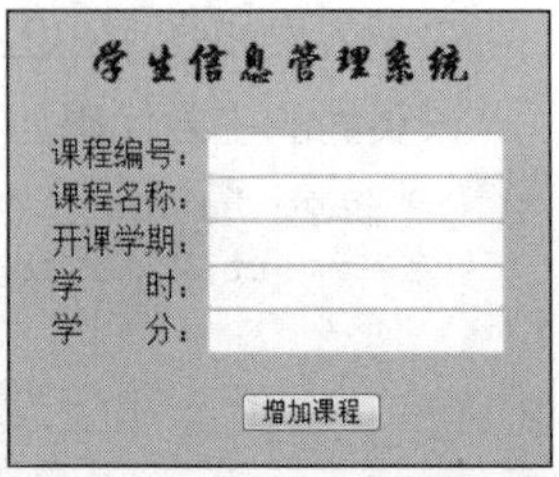

该页面的主要代码如下。

图 13-23 课程增加页面效果

```
<%@ Page Language="C#" %>
<%@ Import Namespace=" MySql.Data.MySqlClient " %>
<%
    if(Session.Contents["login"] == NULL)
    {
        Response.Write("请先登录");
        Response.End();
    }
%>
<!DOCTYPE html PUBLIC "-//W3C//DTD XHTML 1.0 Transitional//EN" "http://www.w3*.or
g/TR/ xhtml1/DTD/xhtml1-transitional.dtd">
<script runat="server">
    protected void Button1_Click(object sender, EventArgs e)
    {
        string connectionString = "server=localhost;User Id=root;password=root;
Database=xs";
        MySqlConnection conn = new MySqlConnection(connectionString);
        conn.Open();
        string sqlString = "insert into KCXX (课程编号,课程名称,开课学期,学时,学
分)values('" + kcid.Text + "','" + kcname.Text + "'," + int.Parse(kcdate.Text) + int.
Parse (kctime.Text) + int.Parse(kcscore.Text) + ")";
        MySqlCommand cmd = new MySqlCommand(sqlString, conn);
        cmd.ExecuteNonQuery();
        Response.Write("课程信息插入成功! ");
    }
</script>
<html xmlns="http://www.w3*.org/1999/xhtml">
<head runat="server">
    <title></title>
</head>
<body>
    <form id="form1" runat="server">
    <div>
        课程编号: <asp:TextBox ID="kcid" runat="server"></asp:TextBox><br>
        课程名称: <asp:TextBox ID="kcname" runat="server"></asp:TextBox><br>
        开课学期: <asp:TextBox ID="kcdate" runat="server"></asp:TextBox><br>
        学    时: <asp:TextBox ID="kctime" runat="server"></asp:TextBox><br>
        学    分: <asp:TextBox ID="kcscore" runat="server"></asp:TextBox><br><br>
        <asp:Button ID="Button1" runat="server" Text="增加课程" onclick="Button1_Click"
            style="height: 21px" />
    </div>
    </form>
</body>
</html>
```

（6）浏览结果

将 Default.aspx 设为起始页，单击工具栏中的【运行】按钮，即可显示所要的效果。如果没有

输入正确的用户名和密码，则浏览其他任何页面都会提示"请先登录"。

拓展阅读 "苟利国家生死以，岂因祸福避趋之"

古人所说的"先天下之忧而忧，后天下之乐而乐"的政治抱负，"位卑未敢忘忧国""苟利国家生死以，岂因祸福避趋之"的报国情怀，"人生自古谁无死？留取丹心照汗青""鞠躬尽瘁，死而后已"的献身精神等，都体现了中华民族的优秀传统文化和民族精神，我们应该继承和发扬。我们还应该了解一些文学知识，通过提高文学鉴赏能力和审美能力，陶冶情操，培养高尚的生活情趣。许多老一辈革命家都有很深厚的文学素养，在诗词歌赋方面有很高的造诣。总之，学史可以看成败、鉴得失、知兴替；学诗可以情飞扬、志高昂、人灵秀；学伦理可以知廉耻、懂荣辱、辨是非。我们不仅要了解中国的历史文化，还要睁眼看世界，了解世界上不同民族的历史文化，去其糟粕，取其精华，从中获得启发，为我所用。

实训 13 开发销售管理系统

（1）开发销售管理系统的需求分析。
（2）使用 ASP.NET 与 MySQL 连接 sale 数据库开发销售管理系统。

小结

本项目通过"学生信息管理系统"概括性地介绍了数据源控件的建立和数据绑定控件的使用，使读者掌握 ASP.NET 与 MySQL 数据库的连接及配置，能够通过 GridView 控件实现数据插入、删除、更新等常见操作。本项目还介绍了怎样编写代码对数据库执行常见的操作。在 ASP.NET 中对数据库进行操作的前提是建立与数据库的连接，数据库连接建立后，剩余的最主要工作就是编写 SQL 语句，所以掌握 SQL 语句的编写是至关重要的。

习题

一、判断题

1. GridView 控件可以在 ASP.NET 网页中删除数据记录。（   ）
2. GridView 控件中的更新记录功能要求数据表必须有主键。（   ）
3. ASP.NET 访问 MySQL 数据库是利用 SqlDataSource 控件建立数据源的。（   ）

二、简答题

简述 ASP.NET 连接 MySQL 的步骤。

三、设计题

创建一个图书信息数据表，利用 ASP.NET 在页面中显示图书信息，并实现对图书进行编辑、按照相关字段对图书进行排序和添加图书的功能。

附录A
学生数据库（xs）表结构及数据样本

表 A-1 学生档案（XSDA）表结构

字段名	类型	长度	是否允许为空值	说明
学号	char	6	NOT NULL	主键
姓名	char	8	NOT NULL	—
性别	char	2	NOT NULL	男，女
系名	char	10	NOT NULL	—
出生日期	date	3	NOT NULL	—
民族	char	4	NOT NULL	默认为汉
总学分	tinyint	1	NOT NULL	—
备注	text	16	—	—

表 A-2 课程信息（KCXX）表结构

字段名	类型	长度	是否允许为空值	说明
课程编号	char	3	NOT NULL	主键
课程名称	char	20	NOT NULL	—
开课学期	tinyint	1	NOT NULL	只能为 1~6
学时	tinyint	1	NOT NULL	—
学分	tinyint	1	NOT NULL	—

表 A-3 学生成绩（XSCJ）表结构

字段名	类型	长度	是否允许为空值	说明
学号	char	6	NOT NULL	主键
课程编号	char	3	NOT NULL	主键
成绩	tinyint	1	—	—

1. 学生档案（XSDA）表数据样本

学号	姓名	性别	系名	出生日期	民族	总学分	备注
201601	王红	女	信息	1996-02-14	汉	60	NULL
201602	刘林	男	信息	1996-05-20	汉	54	NULL

201603	曹红雷	男	信息	1995-09-24	汉	50	NULL
201604	方平	女	信息	1997-08-11	回	52	三好学生
201605	李伟强	男	信息	1995-11-14	汉	60	一门课不及格
201606	周新民	男	信息	1996-01-20	回	62	NULL
201607	王丽丽	女	信息	1997-06-03	汉	60	NULL
201701	孙燕	女	管理	1997-05-20	汉	54	NULL
201702	罗德敏	男	管理	1998-07-18	汉	64	获得一等奖学金
201703	孔祥林	男	管理	1996-05-20	汉	54	NULL
201704	王华	女	管理	1997-04-16	汉	60	NULL
201705	刘林	男	管理	1996-05-30	回	54	NULL
201706	陈希	女	管理	1997-03-22	汉	60	转专业
201707	李刚	男	管理	1998-05-20	汉	54	NULL

2. 课程信息（KCXX）表数据样本

课程编号	课程名称	开课学期	学时	学分
104	计算机文化基础	1	60	3
108	C 语言程序设计	2	96	5
202	数据结构	3	72	4
207	数据库信息管理系统	4	72	4
212	计算机组成原理	4	72	4
305	数据库原理	5	72	4
308	软件工程	5	72	4
312	Java 应用与开发	5	96	5

3. 学生成绩（XSCJ）表数据样本

学号	课程编号	成绩
201601	104	81
201601	108	77
201601	202	89
201601	207	90
201602	104	92
201602	108	95
201602	202	93

201602	207	90
201603	104	65
201603	108	60
201603	202	69
201603	207	73
201604	104	88
201604	108	76
201604	202	80
201604	207	94
201605	104	68
201605	108	70
201605	202	89
201605	207	75
201606	104	94
201606	108	91
201606	202	93
201606	207	86
201607	104	83
201607	108	75
201607	202	80
201607	207	96
201701	104	75
201702	104	70
201703	104	90
201704	104	60
201705	104	60
201706	104	75
201707	104	90

附录B
连接查询用例表结构及数据样本

表 B-1 考生名单（KSMD）表结构

字段名	类型	长度	是否允许为空值	说明
考号	char	2	NOT NULL	主键
姓名	char	8	—	—

表 B-2 录取学校（LQXX）表结构

字段名	类型	长度	是否允许为空值	说明
考号	char	2	NOT NULL	主键
录取学校	char	20	—	—

1. 考生名单（KSMD）表数据样本

考号	姓名
1	王杰
2	赵悦
3	崔茹婷
4	耿晓雯

2. 录取学校（LQXX）表数据样本

考号	录取学校
1	山东大学
2	济南大学
3	同济大学
4	青岛大学

参 考 文 献

[1] 传智播客高教产品研发部.MySQL 数据库入门[M]. 北京：清华大学出版社，2015.

[2] BEN FORTA. MySQL 必知必会[M]. 北京：人民邮电出版社，2009.

[3] 唐汉明，翟振兴，关宝军，等.深入浅出 MySQL：数据库开发、优化与管理维护[M].2 版.
北京：人民邮电出版社，2014.

[4] 黑马程序员.MySQL 数据库原理、设计与应用[M]. 北京：清华大学出版社，2019.